U0295898

“十四五”国家重点图书出版规划项目
核能与核技术出版工程

先进核反应堆技术丛书（第一期）
主编 于俊崇

新型嬗变反应堆物理与设计

The Physics and Design of Novel Transmutation Reactors

顾 龙 著

内容提要

本书为"先进核反应堆技术丛书"之一。本书比较全面、深入地介绍了基于核燃料闭式循环的新型核燃料嬗变装置——加速器驱动次临界系统的基本概念、技术特点和发展现状。主要内容包括嬗变反应堆中子学基础，ADS用加速器、散裂靶和ADS次临界反应堆的物理学基础、技术特性和典型设计方案。本书着重讨论了新型嬗变反应堆的设计原理，并给出了相关重要设计参数和数据，以便于读者深入理解新型嬗变系统所涉及的各种关键技术问题。本书可供从事核反应堆设计的工程技术人员和高校相关专业师生以及从事ADS工作的技术人员参考，也适合关心核能可持续发展的人士阅读。

图书在版编目(CIP)数据

新型嬗变反应堆物理与设计/顾龙著. —上海:上海交通大学出版社, 2023.1
(先进核反应堆技术丛书)
ISBN 978-7-313-27554-7

Ⅰ. ①新… Ⅱ. ①顾… Ⅲ. ①反应堆—嬗变—核物理学—研究 Ⅳ. ①TL92

中国版本图书馆CIP数据核字(2022)第180082号

新型嬗变反应堆物理与设计
XINXING SHANBIAN FANYINGDUI WULI YU SHEJI

著　者: 顾　龙
出版发行: 上海交通大学出版社　　地　址: 上海市番禺路951号
邮政编码: 200030　　电　话: 021-64071208
印　制: 苏州市越洋印刷有限公司　　经　销: 全国新华书店
开　本: 710mm×1000mm 1/16　　印　张: 15
字　数: 250千字
版　次: 2023年1月第1版　　印　次: 2023年1月第1次印刷
书　号: ISBN 978-7-313-27554-7
定　价: 128.00元

先进核反应堆技术丛书

编　委　会

序

人类利用核能的历史始于 20 世纪 40 年代。实现核能利用的主要装置——核反应堆诞生于 1942 年。意大利著名物理学家恩里科·费米领导的研究小组在美国芝加哥大学体育场,用石墨和金属铀“堆”成了世界上第一座用于试验可实现可控链式反应的“堆砌体”,史称“芝加哥一号堆”,于 1942 年 12 月 2 日成功实现人类历史上第一个可控的铀核裂变链式反应。后人将可实现核裂变链式反应的装置称为核反应堆。

核反应堆的用途很广,主要分为两大类:一类是利用核能,另一类是利用裂变中子。核能利用又分军用与民用。军用核能主要用于原子武器和推进动力;民用核能主要用于发电,在居民供暖、海水淡化、石油开采、冶炼钢铁等方面也具有广阔的应用前景。通过核裂变中子参与核反应可生产钚-239、聚变材料氚以及广泛应用于工业、农业、医疗、卫生等诸多领域的各种放射性同位素。核反应堆产生的中子还可用于中子照相、活化分析以及材料改性、性能测试和中子治癌等方面。

人类发现核裂变反应能够释放巨大能量的现象以后,首先研究将其应用于军事领域。1945 年,美国成功研制原子弹,1952 年又成功研制核动力潜艇。由于原子弹和核动力潜艇的巨大威力,世界各国竞相开展相关研发,核军备竞赛持续至今。另外,由于核裂变能的能量密度极高且近零碳排放,这一天然优势使其成为人类解决能源问题与应对环境污染的重要手段,因而核能和平利用也同步展开。1954 年,苏联建成了世界上第一座向工业电网送电的核电站。随后,各国纷纷建立自己的核电站,装机容量不断提升,从开始的 5 000 千瓦到目前最大的 175 万千瓦。截至 2021 年底,全球在运行核电机组共计 436 台,总装机容量约为 3.96 亿千瓦。

核能在我国的研究与应用已有 60 多年的历史,取得了举世瞩目的成就。

1958年，我国第一座核反应堆建成，开启了我国核能利用的大门。随后我国于1964年、1967年与1971年分别研制成功原子弹、氢弹与核动力潜艇。1991年，我国大陆第一座自主研制的核电站——秦山核电站首次并网发电，被誉为“国之光荣”。进入21世纪，我国在研发先进核能系统方面不断取得突破性成果，如研发出具有完整自主知识产权的第三代压水堆核电品牌ACP1000、ACPR1000和ACP1400。其中，以ACP1000和ACPR1000技术融合而成的“华龙一号”全球首堆已于2020年11月27日首次并网成功，其先进性、经济性、成熟性、可靠性均已处于世界第三代核电技术水平，标志着我国已进入掌握先进核能技术的国家之列。截至2022年7月，我国大陆投入运行核电机组达53台，总装机容量达55 590兆瓦。在建机组有23台，装机容量达24 190兆瓦，位居世界第一。

2002年，第四代核能系统国际论坛(Generation Ⅳ International Forum, GIF)确立了6种待开发的经济性和安全性更高的第四代先进的核反应堆系统，分别为气冷快堆、铅合金液态金属冷却快堆、液态钠冷却快堆、熔盐反应堆、超高温气冷堆和超临界水冷堆。目前我国在第四代核能系统关键技术方面也取得了引领世界的进展：2021年12月，具有第四代核反应堆某些特征的全球首座球床模块式高温气冷堆核电站——华能石岛湾核电高温气冷堆示范工程送电成功。此外，在号称人类终极能源——聚变能方面，2021年12月，中国“人造太阳”——全超导托卡马克核聚变实验装置(Experimental and Advanced Superconducting Tokamak, EAST)实现了1 056秒的长脉冲高参数等离子体运行，再一次刷新了世界纪录。经过60多年的发展，我国已建立起完整的科研、设计、实(试)验、制造等核工业体系，专业涉及核工业各个领域。科研设施门类齐全，为试验研究先后建成了各种反应堆，如重水研究堆、小型压水堆、微型中子源堆、快中子反应堆、低温供热实验堆、高温气冷实验堆、高通量工程试验堆、铀-氢化锆脉冲堆、先进游泳池式轻水研究堆等。近年来，为了适应国民经济发展的需要，我国在多种新型核反应堆技术的科研攻关方面也取得了不俗的成绩，如各种小型反应堆技术、先进快中子堆技术、新型嬗变反应堆技术、热管反应堆技术、钍基熔盐反应堆技术、铅铋反应堆技术、数字反应堆技术以及聚变堆技术等。

在我国，核能技术已应用到多个领域，为国民经济的发展做出了并将进一步做出重要贡献。以核电为例，根据中国核能行业协会数据，2021年中国核能发电4 071.41亿千瓦时，相当于减少燃烧标准煤11 558.05万吨，减少排放二氧化碳 30 282.09 万吨、二氧化硫 98.24 万吨、氮氧化物 85.53 万吨，相当于造林 91.50 万公顷(9 150 平方千米)。在未来实现“碳达峰、碳中和”国家重大战略和国民经济高质量发展过程中，核能发电作为以清洁能源为基础的新型电力系统的稳定电源和节能减排的保障将起到不可替代的作用。也可以说，研发先进核反应堆为我国实现能源独立与保障能源安全、贯彻“碳达峰、碳中和”国家重大战略部署提供了重要保障。

随着核动力和核技术应用的不断扩展，我国积累了大量核领域的科研成果与实践经验，因此很有必要系统总结并出版，以更好地指导实践，促进技术进步与可持续发展。鉴于此，上海交通大学出版社与国内核动力领域相关专家多次沟通、研讨，拟定书目大纲，最终组织国内相关单位，如中国原子能科学研究院、中国核动力研究设计院、中国科学院上海应用物理研究所、中国科学院近代物理研究所、中国科学院等离子体物理研究所、清华大学、中国工程物理研究院、核工业西南物理研究院等，编写了这套“先进核反应堆技术丛书”。本丛书聚集了一批国内知名核动力和核技术应用专家的最新研究成果，可以说代表了我国核反应堆研制的先进水平。

本丛书规划以 6 种第四代核反应堆型及三个五年规划(2021—2035 年)中我国科技重大专项——小型反应堆为主要内容，同时也包含了相关先进核能技术(如气冷快堆、先进快中子反应堆、铅合金液态金属冷却快堆、液态钠冷却快堆、重水反应堆、熔盐反应堆、超临界水冷堆、超高温气冷堆、新型嬗变反应堆、科学研究用反应堆、数字反应堆)、各种小型堆(如低温供热堆、海上浮动核能动力装置等)技术及核聚变反应堆设计，并引进经典著作《热核反应堆氚工艺》等，内容较为全面。

本丛书系统总结了先进核反应堆技术及其应用成果，是我国核动力和核技术应用领域优秀专家的精心力作，可作为核能工作者的科研与设计参考，也可作为高校核专业的教辅材料，为促进核能和核技术应用的进一步发展及人才的培养提供支撑。本丛书必将为我国由核能大国向核能强国迈进、推动我国核科技事业的发展做出一定的贡献。

于俊崇

2022 年 7 月

前　　言

笔者有幸接受先进核反应堆技术丛书主编、著名核反应堆工程学家于俊崇院士邀请参与编写本书。本书聚焦于新型嬗变反应堆的原理与设计，希望读者能够通过本书了解当前国内外新型嬗变反应堆的基本原理和发展状况。

乏燃料中的长寿命高放废物的安全处理和处置是核裂变能可持续发展所遇到的关键瓶颈，是我国及世界核工业必须解决的重大难题。嬗变反应堆可以有效地处理长寿命高放废物，是公认的核废料安全处理处置的最佳解决方案之一。加速器驱动次临界系统（accelerator driven subcritical system，ADS）具有固有的安全性高、中子能谱硬、可大量装载次锕系元素（minor actinide，MA）等特点，被国际社会公认为嬗变放射性核废料最具潜力的技术途径之一，因此，本书以ADS为主要研究对象，结合中国加速器驱动嬗变研究装置的工程设计经验，在参阅国内外ADS嬗变相关资料并进行讨论和总结的基础之上，重点阐述ADS加速器、散裂靶和次临界反应堆的物理学基础、技术特性和典型设计方案。

本书在编写时得到了中国工程院院士夏佳文研究员、中国科学院近代物理研究所徐瑚珊研究员、中国原子能科学研究院杨红义研究员的大力支持。中国科学院近代物理研究所反应堆室全体员工对本书的编著也提供了极大支持：于锐博士参与了第1章部分内容的编写，姜韦博士参与了第2章部分内容的编写，刘璐博士参与了第5章部分内容的编写，张璐博士对本书大纲的制定和总体策划提出过不少宝贵意见，博士研究生苏兴康、王冠、刘大孝参与了文献收集、文字校对及图表修改等工作。在编写过程中，南华大学于涛教授、西安交通大学曹良志教授、上海交通大学刘晓晶教授提出了很多宝贵的意见，上海交通大学出版社杨迎春老师和黄韵迪老师给予了很大帮助，在此一并对他们表示衷心的感谢。

本书由顾龙研究员策划并执笔，受限于作者水平，加之成书时间仓促，书中若存在不妥或错误之处，敬请读者不吝指正。

目　　录

第 1 章
绪　论

能源是人类文明进步的基础和动力，攸关国计民生和国家安全，关系人类生存和发展，对于促进经济社会发展、增进人民福祉至关重要。当前，世界能源消费结构仍然以传统化石能源为主，新能源占比偏低，2019 年全球一次能源消费构成中，石油、天然气和煤炭组成的化石能源占消费量的 84.3%，如表 1－1 所示。

表 1－1　2019 年全球一次能源消费量[1]

能源种类	消费量/EJ①	占比/%
石　油	193.0	33.1
天然气	141.5	24.2
煤　炭	157.9	27.0
可再生能源	29.0	5.0
水　电	37.6	6.4
核　能	24.9	4.3
合　计	583.9	100

① $1\ EJ = 10^{18}\ J$。

中国作为当今世界最大的发展中国家，长期以来坚定不移地推进能源革命，能源生产和消费结构不断优化，能源生产和利用方式也发生了重大变革，目前基本形成了煤、油、气、新能源和可再生能源多轮驱动的能源生产体系。2019 年我国一次能源生产总量达 39.7 亿吨标准煤，为世界能源生产第一大国，煤炭现阶段依旧是保障能源供应的基础能源，原煤生产总量占一次能源生产总量的百分比从2012年的76.2%减少到2019年的68.6%;原油生产相对稳定,2012年原油生产总量占一次能源生产总量的百分比为8.5%,2019年原油生产总量占一次能源生产总量的比重为6.9%;天然气产量有一定提升,占一次能源生产总量的百分比从2012年的4.1%增长到2019年的5.7%[2],如图1-1所示。

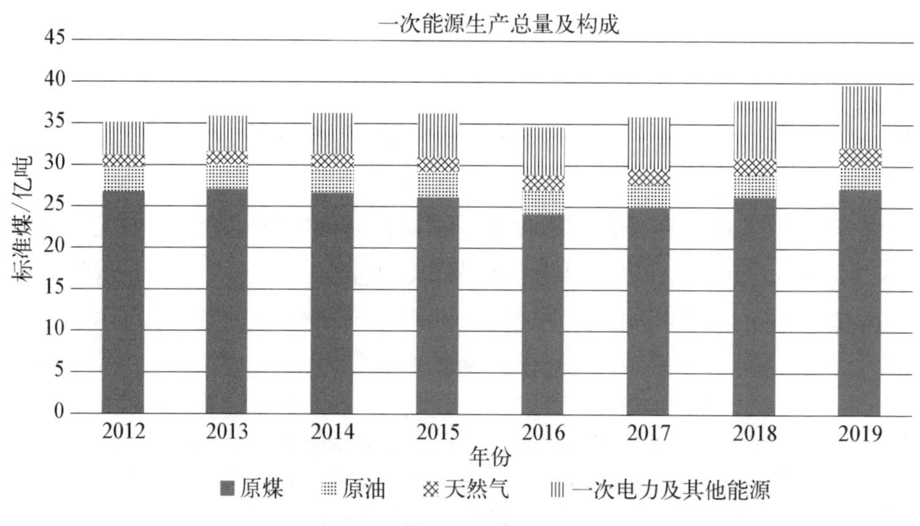

图1-1　中国一次能源生产情况(2012—2019年)

在能源消费方面,2019年我国煤炭消费占能源消费总量的57.7%,比2012年降低10.8个百分点;天然气、水电、核电、风电等清洁能源消费量占能源消费总量的23.4%,比2012年提高8.9个百分点;非化石能源占能源消费总量达15.3%,比2012年提高5.6个百分点[2],如图1-2所示。可见,我国能源消费结构正在向清洁低碳加快转变,虽然能源发展目前已经取得令人瞩目的成绩,但是化石能源占比依然相当高。传统化石能源的使用会释放大量的二氧化碳、硫氧化物、氮氧化物和粉尘颗粒等污染物质,造成全球温室效应加剧、环境污染等问题,严重制约着人类社会的可持续发展。此外,化石燃料是不可再生能源,可作为重要的化工原料,将这些宝贵资源仅作为燃料而付之一炬是非常可惜的。

当前,绿色低碳发展已成为国际社会的普遍共识,面对气候变化、环境风险挑战、能源资源约束等日益严峻的全球问题,我国树立人类命运共同体理念,促进经济社会发展全面绿色转型,在努力推动本国能源清洁低碳发展的同时,积极参与全球能源治理,与各国一起寻求加快推进全球能源可持续发展新道路,并且已向国际社会做出了"碳达峰、碳中和"的庄严承诺,即二氧化碳排

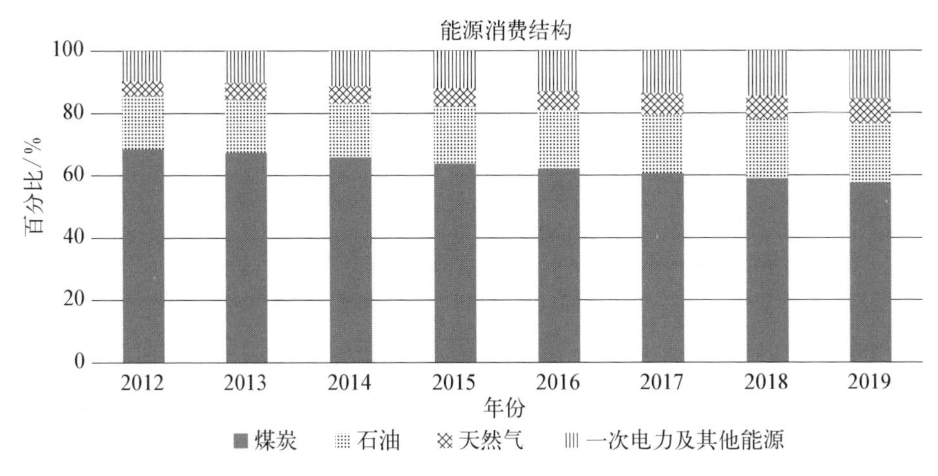

图1-2　中国能源消费结构(2012—2019年)

放力争于2030年前达到峰值，努力争取于2060年前实现碳中和。据国际能源署(International Energy Agency，IEA)统计[3]，2019年全球与能源相关的二氧化碳排放量基本与2018年持平，碳排放量前三的国家分别为中国、美国、印度，碳排放量分别为9.7×10^9 t、4.8×10^9 t、2.3×10^9 t。可见我国减少碳排放量、实现碳达峰、碳中和国家重大战略的压力是相当巨大的，在现阶段能源需求保持较高水平增长的前提条件下，为保证经济社会高水平可持续发展，对我国加快构建清洁低碳能源体系提出了革命性要求，必须进一步加强能源结构的优化调整，加大力度发展包括核电在内的新能源以替代煤炭等传统化石能源。发展核能是推动能源低碳化转型的重要选项，提高核电在发达经济体发电总量中的百分比，是最大的低碳能源选项，核电在过去的半个世纪中贡献了一半的低碳电力，是全球能源转型的重要贡献者。

核能有着其他能源不可替代的优势。第一，核电清洁环保，在核电生产过程中，二氧化碳、二氧化硫等物质零排放，污染少，发展核电有助于减少温室效应，改善气候环境。第二，核燃料能量密度大，燃料需求少，换料周期长，一座百万千瓦核电厂一年仅需30 t核燃料，而同等规模燃煤电厂一年需要3×10^6 t，并且核电厂平均一年多才进行一次燃料更换操作，对运输的依赖很小。第三，相比水电存在枯水期、风电存在季节性等间歇性和波动性较大等问题而言，核电能够稳定输出。第四，核能技术是综合性非常强的高科技领域，它体现了国家的科技竞争实力，与整个国家的工业体系密切相关，核能的发展势必会大幅促进工业水平的提高，促使新材料、新信息技术和高端装备制造业不断向前发展，进一步推动技术革新和科技进步。第五，核能在保障国防安全等领域亦具有举足轻重的地位。

1.1 核能发展与挑战

核能作为一种安全稳定、绿色洁净、高能量密度的先进能源，在优化能源结构、应对气候变化、改善生态环境、促进科技进步和保障国家安全等方面，发挥着至关重要的作用。本节将讨论目前核能的发展态势以及核能发展面临的挑战。

1.1.1 核能发展概况

在绿色低碳发展已成为国际社会普遍共识的背景下，核能发展迎来了新的重大历史机遇，全球核电运行机组发电量规模呈持续增长态势，如图 1-3 所示。

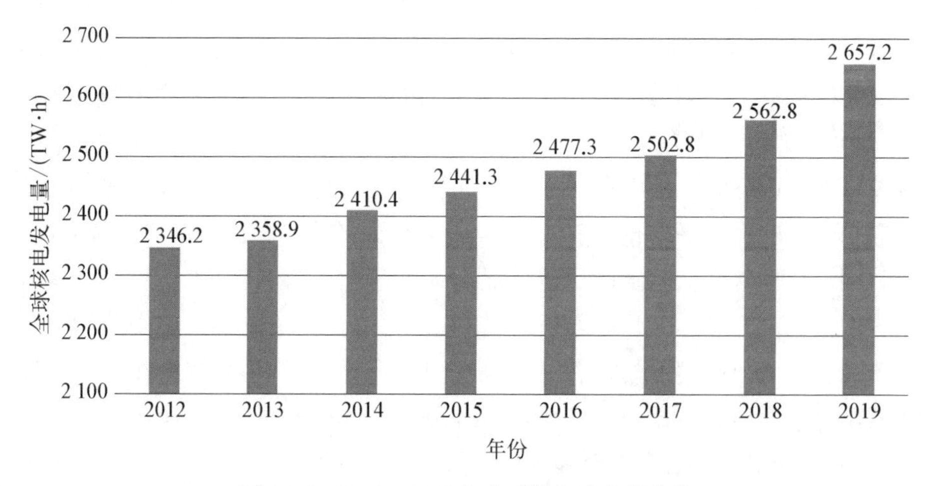

图 1-3　2012—2019 年全球核电发电量变化

国际原子能机构（International Atomic Energy Agency，IAEA）数据显示[4]，截至 2019 年 12 月底，全球正在运行的核电机组为 443 台，总装机容量达到了 392.1 GW，主要包括压水堆（pressurized water reactor，PWR）、沸水堆（boiling water reactor，BWR）、加压重水堆（pressurized heavy water reactor，PHWR）、气冷堆（gas cooled reactor，GCR）、轻水冷却石墨慢化堆（light water cooled graphite moderated reactor，LWGR）、高温气冷堆（high temperature gas cooled reactor，HTGR）及快中子增殖反应堆（fast breeder reactor，FBR）等堆型，其中主力堆型为压水堆，共有 300 台，占所有在运行核电机组的

67.7%;压水堆装机容量为284.2 GW,占装机容量总量的72.5%。全球在建机组54台,总装机容量约为57.5 GW,其中压水堆44台,数量占在建机组的81.4%;压水堆装机容量为49 GW,占在建机组装机容量总量的85.2%,具体如图1-4至图1-7所示。

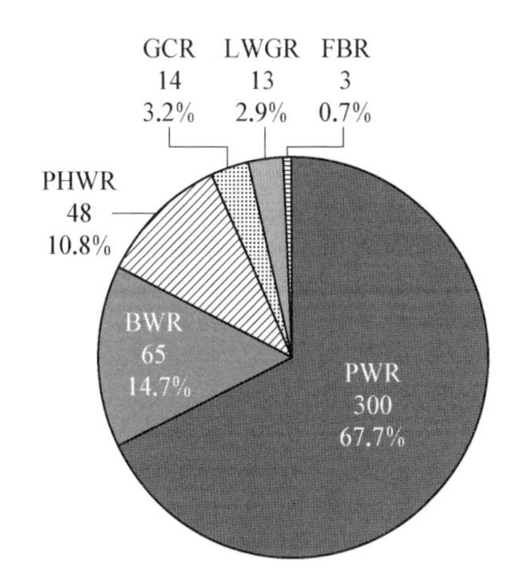

图1-4 全球在运行机组不同堆型数量及占比(截至2019年12月31日)

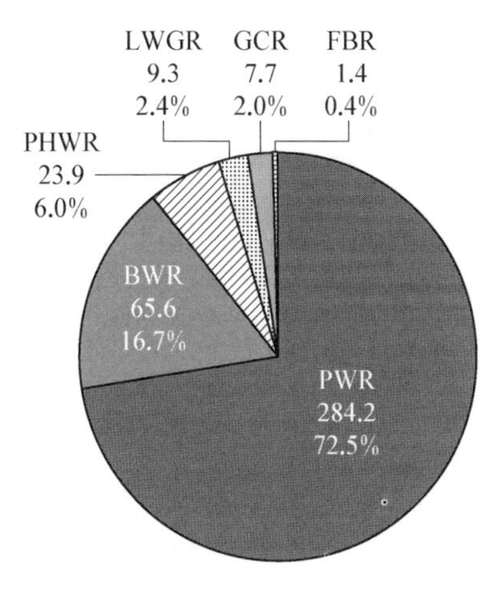

图1-5 全球在运行机组不同堆型装机容量(GW)及占比(截至2019年12月31日)

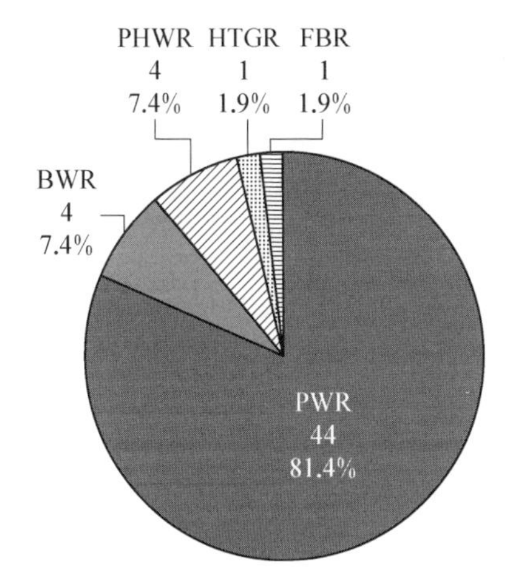

图1-6 全球在建机组不同堆型数量及占比(截至2019年12月31日)

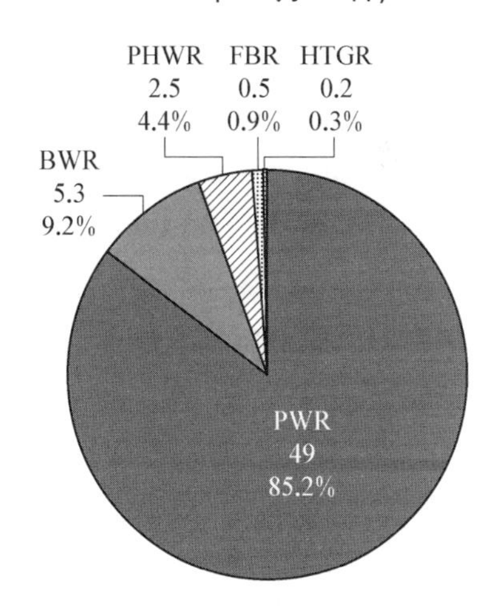

图1-7 全球在建机组不同堆型装机容量(GW)及占比(截至2019年12月31日)

2019年全年核电提供的基荷电力约占全球总发电量的10%,占全球低碳发电量的近三分之一。法国、斯洛伐克和乌克兰等国家的核电占本国发电量的比例则超过了 50%，其中法国更是高达 70.6%，各主要核电国家的核电百分比如图 1－8 所示[4]，可见核电在世界范围内已经积累足够的建造和运行经验，是一种成熟的可利用能源形式，在全球能源供应领域发挥着至关重要的作用。

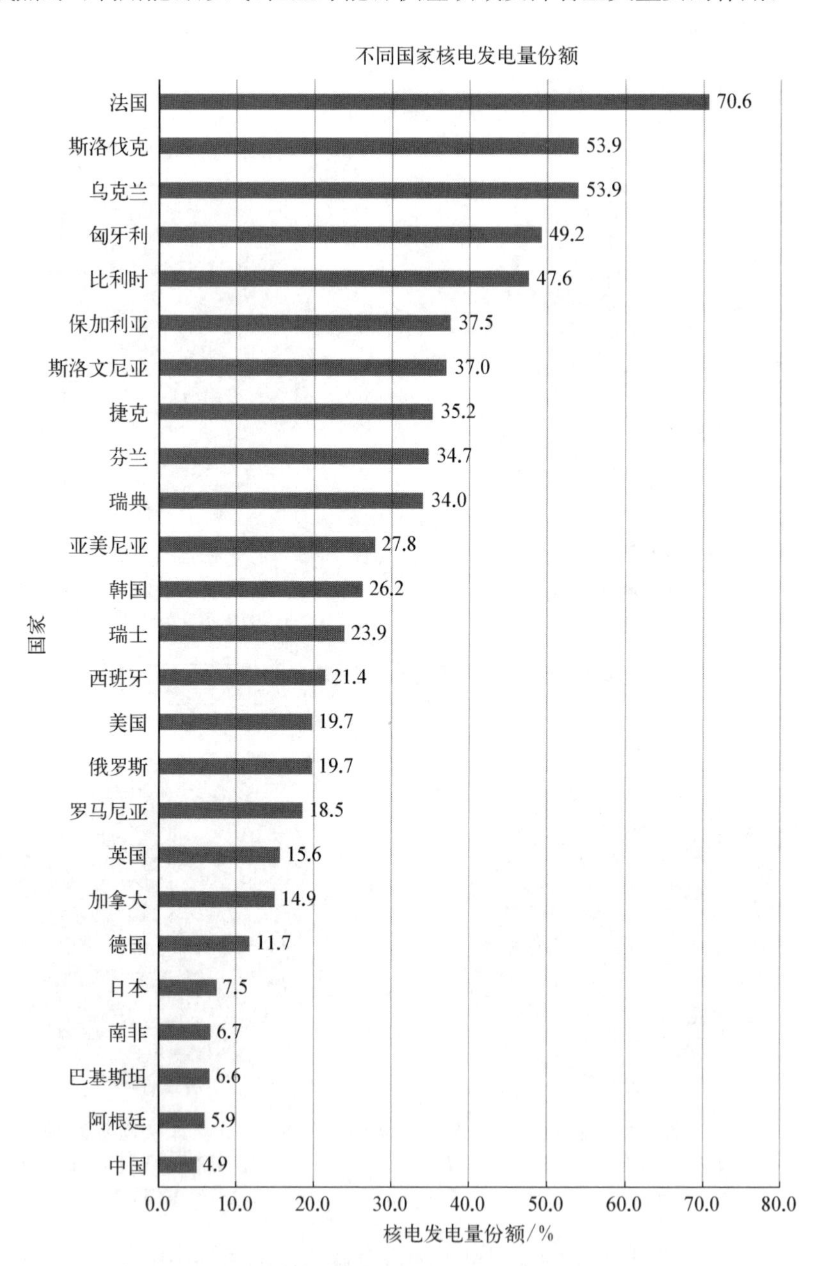

图 1－8　不同国家核电百分比(除德国数据为 2018 年外，其余均截至 2019 年 12 月 31 日)

我国是世界上为数不多的拥有完整核工业体系的国家之一。1955年1月，中央做出了建立和发展我国原子能事业的战略决策，标志着我国核工业建设拉开序幕。中国核工业在探索中前进，在砥砺中成长，在发展中壮大，从“两弹一艇”伟大成就，到逐步建成包括铀矿冶、铀纯化转化、铀浓缩、核燃料元件加工制造、反应堆设计建造运行、后处理等完整的核工业体系，突破了一批关键技术，实现了一系列自主重大跨越，取得了举世瞩目的成绩，为我国国防建设、经济建设和提振民族自信心做出了巨大贡献。

20世纪70年代，我国开启了和平利用核能的新篇章。1991年12月，我国自主设计建造的秦山30万千瓦核电站并网成功，结束了我国大陆无核电的历史。截至2019年年底，我国大陆在运行核电机组共47台，装机容量4 875万千瓦，仅次于美国、法国，在运核电装机规模位列全球第三（见表1-2）；在建核电机组13台，总装机容量为1 483万千瓦，在建核电机组容量位列世界第一[5]。

表1-2 2019年我国大陆运行核电机组情况统计表

核电厂名称	机组	型 号	装机容量/MW	发电量/亿千瓦时
秦山核电厂	1号	压水堆CNP300	330.00	26.27
大亚湾核电厂	1号	压水堆M310	984.00	81.34
	2号		984.00	80.61
秦山第二核电厂	1号	压水堆CNP600	650.00	50.99
	2号		650.00	50.53
	3号		660.00	56.98
	4号		660.00	51.22
岭澳核电厂	1号	压水堆M310	990.00	78.59
	2号		990.00	71.72
	3号	压水堆CPR1000	1 086.00	88.69
	4号		1 086.00	76.21

（续表）

核电厂名称	机组	型　　号	装机容量/MW	发电量/亿千瓦时
秦山第三核电厂	1号	重水堆 CANDU-6	728.00	54.57
	2号		728.00	61.78
田湾核电厂	1号	压水堆 VVER V-428	1 060.00	88.60
	2号		1 060.00	81.93
	3号	压水堆 VVER V-428M	1 126.00	77.10
	4号		1 126.00	81.27
红沿河核电厂	1号	压水堆 CPR1000	1 118.79	86.03
	2号		1 118.79	85.91
	3号		1 118.79	79.73
	4号		1 118.79	75.63
宁德核电厂	1号	压水堆 CPR1000	1 089.00	85.76
	2号		1 089.00	70.80
	3号		1 089.00	79.19
	4号		1 089.00	77.89
福清核电厂	1号	压水堆 CNP1000	1 089.00	69.88
	2号		1 089.00	85.75
	3号		1 089.00	80.24
	4号		1 089.00	71.66
阳江核电厂	1号	压水堆 CPR1000	1 086.00	84.85
	2号		1 086.00	79.68
	3号		1 086.00	91.68
	4号		1 086.00	73.83

（续表）

核电厂名称	机组	型 号	装机容量/MW	发电量/亿千瓦时
阳江核电厂	5号	压水堆 ACPR1000	1 086.00	71.39
	6号		1 086.00	38.11
方家山核电厂	1号	压水堆 CNP1000	1 089.00	84.95
	2号		1 089.00	84.52
三门核电厂	1号	压水堆 AP1000	1 250.00	96.87
	2号		1 250.00	9.84
海阳核电厂	1号	压水堆 AP1000	1 250.00	100.94
	2号		1 250.00	104.00
台山核电厂	1号	压水堆 EPR1750	1 750.00	127.67
	2号		1 750.00	57.37
昌江核电厂	1号	压水堆 CNP600	650.00	46.86
	2号		650.00	50.34
防城港核电厂	1号	压水堆 CPR1000	1 086.00	91.19
	2号		1 086.00	80.35

2019年，我国核能发电量为3 481.3亿千瓦时，同比增长18.1%，约占全国总发电量的4.9%（见图1-9）。与燃煤发电相比，核能发电相当于减少燃烧标准煤10 687.62万吨，共减少排放二氧化碳28 001.57万吨、二氧化硫90.84万吨、氮氧化物79.09万吨[6]。可见，核能为调整能源结构、保障电力供应、节能减排和建设美丽中国做出了积极贡献。

经过六十多年的发展，我国核电技术已跻身世界前列，积累了世界一流的核电设计、制造、建设、调试、运行的全套经验，形成了世界首屈一指的产业发展能力。但是值得注意的是，4.9%的核电发电量份额不仅与法国等核电比例高的国家有很大差距，甚至低于国际平均水平。后疫情时代，我国经济发展长

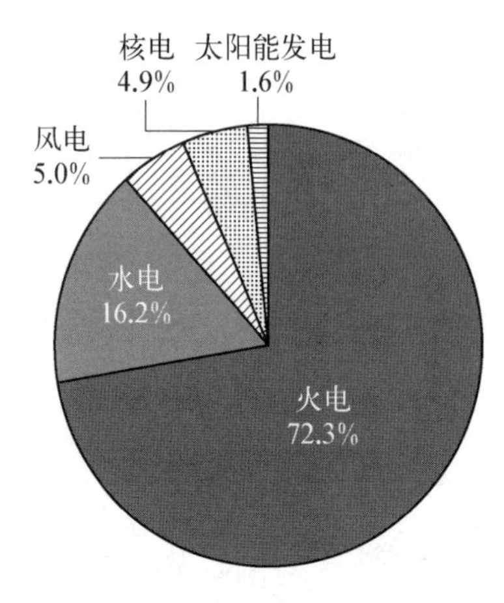

图 1－9　2019 年我国发电量占比情况

期向好的基本面不会改变，经济总量仍将持续扩大，能源电力需求仍存在一定的增长空间，核电将具有很大的发展空间。另外，核能作为稳定可靠的低碳清洁能源，是我国能源低碳化转型的重要选项，进一步发展核电将有力支撑“碳达峰、碳中和”国家重大战略实现。此外，推动核能可持续发展是保障国家能源安全供应的战略选择。同时，核电技术是综合性非常强的高科技领域，它体现了国家的科技竞争实力，核电也是我国能够有实力和势头在世界上获得核心竞争力的高新技术领域，是能够做强我国制造业的战略性产业之一。可以预见的是，未来我国核能发展总体态势良好，其规模将会更大，作用也将会更加凸显。

1.1.2　核能发展的挑战

尽管核能的不断发展壮大可为优化能源结构、保障能源安全、缓解环境压力等方面做出巨大贡献，但是核能发展面临的问题和挑战不容回避。要大力发展核能，则必须解决核燃料的稳定可靠供应及其利用率和乏燃料问题，尤其是长寿命高放射性核废料的安全处理处置问题，其中乏燃料的安全处理处置是核裂变能可持续发展的关键瓶颈问题之一。

所谓乏燃料，通常是指在核反应堆中辐照达到计划卸料的比燃耗后从堆中卸出，且不在该堆中使用的核燃料，它是由半衰期和毒性截然不同的放射性核素组成的多组分系统，除了铀和氧等初始成分外，乏燃料还含有高放射性裂变产物和超铀元素。裂变产物是由重原子（铀、钚等）裂变而产生的，并且因为有许多可能的裂变反应，会产生不同的裂变产物。超铀元素（钚、镅、锔等）是由重原子的俘获反应形成的。此外，活化产物是由燃料元件金属部件（如包壳管、格架、绕丝、上下管座等）的中子俘获而产生的，乏燃料的放射性和成分在很大程度上取决于燃耗，并在一定程度上取决于燃耗历史，即中子能谱、通量水平、辐照时间和从反应堆取出后的冷却时间。“燃耗”一词用于对燃料中产生的能量或已裂变的重原子的比例的度量，也是对燃料贫化程度的一种度量。裂变产物和超铀元素的浓度随着燃耗深度的增加而增加。局部燃耗取决于燃料棒在堆芯中的位置，并且局部燃耗沿每个燃料棒长度方向也有所不同。根据经验，1%的菲马（fissions per initial heavy metal atoms，FIMA）对应于10 MW·d/kg HM的燃耗。轻水堆(light water reactor，LWR)中的能谱硬化增加了钚的形成，因为它会导致更多的共振俘获。虽然中子通量越高，次级中子俘获反应越多，但重锕系元素的积累效率却越低，这是由于大多数形成的锕系元素是易裂变的或可裂变的，但寿命相对较短，在低通量下，更多的锕系元素会因衰变而消失，而不是因裂变而消失。辐照时间越长，长寿命产物的比例越高，冷却时间越长，短寿命产物的比例越低。由于这些影响，不同反应堆类型的乏燃料成分不同，同一反应堆不同换料批次的也不同，即使是从同一反应堆卸下的同一批燃料中，每个燃料组件的燃耗深度都不同，通常用它们的平均值表示该批燃料的燃耗状态。表1-3给出了卸料3年后，平均燃耗为35 MW·d/kg和60 MW·d/kg的压水堆燃料组成，该成分被归一化为最初装载重原子的质量百分比[7]（可能有一些超铀元素未被计入，故总和不为100%）。

表1-3 PWR乏燃料组成(卸料3年后)(单位为质量百分比)

元素类型	平均燃耗	
	35 MW·d/kg-U① 初始3.25% ^{235}U	60 MW·d/kg-U 初始4.95% ^{235}U
铀	95.3	92.4
钚	1.0	1.3
次锕系元素	0.08	0.16
裂变产物	3.6	6.1

① 单位MW·d/kg-U后面的"-U"代表燃料为铀，这是业内常用的燃耗表示方式。

可以看到裂变产物含量从平均燃耗为35 MW·d/kg的3.6%增加到60 MW·d/kg的6.1%。钚含量随燃耗的增加略有增加，平均燃耗为35 MW·d/kg时为1.0%，60 MW·d/kg时为1.3%。次锕系元素的含量随着燃耗的增加而增加。钚的同位素组成随燃耗的变化如表1-4所示。燃耗的增加伴随着易裂变同位素(^{239}Pu)的减少和中子数为偶数的钚同位素（这在武器钚的生产中是众所周知的）的增加。^{240}Pu和^{242}Pu充当中子吸收器，^{238}Pu

是通过^{237}Np捕获中子和随后的^{238}Np的β衰变产生的，它是一个中子发射器(来自自发裂变)和强热源(α辐射而产生)。^{240}Pu也是一种自发裂变中子源。这对处理高燃耗或多次回收的乏燃料有不利影响，而且还降低了回收燃料的裂变潜力[7]。

表1-4 PWR乏燃料冷却3年钚同位素组成(单位为质量百分比)[7]

燃　耗	同　位　素				
	^{238}Pu	^{239}Pu	^{240}Pu	^{241}Pu	^{242}Pu
35 MW·d/kg-U 初始3.25%^{235}U①	1.7	57.2	22.8	12.2	6.0
60 MW·d/kg-U 初始4.95%^{235}U	3.9	49.5	24.8	12.9	8.9

① 本行数据总和不严格等于100%可能是因为在取小数点后位数时进行截断而导致的。为了尊重原作者的成果，我们直接引用了原始文献数据。

以一座百万千瓦级压水堆为例进行估算，每年卸出的乏燃料约为25 t，其中包括可循环利用的铀约23.75 t，钚约200 kg，中短寿命的裂变产物约1 t，次锕系元素约20 kg，主要包括^{237}Np、^{241}Am、^{243}Am、^{244}Cm以及^{245}Cm等核素，长寿命裂变产物(long-lived fission products，LLFP)约30 kg，主要包括^{93}Zr、^{99}Tc、^{129}I、^{135}Cs等核素[8]。对乏燃料的潜在危害性分析表明，其远期风险主要来自MA和LLFP，需要经过衰变几万年甚至几十万年，其放射性水平才能降到天然铀矿的水平。

随着我国核电站装机容量的快速增长，核废料的累积量势必也将快速增加。根据美国权威智库史汀生中心(Stimson Center)的研究预测，到2050年，我国的乏燃料积累量将达到1.1×10^5 t左右，位居全球第二，仅次于美国的1.3×10^5 t左右，如图1-10所示。

放射性活度仅表示单位时间内有多少核发生衰变，而不考虑辐射或诱导的生物效应的特性，其单位用贝可勒尔(Bq)或居里(Ci)表示。测量与放射性物质有关的风险的最常见的方法是通过“放射毒性”的概念测量，这种方法可以更好地测量放射性物质对人体的生物危害，它考虑到了人体摄入某种放射性同位素后的敏感性。放射毒性是由某一特定同位素的活度和有效剂量系数所决定的，具体计算公式见第2章。

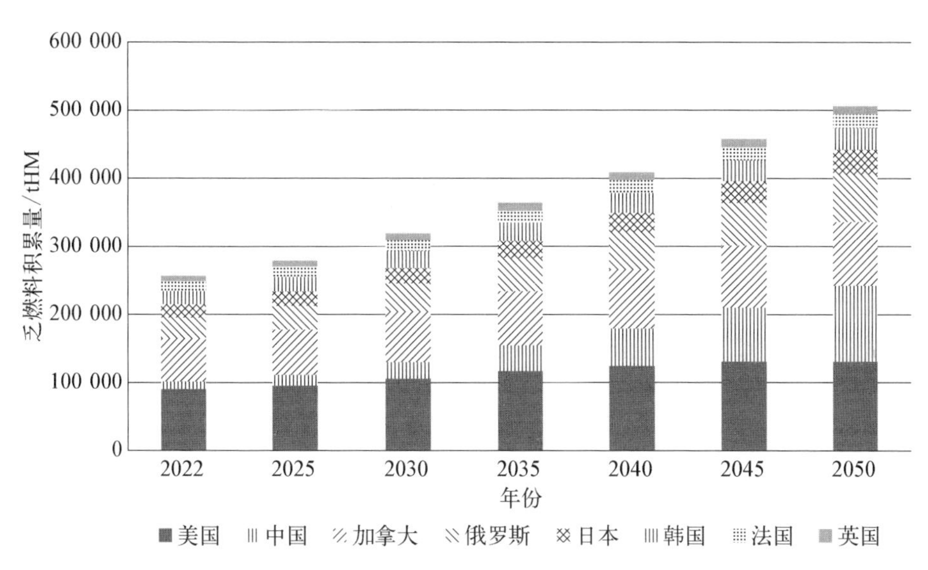

图 1-10　世界主要国家乏燃料积累量预测

放射性活度是由样品中存在的原子数乘以放射性核的衰变常数得出的，而有效剂量系数则取决于发射粒子的类型和能量、摄入方式（吸入或食入）、体内物质的代谢以及暴露器官的敏感性。有效剂量系数对应于摄入1 Bq特定放射性核素产生的待积剂量，国际辐射防护委员会（International Commission on Radiological Protection，ICRP）定期公布相关数据。有效剂量系数取决于摄入方式。例如，吸入钚比食入钚危险得多，因为它通过肺部比通过胃和肠更容易被血液吸收，在被输送到其他器官之前，吸入的钚会对肺部产生一定剂量的辐射，增加患肺癌的风险；而食入的钚会对肠壁产生一定的辐射剂量。由于钚在体液中不易溶解，因此肠道中的吸收率很低。为了评估放射性物质的危害风险，还必须考虑到该物质到达人体的特定途径。有效剂量系数的概念中没有明确考虑到环境中放射性核素的运输。但是，在比较储存库中掩埋废物的放射毒性时，吸入的可能性较小。公众的主要摄取途径是水或食物。因此，在大多数危害比较中，食入毒性大于吸入。有效剂量系数取决于年龄，因为它对应于每单位摄入的待积剂量，计算的积分时间取从摄入时的年龄到70岁之间，对于一个成年人来说一般是50年。根据成年人对放射性核素的摄入份额，婴儿对放射性核素的摄入份额可能高出2～10倍。

就每贝可勒尔的放射毒性水平而言，钚同位素是最危险的元素，尽管该元素并不容易被人体胃肠道吸收。超铀元素的有效剂量系数一般比裂变产物的高许多倍,这主要是由于它们的高 α 活性,但^{241}Pu 是一个例外,它是一种 β 辐射体。这些重元素一旦被转移到血液中,通常会集中在骨骼、肝脏和肾脏中,它们的 α 放射提供了根本性的终生辐射,因为这些器官中的生物交换率很低。一旦进入人体,α 辐射源的危害远远超过 β 和 γ 辐射源,α 粒子的能量在放射性核素所在的小体积中耗散,大大增加了局部生物损害。β 粒子的能量通常要小得多,并且比 α 粒子在更大的体积上耗散它们的能量。像锶、碘和铯这样的元素是危险的,因为它们在人体内很容易被吸收并保留在特定的关键部位中,如锶易与骨骼结合,碘易在甲状腺中富集。

我国《电离辐射防护与辐射源安全基本标准》(GB 18871—2002)将放射性核素按照毒性大小分为极毒组、高毒组、中度毒组和低毒组四组。毒性的标准或参考点是生产 1 t 富集铀所产生的放射毒性。它不仅包括铀同位素本身,还包括它的衰变产物的放射性。参考点值为 10^5 Sv/t,它被看作天然本底。

(1) 极毒组。如^{210}Po、^{226}Ra、^{231}Pa、^{232}U、^{233}U、^{238}Pu、^{239}Pu、^{240}Pu、^{242}Pu、^{241}Am、^{242}Am、^{242}Cm、^{244}Cm、^{252}Cf 等。

(2) 高毒组。如^{60}Co、^{90}Sr、^{106}Ru、^{210}Pb、^{212}Bi、^{237}Na、^{241}Pu、天然钍等。

(3) 中度毒组。如^{14}C、^{82}P、^{59}Fe、^{63}Ni、^{60}Y、^{95}Zr、^{99}Mo、^{125}In、^{131}In、^{137}Cs、^{220}Rn、^{222}Rn 等。

(4) 低毒组。如^{3}H、^{85}Kr、^{99m}Tc、^{99}Tc、^{129}I、^{235}U、^{238}U、天然铀等[9]。

综上所述,一方面,核废物产量大、寿命长、放射毒性大,对人类自身和赖以生存的环境都能造成长期危害,因此必须实现废物最少化,最大限度地减少核电站运行产生的高放废物的体积及其放射毒性,并将高放废物安全处置,使之可靠地与生物圈长期隔离,确保子孙后代的环境安全。另一方面,典型的轻水堆燃料的平均燃耗水平在 40～50 MW·d/kg-U 之间,这意味着仅有 4%～5%的重原子在燃料中发生裂变,造成了珍贵核资源的极大浪费,必须将乏燃料中的可利用燃料予以回收。可见,乏燃料是关系到核能可持续发展和影响公众对核能接受度的关键问题之一,必须对其进行妥善处理。

1.2 乏燃料处理与核燃料循环

目前国际上对乏燃料的处理存在着两种燃料循环路线,分别是一次通过循环和闭式循环。核裂变能系统的核燃料循环指从铀矿开采到核废物最终处置的一系列工业生产过程，它以反应堆为界分为前段和后段。

所谓的一次通过循环是指乏燃料经过适当包装和储存之后，直接进行地质处置。闭式循环指乏燃料经过后处理分离，将回收的铀和钚返回到反应堆中循环使用。这两种循环方式在核燃料循环前段没有差别，均包括铀矿勘探开采、矿石加工冶炼、铀转化、铀浓缩和燃料组件加工制造等过程。闭式循环相比一次通过循环的差异主要体现在燃料循环后段：闭式循环包括从反应堆中卸出的乏燃料中间储存、乏燃料后处理、回收燃料（铀和钚）再循环、放射性废物处理与最终处置。回收燃料可以在热中子堆中循环，也可以在快中子堆中循环。

核燃料一次通过循环是最为简单的循环方案，在铀价较低的情况下较为经济，也有利于防核扩散，但该方案存在如下问题[10]：

（1）铀资源不能得到充分利用。

一次通过循环方式的铀资源利用率约为 0.6%，而乏燃料中约占 96% 的铀和钚以及某些可用的核素会被当作废物进行直接处置，造成严重的铀资源浪费。地球上已查明的常规铀资源约为 4.74×10^{6} t，待查明的常规铀资源约为 1.0×10^{7} t。据 IAEA 的预测，2050 年全世界核电装机容量将提高到 1 500 GW（中值），这意味着，如果采用一次通过循环方式，地球上的常规铀资源仅能使用 60～70 年，无法满足世界核能可持续发展的需要。

（2）需要地质处置的废物体积太大。

将乏燃料中的废物（裂变产物和次锕系元素）与大量有用的资源（铀、钚等）一起直接处置，将大大增加需要地质处置废物的体积。即使按照全世界目前的核电站乏燃料卸出量（约 1×10^{4} tHM/a）估算，一次通过循环方式需要全世界每 6～7 年就建造一座规模相当于美国尤卡山核废物处置库（设计库容为 7×10^{4} tHM）的地质处置库。只要全世界核电装机容量增加 1 倍，则就需每 3～4 年建设一座地质处置库，这显然是难以承受的负担。

（3）对环境安全构成长期威胁。

由于乏燃料中包含了所有的放射性核素，其长期放射毒性很高，处置后衰变到天然铀矿的放射性水平需要 10^{5} 年以上的时间，如此漫长的时间尺度将会带来诸多不可预见的不确定因素，如地质长期稳定性难以保证，一旦高放废物受地下水侵蚀而浸出，核素将迁移扩散到生物圈，风险太大。由此可见，一次通过循环方式对环境安全的长期威胁极大。

综上可见，一次通过循环方式是不符合核能可持续发展战略的。

闭式循环路线是中国、日本、法国、英国、俄罗斯等大多数国家所执行的路线，特别是我国人多地少，国情决定了环境容量更为有限，不能走一次通过路线，把问题留给后代既不负责也不现实。所以将乏燃料元件短期存放后进行处理，回收其中的铀、钚和有用的 MA 核素，然后将难以回收的铀、钚、余下的 MA 及全部裂变产物留在高放废物中，进行最终处置。高放废物最终处置目前多采用固化法，如经玻璃固化、人造岩石固化、陶瓷体固化等固化过程后，经过中间储存冷却，最后选择稳定的地质岩层，采用多重屏蔽，进行深度地层埋藏。该路线比一次通过循环路线的优点是可以提高铀、钚等资源的利用率，在高放废物中减少了中长寿命核素的含量，也降低了核素迁移、扩散的风险。但是尽管闭式循环比一次通过循环要好些，它仍存在一定的资源浪费和远期放射性风险问题，由于次锕系核素和一些长寿命裂变核素的存在，核废料的放射毒性仍需要上万年的时间才能衰变至天然铀矿的水平[9]。

因此，在闭式循环的基础上，人们自然地提出了在后处理时除回收铀和钚外进一步地将 MA 和 LLFP 回收，以减少它们在最终处置废物中的含量，而回收的 MA 和 LLFP 将通过嬗变的方式消耗掉，这便是分离-嬗变(partitioning-transmutation，P－T)技术。

1.3 分离-嬗变技术

分离-嬗变技术是国际上对已开发的先进闭式循环的进一步发展，其在回收利用铀和钚的基础上，将 MA(如镎、镅、锔等)和 LLFP(如锝、碘等)分离出来，进一步在嬗变装置中进行嬗变，利用核嬗变反应将长寿命、高放射性核素转化为中短寿命、低放射性的核素。研究表明，长寿命高放射性核废料的放射性水平经嬗变处理后，可在数百年内降低到普通铀矿的放射性水平，仍需地质深埋处理的核废料体积可减少到闭式循环模式的 1/5 以下，这种方案基本上可解决地质储存的核废料容器和地质条件存在的问题。不同核燃料循环方式下高放废物放射毒性随处置时间衰减情况如图 1－11 所示。

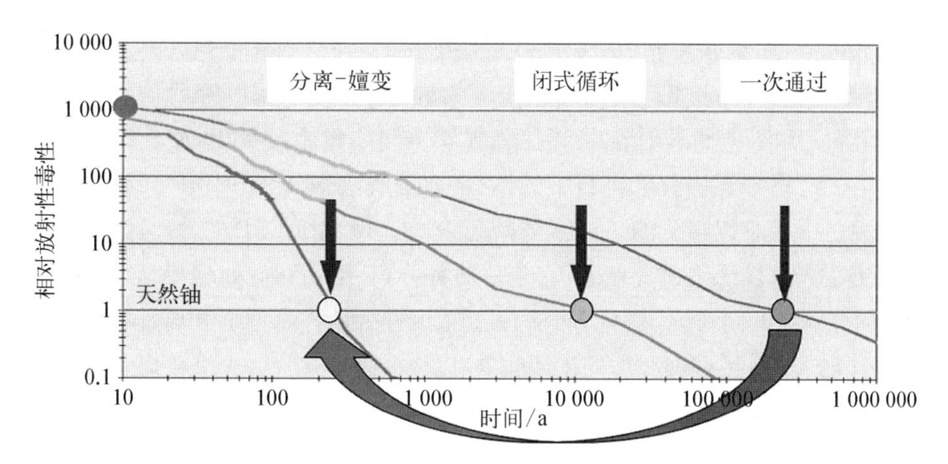

图1-11 不同核燃料循环方式下高放废物放射毒性随处置时间衰减情况

1.3.1 分离技术

分离是P-T技术的关键步骤之一，所谓分离是指通过一系列化学和冶金操作提取乏燃料中的可利用核素和长寿命高放射性核素。

目前，乏燃料分离技术主要包括湿法和干法后处理两大类。湿法是将乏燃料溶解，再采取不同的过程分离锕系核素和裂变产物(fission products，FP)，或者从现存后处理高放废液中分离锕系核素和LLFP。干法是直接将乏燃料或高放废液蒸干灼烧后进行处理。

湿法后处理技术的典型代表是普雷克斯(plutonium uranium extraction，PUREX)流程，它是为了回收铀、钚而设计的，萃取剂对铀、钚的选择性好。为了改进后处理的经济性、防止核扩散以及减少核废物对环境的影响，国际上提出了一些对传统PUREX的改进流程，如美国的UREX(uranium extraction)流程、日本的超铀元素回收新萃取体系(new extraction system for TRU recovery，NEXT)流程和法国的COEX(co-extraction of uranium and plutonium)流程。UREX流程可回收99.9%的铀和95%的锝而不分离出纯钚，使钚与超铀元素混在一起，提高了扩散阻力。COEXTM流程的后端使用草酸共沉淀，得到U-Pu-O产品，也不单独提取纯钚。NEXT流程是在萃取之前增加一个结晶蒸发过程，以析出大量六水合硝酸铀酰晶体，从而为后面的流程减轻负担，提高经济性。这些后处理流程的目的在于提取铀、钚进行再次利用，有效提高天然铀的利用率，但是由于PUREX及其改进流程对镎、镅、锔和锝等的萃取能力不强，分离过程中会产生大量含镎、镅、锔和锝等元素的二次高放废液，而这些高放废液必须经玻璃固化后，与生物圈隔离几百万年才能消除对人类和环境的威胁，因此从核废物处置的角度来看，溶剂辐射降解严重，不溶性残渣增加，操作大量钚使临界安全问题也十分突出，安全保障成本很高。因此这种只回收乏燃料中的铀、钚而不解决 MA 和 LLFP 问题的后处理流程是令人难以接受的。近年来，为了解决 MA 和 LLFP 的分离问题，国际上提出了先进核燃料循环概念，它是一种将分离-嬗变和后处理相结合的核燃料循环方式，不仅对乏燃料中的铀、钚进行回收利用，而且也分离其中的 MA 和 LLFP。与直接处理和后处理回收 99.5%的铀、钚相比，先进核燃料循环产生的核废物所需要的地质隔离时间大大缩短。由于过去只考虑了铀、钚的回收，使 MA 和 LLFP 进入高放废液，因此，要实现分离-嬗变和先进核燃料循环，从高放废液中回收 MA 和 LLFP，就需要有从高放废液中将这些核素分离出来的新流程，目前国际上比较有影响的高放废液分离流程有美国的 TRUEX（transuranium extraction）流程、法国的 DIAMEX（diamide extraction）流程、日本的二异癸基磷酸（diisodecylphosphoric acid，DIDPA）流程和中国的三烷基氧膦（trialkyl phosphine oxide，TRPO）流程等，它们对镎、镅、锔等具有良好的分离效果。这样，后处理和高放废液分离成为 2 个独立的流程，造成流程复杂、二次废物增多、增加储存运输环节等问题。因此，有必要综合考虑乏燃料中核燃料的回收利用和最终废物的处置要求，建立一个“后处理/分离一体化”流程。目前国际上的乏燃料后处理/分离一体化流程有日本的 PARC（partitioning conundrum key）概念流程、日本的 PUREX - TRUEX（plutonium uranium extraction-transuranium extraction）一体化流程、俄罗斯的 SuperPUREX（super plutonium uranium extraction）流程、中国的 PUREX - TRPO（plutonium uranium extraction-trialkyl phosphine oxide）一体化流程等。PARC 流程对传统的 PUREX 流程进行改进，简化了铀、钚纯化循环，形成了一个单循环的流程。最终 PARC 流程回收的铀、钚可制成混合氧化物燃料（mixed oxide fuel，MOX）元件，在热堆或者快堆中再次利用；镎、镅、锔和锝等可进行嬗变处理，流程产生的废液中不含有 MA 和 LLFP，废物的处置和管理得以简化。PUREX - TRUEX 一体化流程采用了多种电化学方法来实现流程的无盐化，后处理流程在一个溶剂萃取循环中实现了铀、钚分离，产生的高放废液采用先进的 TRUEX 流程进行处理。SuperPUREX 流程除了回收铀、钚等元素外，还可分离 MA 及 ^{99}Tc、^{93}Zr 等长寿命裂变产物。PUREX - TRPO 一体化流程使用稀硝酸洗涤代替铀线纯化循环，只用了 1 个溶剂萃取循环就得到了铀、钚产品，使 PUREX 流程得到简化，在 TRPO 流程反萃段，由于不需要对铀、钚分离和纯化，所以反萃工序也得到了简化[11]。

干法后处理技术采用熔盐或液态金属作为介质，一般在数百摄氏度的高温条件下进行分离操作。具体工作温度因介质的种类而异，如在较常用的 LiCl - KCl 共晶系氯化物熔盐中为 450～500 ℃。干法后处理临界安全性高，适用于金属燃料、氮化物燃料及氧化物燃料等多种形态的燃料处理。然而，由于干法后处理的操作温度高，且使用强腐蚀性的卤化物以及熔融状态金属，存在材料耐用性以及操作信赖性低等问题。干法分离技术是今后快堆乏燃料，尤其是金属燃料的后处理以及 MA 嬗变燃料处理的主要分离技术，近年来备受关注，多个国家已将干法分离定为未来先进后处理体系的重要选择技术，加大了从基础研究到工程应用的研发力度，目前具有代表性的干法分离技术如下：

(1) 电解精炼。在熔盐浴中电解，根据组分的标准氧化还原电位的差异，通过阳极氧化溶解或阴极还原实现组分的分离。

(2) 金属还原萃取。在熔盐/液态金属浴中加入金属锂等活性金属还原剂，将溶解在其中的目的金属盐选择性地还原并萃取到液态金属浴中。液态金属一般采用镉、锌、铋、铅等低熔点金属。特别是镉、锌的沸点低，最后可以通过蒸馏使其挥发而与待回收的目的金属分离。

(3) 沉淀分离。利用熔盐介质中金属组分溶解度的不同，通过调节温度、气体分压、熔盐组成等使组分选择性地沉淀分离。

(4) 挥发分离。部分金属卤化物蒸气压较高，可通过高温挥发分离[12]。

与湿法后处理相比，干法后处理的优点如下：采用的无机盐介质具有良好的耐高温和耐辐照性能；工艺流程简单，设备结构紧凑，具有良好的经济性；试剂循环使用，废物产生量少；钚可与 MA 一起回收，有利于防止核扩散。干法后处理的上述优点使之被视为下一代燃料循环的候选技术，但目前还不成熟，仅完成了实验室量级操作，还未实现工业应用。干法后处理的技术难度很大，元件的强辐照要求整个过程必须实现远距离操作；需要严格控制气氛，以防止水解和沉淀反应；结构材料必须具有良好的耐高温和耐腐蚀性能等。

1.3.2 嬗变技术

分离出的 MA 和 LLFP 通过嬗变处理，变成稳定或短寿命的核素，从而显著减少或消除最终在地质处置中长寿命放射性核素的数量。

所谓嬗变(核嬗变)是指通过核反应将一种化学元素转化成另外一种化学

元素，或将一种化学元素的某种同位素转化为另一种同位素的过程。原子核的嬗变可以通过人工诱导与中子、质子、α 粒子和 γ 粒子碰撞，或通过自然衰变过程，如 α 和 β 衰变，以及自发裂变衰变引起核组成的变化。在所有情况下，嬗变都涉及原子核构成的变化，即质子和/或中子数的变化，并伴随着其性质的变化。为了诱导带电粒子之间的核反应，入射粒子必须具有足够的动能来克服库仑势垒(有可能发生隧道效应，但概率很小，除非动能接近阈值能量)。如果进入原子核的能量很小，则核反应仅限于原子序数较低的元素。重核的核反应需要很大的动能。涉及中子和光子的核反应不受库仑斥力的影响，因此可以在任何能量下发生。从原理上讲，光子可以将足够的能量传递到原子核中，以发生嬗变反应，但所需的能量仍然很高，与中子诱发的核反应相比，发生反应的概率很低。例如，铀的光裂变阈值(约 6 MeV)远高于中子诱导的裂变阈值(0～1 MeV)，这是中子与靶核结合能的结果。这种高能 γ 射线很少以放射性衰变的形式发出，即使它们是高能量的，其潜在强度也是有限的。因此，通过光核反应进行大规模嬗变技术可以从实用和经济性角度加以排除，而中子诱导嬗变是目前工业规模上唯一可行的嬗变方法。

在具体探讨乏燃料中 MA 和 LLFP 的嬗变技术之前，有必要对这些核素的基本性质做一些简单回顾和了解。

1）次锕系元素

锕系元素是周期系ⅢB 族中原子序数为 89～103 的 15 种化学元素的统称，包括锕、钍、镤、铀、镎、钚、镅、锔、锫、锎、锿、镄、钔、锘、铹，它们都是放射性元素。铀和钚有时称为“主锕系元素”，因为它们大量应用于核动力产业。而次锕系元素是指乏燃料中除了铀和钚之外的锕系元素，包括镎、镅、锔、锫、锎、锿和镄，因为它们的产量比钚低，并且没有直接用于核反应堆。最主要的三种次锕系元素分别是镎、镅和锔，是乏燃料处理的对象。

(1) 镎。

MacMillan 和 Abelson 于 1940 年发现了镎，其中只有同位素 ^{237}Np 的半衰期超过一周，为 214 万年，它有两种主要的产生方式，一是通过 ^{235}U 连续俘获中子，这种机制在热反应堆中占主导地位；二是(n, 2n)反应，在快堆中占主导地位，因为它是一个阈值反应，阈值为 6 MeV，如图 1－12 所示。

$$^{235}_{92}\mathrm{U}+\mathrm{n}\rightarrow{}^{236}_{92}\mathrm{U}+\mathrm{n}\rightarrow{}^{237}_{92}\mathrm{U}\xrightarrow{\beta}{}^{237}_{93}\mathrm{Np} \tag{1-1}$$

$$^{238}_{92}\mathrm{U}+\mathrm{n}\rightarrow{}^{237}_{92}\mathrm{U}+2\mathrm{n}\qquad{}^{237}_{92}\mathrm{U}\xrightarrow{\beta}{}^{237}_{93}\mathrm{Np} \tag{1-2}$$

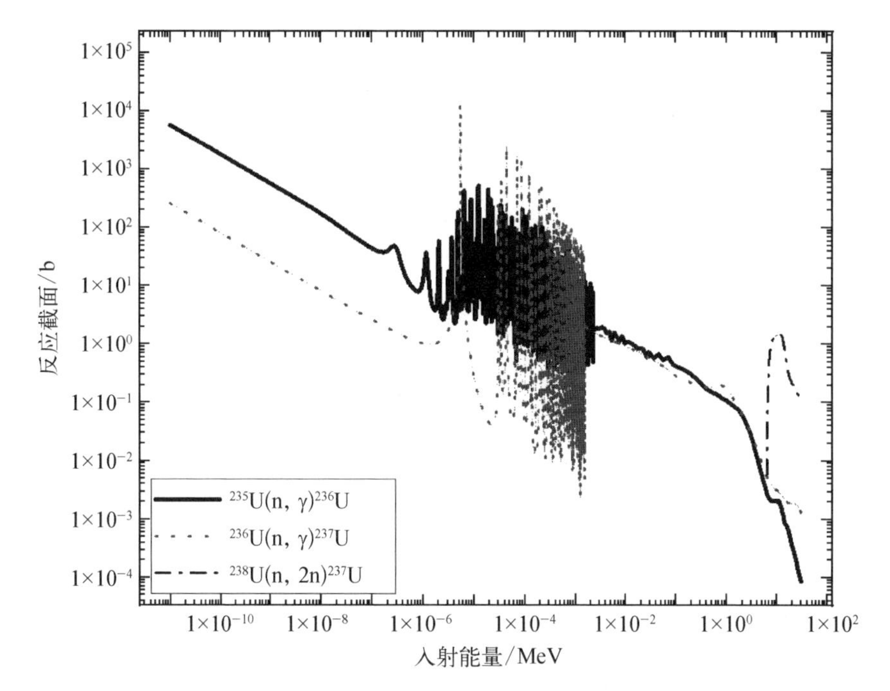

图 1-12 铀的反应截面

^{237}Np 的嬗变很简单，它可以直接裂变或俘获中子，在这种情况下，它会迅速衰变为^{238}Pu，而^{238}Pu 本身会裂变或俘获中子，并产生^{239}Pu，可以在核燃料中重复使用。然而，相对较短的^{238}Pu 半衰期将对燃料循环的后处理部分产生影响，因为与^{237}Np 相比，它将通过 α 衰变产生更多的热量。

(2) 镅。

镅是由 Seaborg、James 和 Morgan 于 1944 年在 Berkeley 发现的，主要有三种较长半衰期的同位素，分别是^{241}Am、^{242m}Am 以及^{243}Am。

^{241}Am 来自^{241}Pu 的 β 衰变。它的产生强烈地依赖于作为燃料的钚同位素的含量和反应堆能谱。在钠冷快堆(sodium-cooled fast reactor，SFR)中多次回收的钚中^{241}Pu 的含量将低至 3%，从而导致^{241}Am 的产量较低，而目前氧化铀燃料(uranium oxide，UOX)或 MOX 热反应堆中的钚含量接近 8%。在快堆中，它是主要的次锕系产物，一般占次锕系核素质量的 60%以上。燃料循环中^{241}Am 的数量很大程度上取决于乏燃料的冷却和再处理时间。冷却时间越长，^{241}Pu 的衰变率越高，^{241}Am 的产量也越高。由于它的 α 衰变，使其热负荷很小，约为 0.11 W/g，这种衰变伴随着弱 γ 射线的产生，其能量一般在 60 keV 左右。因此，根据所考虑的数量，含镅燃料必须在手套箱甚至热室中处理。

$$^{241}_{94}Pu \xrightarrow{\beta,\ 14a} {}^{241}_{95}Am + {}^{0}_{-1}e + \bar{\upsilon} \quad (1-3)$$

^{242}Am 及其更稳定的同核异能素^{242m}Am 是通过^{241}Am 中子俘获产生的。每个核的实际产额取决于入射中子能量。在 82.7%的情况下，^{242}Am 衰变为^{242}Cm，在剩余的 17.3%的情况下，通过电子捕获直接衰变为^{242}Pu。^{242m}Am 是一种比基态更稳定的亚稳态，它几乎总是通过 γ 辐射跃迁到^{242}Am。^{242m}Am 具有非常高的裂变截面，这意味着它在反应堆的次锕系元素生产中的含量相对较低，为 1%到 2%。

$$^{241}_{95}Am + {}^{1}_{0}n \rightarrow {}^{242m}_{95}Am \quad (1-4)$$

最后，^{243}Am 是最长寿命的镅同位素，由中子俘获和随后的^{242}Pu 衰变产生，因此，与^{241}Am 的情况类似，其产量最多可变化 2 倍，这取决于燃料的钚同位素含量。通过 α 衰变，^{243}Am 产生^{239}Np，这是一个强 γ 辐射源，因此对镅的辐射毒性产生贡献。

$$^{242}_{94}Pu + {}^{1}_{0}n \rightarrow {}^{243}_{94}Pu \xrightarrow{\beta} {}^{243}_{95}Am + {}^{0}_{-1}e + \bar{\upsilon} \quad (1-5)$$

镅是次锕系元素燃料循环存量和闭式循环中中期（100～10 000 年）辐射毒性的主要贡献者。因此，镅嬗变是一个很好的选择，以减少存量和辐射毒性。然而，它并没有镎嬗变那么简单，因为它通过中子俘获获得了锔，这也是一种次锕系元素，处理起来不太方便。

(3) 锔。

锔是核反应堆中大量产生的最后一种重要的次锕系元素，与镅元素一起于 1944 年由 Glenn Seaborg 的团队所发现。

在乏燃料中发现了千克量级的^{242}Cm，这是由于^{241}Am 俘获产生的^{242}Am 衰变。然而，它的半衰期明显较短，导致在衰变为^{238}Pu（其本身具有 0.57 W/kg 的高热负荷）期间，产生显著的热辐射和中子辐射，比热负荷为 121.4 W/g。这一重要的衰变热转化为换料操作期间乏燃料处理的额外限制。这个问题可以简单地通过让燃料冷却几个^{242}Cm 的衰变期来解决，但要付出经济代价，因为这意味着必须降低电厂负荷系数或增加总燃料库存。

^{243}Cm 的库存量非常有限，因为它的裂变截面很高，而且它是在寿命相对较短的^{242}Cm 上俘获的。

$$^{242}_{95}Am \xrightarrow{\beta} {}^{242}_{96}Cm + {}^{1}_{0}n \rightarrow {}^{243}_{96}Cm \quad (1-6)$$

^{244}Cm是乏燃料中所发现的锔的主要同位素,因为它是由^{243}Am产生的,^{243}Am很容易被中子俘获,而且它的吸收截面很低,导致它在燃料中积累。与^{242}Cm相似,它是一种强热源和中子发射体,比热负荷为2.84 W/g。由于其半衰期较长,最终处置库中的储存将成为一个更大的问题。它还具有较高的自发裂变概率,从而会产生较高的本征中子源。

^{245}Cm也是以千克量级生产的,因为它来自^{244}Cm,在燃料中大量存在。然而,在一般情况下并没有大量发现较重的锔同位素(在快反应堆中每一种最高可达几克),因为它们需要多次连续俘获才能产生。然而,它们对乏燃料的中子源有不可忽视的贡献,因为它们通常有很高的自发裂变率。

总体而言,锔产量在次锕系元素总产量中不到10%,但它会与裂变产物一起产生短期放射毒性(约几百年),是衰变热和中子源的主要贡献者。

次锕系元素核在中子通量作用下既可以裂变,也可以发生俘获反应。在前一种情况下,由于裂变产物的衰变通常比次锕系元素的衰变快,因此实现了有效的嬗变。然而,俘获也可能发生,但是产生的新的原子核通常也是一个次锕系核素,只有裂变或焚毁才能使之转换成短寿命或者稳定的核素。可见,一个有效的MA嬗变系统必须使裂变的数量最大化,同时使俘获的数量最小化,以便燃烧尽可能多的次锕系元素核,同时节省尽可能多的中子[13]。

2) 长寿命裂变产物

除了次锕系元素外,诸如^{99}Tc和^{129}I等寿命较长的裂变产物也是潜在的危险来源,在环境中具有高度流动性,特别是卤素、锝和铯,嬗变技术为降低这种负担提供了一种可能的解决方案。LLFP的质量数较小,核子间的作用力较强,因此在反应堆中嬗变不会发生裂变反应,但可以经过中子俘获反应使其转化成短寿命或者稳定核素。

^{99}Tc经过嬗变转换为^{100}Tc,^{100}Tc的半衰期仅为16 s,衰变成稳定核素^{100}Ru,^{100}Ru是工业上必不可少的贵重金属之一。

$$^{99}_{43}\mathrm{Tc}+^{1}_{0}\mathrm{n}\rightarrow ^{100}_{43}\mathrm{Tc}\xrightarrow{\beta} ^{100}_{44}\mathrm{Ru} \quad (1-7)$$

^{129}I在生物圈中具有很强的流动性,很容易被甲状腺吸收,在中子俘获和衰变后可以转化为稳定的^{130}Xe。

然而,LLFP的嬗变是复杂的,因为这个过程是中子的净消耗过程,与MA嬗变相反,这意味着它需要更多的中子才能完成。

基于上述基本原理,嬗变反应堆装置主要有热中子反应堆、快中子反应堆、聚变-裂变混合堆和加速器驱动次临界系统等。

1.4 加速器驱动次临界系统嬗变技术

从燃料循环的角度看，快堆主要用于核燃料的增殖，提高核燃料的利用率。在嬗变方面，快堆燃料中 MA 的装量增加，容易造成如下问题：可能会造成正的反应性系数，降低固有安全性；引起快堆中缓发中子份额、瞬发中子代时间降低，不利于反应堆控制。由于受到以上条件的限制，快堆中 MA 的装量在 MOX 燃料中的含量一般不超过 5%，而嬗变能力一般与燃料中 MA 的装量成正比，快堆的固有特性限制了其嬗变核废料的能力。

在 ADS 中，MA 的装量几乎不受限制（MA 的装量基本可在 60%或 60%以上水平）。研究表明，快堆的嬗变支持比（嬗变堆每年嬗变掉的 MA 与同功率水平的轻水堆核电站产生的 MA 之比，表明嬗变反应堆所能支持的核电站数目）一般在 5 左右，而 ADS 的嬗变支持比能够超过 10，因此 ADS 的嬗变能力远高于快堆。

从目前 ADS 和快堆的发展程度看，由于快堆相对成熟，短期内快堆在嬗变领域仍然能够充当一定的角色。从我国核能可持续发展的中长期战略看，将快堆侧重核燃料的增殖，ADS 侧重核燃料的嬗变是比较合理的选择，使它们能够在核工业体系内各司其职，为我国核能的可持续发展做出重大的历史性贡献。本书将重点讨论 ADS 嬗变反应堆相关内容。

1.4.1 加速器驱动次临界系统基本原理

加速器驱动次临界系统是由加速器、散裂靶和次临界反应堆组成的系统，如图 1-13 所示，它结合了 20 世纪核科学技术发展的两大工程——加速器和反应堆。ADS 工作的基本原理是利用加速器产生的高能强质子束轰击重金属散裂靶，产生高通量的散裂中子，然后以散裂中子作为外源驱动和维持次临界反应堆（中子有效增殖因子 $k_{eff}<1$）堆芯中的裂变材料发生持续的链式反应。

ADS 能够将长寿命高放射性核素嬗变成为短寿命核素或者稳定核素并减小体积（利用快中子），同时具备增殖核燃料（核反应中产生的易裂变材料大于消耗的易裂变材料）的能力，也具备利用核裂变能发电的潜力。

ADS 的主要特点是通过控制加速器的运行参数调控中子源的强度和快中子能谱，进而调控次临界反应堆中可裂变/可嬗变核素的嬗变速率。因为 ADS

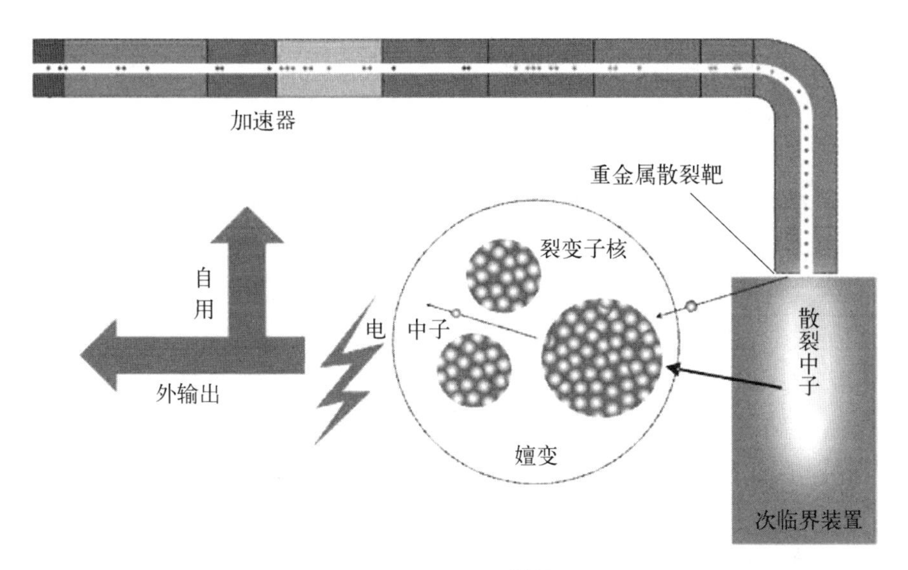

图 1-13 ADS 系统原理

在次临界模式下运行,具有固有安全性,所以可从根本上杜绝核临界事故发生的可能性,在理论上避免瞬发临界事故。从核安全的角度来讲,这一特性也为公众对核能的接受程度提供了重要支持。

一个系统的嬗变能力和增殖能力主要由两个因素所决定:一是除了维持系统自持和考虑各种吸收及泄漏外的中子余额数目,二是系统嬗变或增殖每个核所消耗的中子数目。与临界堆相比,ADS 系统有两个重要的特点。第一,由于 ADS 系统有外源中子,其中子余额数目明显地多于临界堆,因此其核燃料的增殖能力和核废料的嬗变能力明显强于其他所有已知的临界堆。研究表明,ADS 的嬗变支持比可达到 12 左右。第二,由于 ADS 系统的能谱很硬,几乎所有长寿命的锕系核素在 ADS 系统中都成为可裂变的资源,因此 ADS 系统中锕系核素的中子经济性明显好于其他所有已知的临界堆。计算表明,在 ADS 能谱下,几乎所有的锕系核素的净中子产生率均为正值。ADS 也具有良好的安全性,ADS 燃料中对 MA 的装载量没有严格的限制。因此,ADS 被国际公认为最有前景的核废料嬗变技术途径。

1.4.2 加速器驱动反应堆系统国内外研究现状

目前,世界上尚未建成 ADS 装置。但是,国际上科技发达国家(组织)和核大国如欧盟、美国、俄罗斯、日本、韩国、印度等均制订了 ADS 中长期发展计划，以及从关键技术研发到工业示范的发展路线图，并投入大量的人力物力开展相关研究，其主要目的为嬗变核废料。

1）国际研究现状及发展趋势

欧盟是ADS研发非常活跃的组织之一，其将ADS作为核废料处理处置的核心，在由7个国家的16位科学家组成的，以1986年诺贝尔物理学奖获得者Rubbia教授为首的顾问组领导下，制订了研究开发计划框架。在框架计划的指导下，欧盟各国就ADS基础科学问题、外源驱动次临界堆物理、液态金属冷却回路、核废料嬗变相关燃料循环等领域的研究均进行了相关布局。欧盟提出了EUROTRANS计划，在欧盟F6框架下支持40多个大学及研究所参与，期望在2005—2010年把原来的PDS-XADS方案扩展，其目标如下：① 形成50～100 MW的原理示范装置XT-ADS的先进设计；② 形成由16 MW加速器驱动的数百兆瓦嬗变反应堆（含铅靶）的欧洲工业废料处理堆EFIT的概念设计。研究范围涉及强流加速器技术、中高能核数据、中子学设计程序研究、热工水力设计程序研究、散裂靶物理以及工业规模验证装置设计等。在欧盟框架计划的指导下，各国也有相应的国家研究计划。欧盟各国ADS研究开发工作的特点是充分利用现有的核设施，共同开展实验研究。在ADS反应堆物理及靶物理方面，比较突出的是利用法国的大型快中子零功率试验装置开展ADS中子学研究的MUSE计划、利用瑞士保罗谢尔研究所(Paul Scherrer Institute，PSI)的强流质子加速器开展兆瓦级液态铅铋（Lead-bismuth eutectic，LBE）冷却的散裂靶研究的MEGAPIE计划、利用法国凤凰快中子反应堆开展含MA和LLFPs的燃料元件在中子辐照条件下行为研究等。在强流质子加速器方面，有法国的IPHI项目和意大利的TRASCO项目，研究RFQ和超导腔技术等。特别值得关注的是由比利时核能研究中心（SCK·CEN）提出的面向高科技应用的多用途混合研究反应堆（Multi-purpose Hybrid Research Reactor for High-tech Applications，MYRRHA）项目，计划用它来替代现有的研究堆BR-2用于材料和燃料元件研究、同位素生产以及嬗变和生物应用研究。MYRRHA项目的核心是由加速器驱动的LBE冷却的快中子次临界堆系统，其主要设计指标如下：反应堆功率为85 MW，600 MeV/4 mA的强流加速器，MYRRHA以铅铋共晶合金作为反应堆冷却剂和散裂靶材料，能够以临界和次临界双模式运行。该计划开始是多边合作项目，后来演变为欧洲共同体第六框架的研究项目。采用分阶段建造模式，计划于2026年完成100 MeV直线加速器的建设，2033年完成将100 MeV加速器升级至600 MeV的建设任务，反应堆计划于2036年建成投入使用。与此同时，为了能够利用现有的技术基础，由德国亚琛工业大学牵头，提出了基于现有气冷技术的AGATE计划，该计划旨在利用现有成熟的气冷技术基础，开发小型化的ADS系统，其设计指标如下：反应堆功率为100 MW、600 MeV/10 mA的强流加速器，金属钨作为散裂靶靶材，氦气作为冷却剂，有窗设计。

美国通过早先实施的加速器生产氚的APT计划，在强流质子加速器方面有较多的技术储备。美国能源部于1999年制订了加速器嬗变核废料工艺的路线图，称为ATW计划。从2001年开始，正式实施先进加速器技术应用的AAA计划，在AAA计划内全面开展ADS相关的研究工作，并计划建成一座加速器驱动的试验装置ADTF，用于证实ADS的安全性、加速器与散裂靶及次临界堆系统之间耦合的有效性、嬗变性能和可运行性。现在，ADS研究是美国先进核燃料循环系统AFCI的有机组成部分。当前，洛斯阿洛莫斯国家实验室又提出SMART计划，研究核废物的嬗变方案。费米国家加速器实验室正在计划建造的Project-X是一台多用途的高能强流质子加速器，除高能物理研究外，也打算将ADS的应用纳入其中，并于2009年10月召开了强流质子束应用国际研讨会，讨论了Project-X用于ADS的可行性与前景。美国与俄罗斯合作已建成了实用规模的LBE液态合金回路，并在结构材料腐蚀控制问题上取得进展，同时还开展了工业规模的ADS工程概念设计，公开发表钠冷、LBE冷和气冷三个设计研究。2010年，美国能源部组织撰写了ADS系统中加速器和靶技术相关的白皮书。

俄罗斯方面，1998年，俄联邦原子能工业部决定启动ADS开发计划，形成了以理论与实验物理研究所(Institute of Theoretical and Experimental Physics，ITEP)和物理与动力工程研究所(Institute of Physics and Power Engineering，IPPE)为代表、10多个单位参加的工作组。工作内容涉及多个方面：ADS相关核参数的实验研究，包括利用现有装置开展中子学实验研究、核参数测量、ADS中子动力学和钨靶水冷辐照性能等基础性研究；理论研究与计算机软件开发，包括各种ADS次临界装置(热、快、快-热耦合)的热工物理，各种靶结构的散裂中子产额和能谱、靶的热释放、放射性物质产生与辐照损伤，发展了专用的MENDL-2数据库，评价了中子能量直到100 MeV的各种反应截面和质子能量到200 MeV与靶核相关的500多种稳定和放射性核素的截面等；ADS实验模拟试验装置的优化设计；针对低或中等功率水平的ADS LBE冷却工作平台开展研究工作；质子加速器束流实验研究，重点发展

1 GeV/30 mA 质子直线加速器;先进核燃料循环的理论与实验研究。俄罗斯拟建造的低功率实验 ADS 是改造以 ITEP 的重水研究堆为用加速器驱动中子发生器(accelerator driven neutron generator,ADNG)。同时改造莫斯科介子工厂的直线加速器为强流脉冲中子源,建造工业规模的 ADS 验证装置,目前已提出了概念设计。俄罗斯 ADS 系统研究的重点主要是 ADS 新概念研究,包括快-热耦合固体燃料 ADS 次临界装置概念设计(内区为快中子区,用 LBE 冷却,作为 MA 焚烧炉;外区为重水冷却的热中子区,以 Th - Pu 混合燃料元件,用含 MA 材料为可燃毒物棒,主要用于研究 ^{99}Tc 和 ^{129}I 的嬗变)和快-热熔盐次临界装置概念设计(为解决散裂靶和次临界装置接口的复杂问题,研究了把散裂靶和快增殖区融为一体的快-热熔盐系统,并开展了概念设计研究)。

日本从 1988 年 10 月就启动了最终处置核废料的长期研究与发展的 OMEGA 计划,由日本原子能研究所(Japan Atomic Energy Research Institute,JAERI)、日本核燃料循环发展研究所(Japan Nuclear Cycle Development Institute,JNC)[其前身为日本动力反应堆和核燃料开发公司(Power Reactor and Nuclear Fuel Development Corporation, PNC)]和电力中央研究所(Central Research Institute of Electric Power Industry,CRIEPI)负责实施。在研究比较了临界焚烧炉 ABR 和 ADS 的性能之后,认为 ADS 是 MA 嬗变的最佳选择,所以 OMEGA 后期的研究工作集中在 ADS 的开发研究上,先后完成了钠冷却固体钨靶和 LBE 冷却液体靶两个工业规模级的、820 MW 热功率的概念设计。日本还同时开展了工业规模的、把散裂靶和次临堆融为一体的熔盐 ADS 概念设计研究。围绕这些工业概念设计还开展了分离流程、燃料加工和后处理、LBE 工艺和专用核数据库及计算程序研究开发工作。此后,日本原子能机构(Japan Atomic Energy Agency,JAEA)和高能加速器研究机构(High Energy Accelerator Research Organization)联合建造了日本强流质子加速器装置 J - PARC(Japan Proton Accelerator Research Complex),计划在未来升级工程中,将直线加速器能量提高到 600 MeV,开展 ADS 的实验研究,包括材料和 ADS 中子学研究。日本的众多科研院所针对 ADS 计划中所面临的基础问题进行了较深入的研究,在液态铅铋技术、零功率物理研究装置、新型核燃料制作技术和性能研究等领域取得了很多具有参考价值的科研成果[14]。

韩国在 1997 年就开展了 ADS 的 HYPER 计划,进行了 ADS 概念设计。2009 年成立的 ENTG 团队旨在开发钍基回旋加速器驱动系统,目前还在进行概念设计。在加速器方面，韩国原子能研究机构提出了 KOMAC 计划，已经完成 100 MeV 直线加速器建设，相关试运行和测试工作已经开展。

印度 ADS 计划侧重钍燃料增殖和循环发电，其方案基于现有轻水堆技术并逐步向铅铋反应堆推进。ADS 实验阶段的某些设备已经建成，包括中子源、低能传输线以及 400 keV 的 RFQ 等，用于驱动 100 MW ADS 系统的铅铋回路也已经完成设计并开始建造，Purima 实验室建成了 14 MeV 中子源驱动的次临界实验装置，其他各项实验和研究工作正在推进中。

2）国内研究现状及发展趋势

我国从 20 世纪 90 年代起开展 ADS 概念研究。1995 年在中国核工业集团公司的支持下成立了 ADS 概念研究组，开展以 ADS 系统物理可行性和次临界堆芯物理特性为重点的研究工作。1999 年起实施的“973 计划”项目“加速器驱动的洁净核能系统的物理和技术基础研究”，建成了快-热耦合的 ADS 次临界实验平台，在强流 ECR 离子源、配套 ADS 中子学研究专用计算机软件系统、ADS 专用中子和质子微观数据评价库、加速器物理和技术、次临界反应堆物理和技术等方面的探索性研究取得一系列成果，包括建立了快-热耦合的 ADS 次临界实验平台——“启明星一号”等。ADS 研发在 2007 年再次得到“973 计划”的支持。与此同时，中国科学院还重点支持了超导加速器技术研发，并结合相关研究所优势部署了重大项目“ADS 前期研究”。这些研究工作为今后进行 ADS 的研发、物理验证和工业示范打下了坚实的物理技术基础。

经过 2009—2010 年全面深入的酝酿，中国科学院根据我国核能可持续发展的重大需求与已有研发布局，结合国际发展态势，从技术可行性出发，提出了我国 ADS 发展路线，如图 1 - 14 所示。

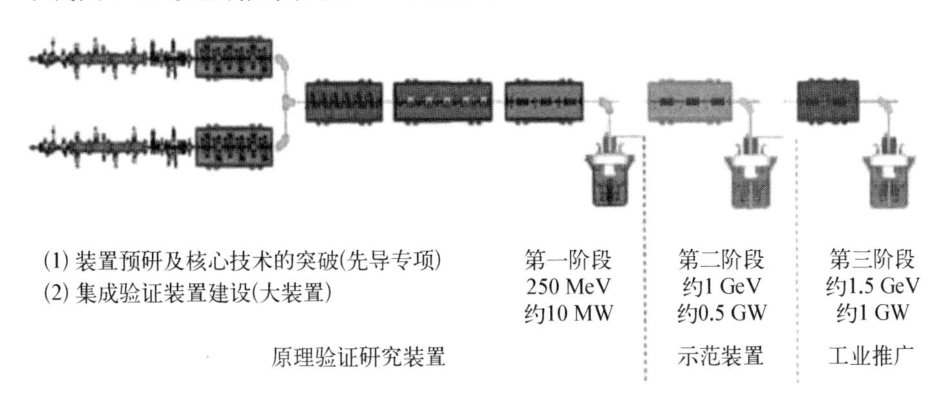

图 1 - 14 中国 ADS 发展路线

从图 1-14 可以看出，中国 ADS 发展可以分为如下三个阶段：

第一阶段为原理验证阶段，即建立加速器驱动嬗变研究装置。该阶段要解决 ADS 系统单元关键技术问题，确定技术路线，实现小系统集成，从整机集成的层面上掌握 ADS 各项重大关键技术及系统集成与 ADS 调试经验，为下一步建设 ADS 示范装置奠定基础。

第二阶段为技术验证阶段，即建立加速器驱动嬗变示范装置。加速器、散裂靶和次临界反应堆的系统指标提升，建成约 1 GeV@10 mA/GW 连续束模式加速器驱动约 0.5 GW 的次临界堆系统，系统可靠性提升，可用性大于 75%，达工业级要求。实现工程技术验证的核心是要解决可靠性、燃料和材料问题，确定工业推广装置的燃料和材料选择。

第三阶段为工业推广阶段，该阶段以企业为主导，将加速器驱动嬗变系统放大至吉瓦量级，实现运行可靠性和系统经济性的验证，进行工业应用。

中国科学院于 2011 年启动了战略性先导科技专项“未来先进核裂变能——ADS 嬗变系统”(简称“ADS 先导专项”)，完成了加速器驱动次临界系统关键技术攻关，使我国率先具备了从分系统关键技术攻关的装置预研阶段进入原理验证装置建设阶段的条件。现已实现 ADS 强流超导质子直线加速器、重金属散裂靶、次临界反应堆三大系统关键技术突破：建成了国际首台 ADS 超导质子直线加速器示范样机，初步调试连续波束流达到 25 MeV/0.17 mA，脉冲束流达到 26.1 MeV/12.6 mA，指标达到国际领先水平，成为国际同行开展合作的研究平台；原创性地提出了颗粒流散裂靶概念，完成分项关键技术验证并建成了国际首台颗粒流散裂靶原理样机，引发国际跟踪研究；建成国际首台 ADS 研究专用铅基临界/次临界双模式运行零功率装置并投入实验运行；建成规模化的铅铋合金技术综合实验回路；建成冷态铅基堆关键设备集成验证装置[14-15]。

2015 年 12 月，国家发展改革委正式批准“加速器驱动嬗变研究装置”(China Initiative Accelerator Driven System，CiADS)的立项。CiADS 将从整机集成的层面上掌握各项重大关键技术及系统集成与调试经验，研究加速器-散裂靶-反应堆耦合特性与集成装置性能，进一步优化技术方案，为下一步设计建设加速器驱动嬗变示范装置奠定基础。其主要设计指标如下：强流质子加速器质子束流能量为 250 MeV、束流强度为 10 mA，实现连续波(continuous wave，CW)工作模式，并具备可升级到更高能量的能力；高功率铅铋靶或颗粒流散裂靶最大可承载质子束流功率为 2.5 MW，具备与加速器和次临界堆耦合工作的能力；液态铅铋次临界堆在加速器中子源驱动下的最大热功率可达

10 MW(含质子束流功率 2.5 MW),并留有实验孔道开展嬗变等相关实验研究。CiADS 建成后将成为世界上首个兆瓦级加速器驱动次临界系统研究装置。目前,CiADS 项目建设地点已确定为广东省惠州市惠东县东南沿海,中国科学院已同广东省人民政府签署协议,并成立院省领导小组,共同推进项目建设。

CiADS 的主要目标如下:建成一台用于加速器驱动嬗变研究的 ADS 装置,能够基于此装置开展超导直线加速器、高功率散裂靶、次临界反应堆等系统稳定、可靠、长期运行的策略研究;研究各系统在耦合运行时对系统影响的特性,渐次进行从低功率到高功率的耦合运行,最终实现超导直线加速器、高功率散裂靶、次临界反应堆三大系统高功率耦合的技术突破;基于 CiADS 开展次锕系元素嬗变原理性实验、嬗变中子学、材料辐照特性等方面的研究;在 CiADS 设计、建设、调试、运行、实验的过程中,发展具有自主知识产权的 ADS 系统设计软件,积累装置运行数据和基础科学数据,为最终设计建设加速器驱动嬗变工业示范装置奠定基础。

总体而言,目前国际上的 ADS 研究已进入物理过程、关键技术和部件的研究及核能系统集成的概念研究,下一步是建设系统集成装置,以便为最终工业示范装置的建设奠定坚实的技术基础和积累运行经验。欧盟、美国、日本、俄罗斯等国(组织)均结合本国(组织)核能发展的实际情况,开展工业规模实用化的 ADS 设计研究,而且设想在 2030 年左右建成原型装置。国际上部分 ADS 装置的部分设计指标参数如表 1-5 所示。

表 1-5 国际 ADS 设计参数一览表(部分)[14]

项 目		加速器功率/MW	k_{eff}	堆功率/MW	中子通量/($cm^{-2}\cdot s^{-1}$)	靶	燃 料
欧盟	MYRRHA	2.4(600 MeV/4 mA)	0.955	85	10^{15}	铅铋	MOX
	AGATE	6(600 MeV/10 mA)	0.95~0.97	100	快,约 10^{15}	钨(气冷)	MOX
	EFIT/Lead	16(800 MeV/20 mA)	约 0.97	400	快,约 10^{15}	铅(无窗)	MA/MOX
	EFIT/Gas	16(800 MeV/20 mA)	0.96	400	快,约 10^{15}	钨(气冷)	MA/MOX

（续表）

项目		加速器功率/MW	k_{eff}	堆功率/MW	中子通量/($cm^{-2}\cdot s^{-1}$)	靶	燃料
美国	ATW/LBE	100（1 GeV/100 mA）	约0.92	500～1 000	快，约10^{15}	铅铋	MA/MOX
	ATW/GAS	16(800 MeV/20 mA)	0.96	600	快，约10^{15}	钨(气冷)	MOX
俄罗斯	INR	5（500 MeV/10 mA）	0.95～0.97	5	快	钨	MA/MOX
	NWB	3.8(380 MeV/10 mA)	0.95～0.98	100	快，10^{14}～10^{15}	铅铋	UO_2/UN U/MA/Zr
	CSMSR	10（1 GeV/10 mA）	0.95	800	中间 5×10^{15}	铅铋	Np/Pu/MA,熔盐
日本	JAERI-ADS	27(1.5 GeV/18 mA)	0.97	800	快	铅铋	MA/Pu/ZrN
韩国	HYPER	15（1 GeV/10～16 mA）	0.98	1 000	快	铅铋	MA/Pu
中国	CiADS	2.5(500 MeV/5 mA)	0.75	10	快	铅铋	UO_2

参考文献

[1] BP p. l. c. Statistical review of world energy 2020 69th edition[R]. London: BP, 2020.

[2] 国家统计局. 中国统计年鉴 2020[M]. 北京：中国统计出版社，2020.

[3] International Energy Agency. Global energy review 2019: the latest trends in energy and emissions in 2019[R]. France: IEA, 2020.

[4] International Atomic Energy Agency. Nuclear power reactors in the world: reference data series No. 2 (2020 edition)[R]. Vienna: IAEA, 2020.

[5] 中国核能行业协会. 中国核能年鉴：2020 年卷[M]. 北京：中国原子能出版社，2020.

[6] 张廷克，李闽榕，潘启龙. 中国核能发展报告(2020)[M]. 北京：社会科学文献出版社，2020.

[7] Eriksson M. Accelerator driven systems: safety and kinetics[D]. Stockholm: Royal Institute of Technology, 2005.

[8] 赵志祥，夏海鸿. 加速器驱动次临界系统(ADS)与核能可持续发展[J]. 中国核电，

2009,2(3)：202－211.
[9] 史永谦,朱庆福. 加速器驱动次临界反应堆物理学[M]. 北京：中国原子能出版社,2018.
[10] 顾忠茂,柴之芳. 关于我国核燃料后处理/再循环的一些思考[J]. 化学进展,2011,23(7)：1263－1271.
[11] 廖映华,云虹,王春. 乏燃料后处理技术研究现状[J]. 四川化工,2012,15(4)：12－15.
[12] 韦悦周,吴艳,李辉波. 最新核燃料循环[M]. 上海：上海交通大学出版社，2016.
[13] Kooyman T. Optimzation of minor actinides transmutation performances in GEN IV reactors：fuel cycle and core aspects[D]. Marseille：Aix-Marseille University，2017.
[14] 詹文龙,徐瑚珊. 未来先进核裂变能：ADS嬗变系统[J]. 中国科学院院刊,2012,27(3)：375－381.
[15] 骆鹏,王思成,胡正国,等. 加速器驱动次临界系统：先进核燃料循环的选择[J]. 物理,2016,45(9)：569－577.

第2章
嬗变反应堆中子学基础

乏燃料处理是核能发展的主要瓶颈之一,其中一些高放物质具有强放射性和极长的寿命,必须对其进行合理有效的处理。嬗变技术的主要发展目标是减少或消除最终处置中长寿命放射性核素的数量。由于嬗变过程中会释放出大量的能量,故而工业规模乏燃料嬗变必须在类似于核反应堆的装置中实施处理。目前,中子嬗变技术在国际上得到了广泛的认可和研究。嬗变反应堆中子学是反应堆方案设计的前提,主要包括嬗变的基本原理、核废物嬗变基础以及嬗变反应堆的稳态、动力学和燃耗特性等,能为各种嬗变反应堆方案设计提供重要的理论基础。

2.1 嬗变的基本原理

在核反应堆内主要发生中子与堆内各种元素的相互作用。为了充分理解反应堆内的嬗变基本原理,需要了解不同能量的中子与各种材料原子核的相互作用。本节将首先概略地介绍反应堆内的中子与嬗变核素的相互作用,然后讨论在反应堆内的中子输运过程,并阐述中子与嬗变核素反应堆的核数据以及反应堆内的常用模拟计算方法。

2.1.1 中子与嬗变核素的相互作用

在核反应堆内存在中子的产生、慢化和俘获等作用过程。在各种核反应过程中,主要是由裂变反应释放出能量,而放射性衰变产生的能量占比相对较小。因此,反应堆中核素具有以下重要的核特性:① 裂变截面 σ_F;② 俘获截面 σ_C;③ 裂变释放的中子数 η。这些参数对链式裂变反应至关重要。η 值主要受到两个因素的影响,一是发生裂变的概率 $\sigma_F/(\sigma_F+\sigma_C)=1/(1+\alpha)$,其中 $\alpha=\sigma_C/\sigma_F$;二是每次裂变释放的平均中子数 ν,故 $\eta=\nu/(1+\alpha)$。散射截面直接影响着中子在介质中的传播过程,包括弹性散射 σ_{S} 和非弹性散射 σ_{in}。原子核的质量数 A 决定了中子在弹性散射中的能量变化。在质心坐标系下,中子初始能量为 E_0,在 θ 角上发生散射后,中子的最终能量 E' 可由下式获得:

$$E' = \frac{E_0}{2}\left\{1 + \left(\frac{A-1}{A+1}\right)^2 + \left[1 - \left(\frac{A-1}{A+1}\right)^2\right]\cos\theta\right\} \tag{2-1}$$

如果发生的散射为各向同性,散射后的中子能量在 E_0 和 $E_0\{[(A-1)/(A+1)]^2\}$ 之间是等概率的。在第二种情况下,中子能量损失与它的初始能量成正比,通常采用 $u=\ln(E_0/E)$ 来表示中子的能量,其中 E_0 是中子的任意初始能量(通常采用裂变中子的平均能量),E 是实际的中子能量。做出如下定义:

$$\varpi = \left(\frac{A-1}{A+1}\right)^2 \tag{2-2}$$

式中,ϖ 表示散射后中子的最小能量与中子初始能量的比值,即 $E_0\varpi$ 表示散射后中子的最小能量。定义 ξ 为平均对数能降,表示中子每次发生碰撞时的平均对数能量损失。

$$\xi = \int_{E_0}^{\varpi E_0} \ln\frac{E_0}{E} \cdot \frac{\mathrm{d}E}{E_0(1-\varpi)} = 1 + \frac{\varpi}{1-\varpi}\ln\varpi \tag{2-3}$$

用质量数 A 表示的函数形式为

$$\xi = 1 + (A-1)^2\,\frac{1}{2A}\ln\frac{A-1}{A+1} \tag{2-4}$$

对于 A 较大的情况,$\xi \approx 2/\left(\mathrm{A}+\frac{2}{3}\right)$。

对于裂变反应堆,比钍元素更重的原子核的性质至关重要,通常将其分类为可裂变核和易裂变核,其区分标准在于这些原子核俘获慢中子后的响应情况。易裂变核在吸收中子后发生核裂变的概率较高,如图 2-1 所示。可裂变核在中子能量兆电子伏特范围内才会具有明显的裂变反应截面,如图 2-2 所示。

可裂变核发生中子俘获反应通常是在发生 β 衰变之后,可以产生易裂变核。最常见的易裂变核为 $^{233}\mathrm{U}$、$^{235}\mathrm{U}$ 和 $^{239}\mathrm{Pu}$。以 $^{232}\mathrm{Th}$ 和 $^{238}\mathrm{U}$ 为例,可裂变核俘获中子后产生易裂变核的过程如下:

$$^{232}\mathrm{Th} + \mathrm{n} \rightarrow {}^{233}\mathrm{Th} \xrightarrow[22.3\ \mathrm{min}]{\beta^-} {}^{233}\mathrm{Pa} \xrightarrow[26.97\mathrm{d}]{\beta^-} {}^{233}\mathrm{U} \tag{2-5}$$

$$^{238}\mathrm{U} + \mathrm{n} \rightarrow {}^{239}\mathrm{U} \xrightarrow[23.45\ \mathrm{min}]{\beta^-} {}^{239}\mathrm{Np} \xrightarrow[2.35\mathrm{d}]{\beta^-} {}^{239}\mathrm{Pu} \tag{2-6}$$

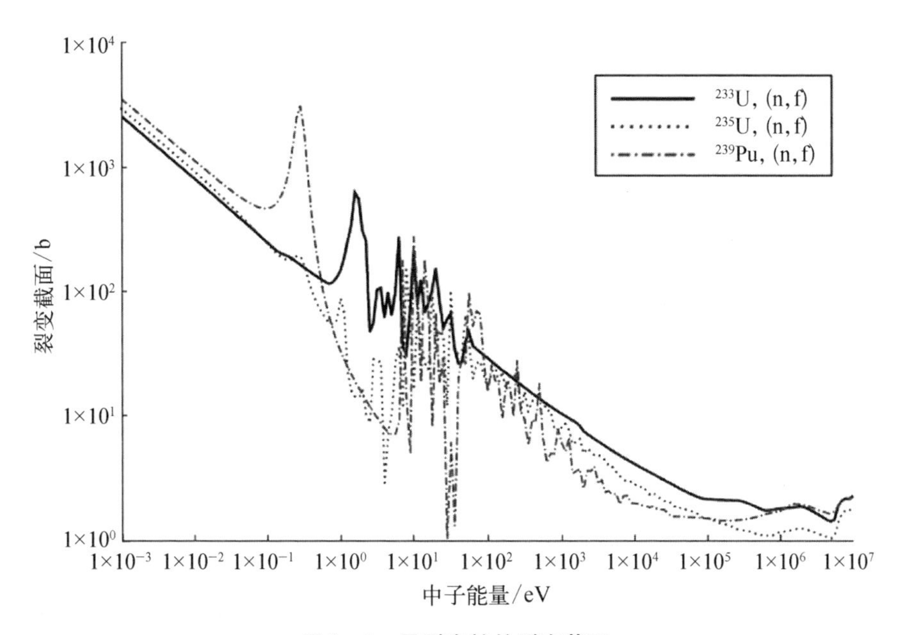

图 2－1　易裂变核的裂变截面

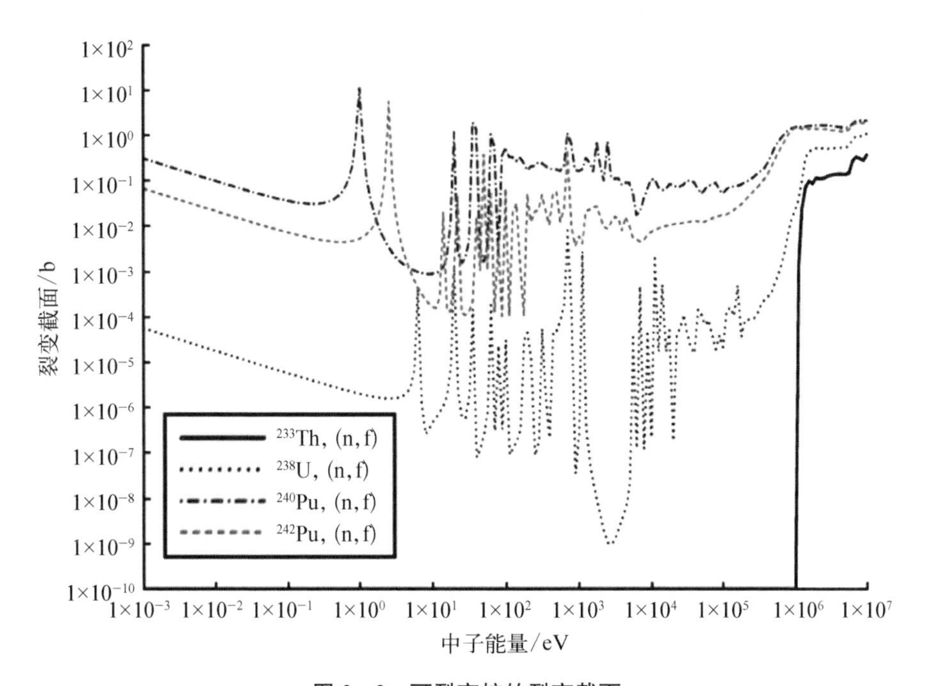

图 2－2　可裂变核的裂变截面

从图 2－3 可知，在共振区域以上的俘获截面，随着能量的增加而急剧下降。一般来说，含有偶数个中子的重核是可裂变核，而含有奇数个中子的重核是易裂变核。这主要是由中子结合能的奇偶效应以及位于奇偶中子结合能之间的裂变势垒高度导致的。除了裂变截面和俘获截面之外，η 值是评估原子核维持链式反应能力的重要参量。图 2－4 显示出部分原子核的 η 值随中子能量的变化。从图中可以看出，在低中子能区时，^{233}U 的 η 值特别高，而在高中子能区时，^{239}Pu 的 η 值较高。

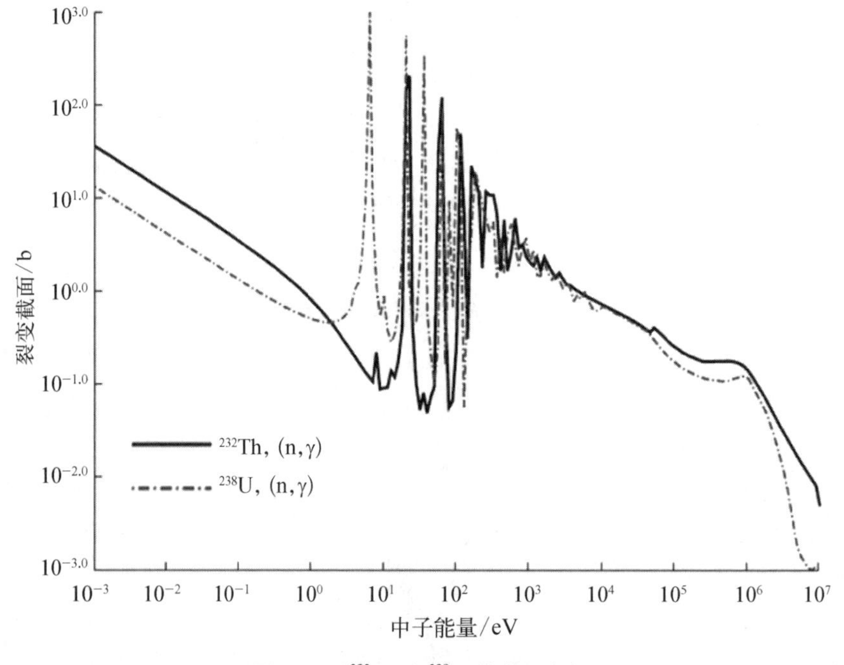

图 2－3　^{232}Th 和 ^{238}U 的截面数据

事实上，即便在美国橡树岭实验室的热中子反应堆中进行^{233}U 增殖，通过在线提取中子俘获反应产生的^{233}Pa，每年的增殖率也仅为 5%。而在快中子反应堆中采用^{239}Pu 燃料则更容易实现核燃料增殖，如超凤凰反应堆（SUPER PHOENIX reactor，SPX）的年增殖率可达 18%。

核反应堆是中子输运的宏观介质，故有必要定义在介质内中子性质的宏观参量。假设不同核素的均匀混合物含有 N 种核素，n_i 是单位体积（单位通常为 cm^3）内 i 核素的原子数，$\sigma_i^{(\alpha)}$ 是 i 核素某种反应（如裂变、俘获或散射反应）的微观截面（单位为 b），则宏观截面（单位为 cm^{-1}）定义为

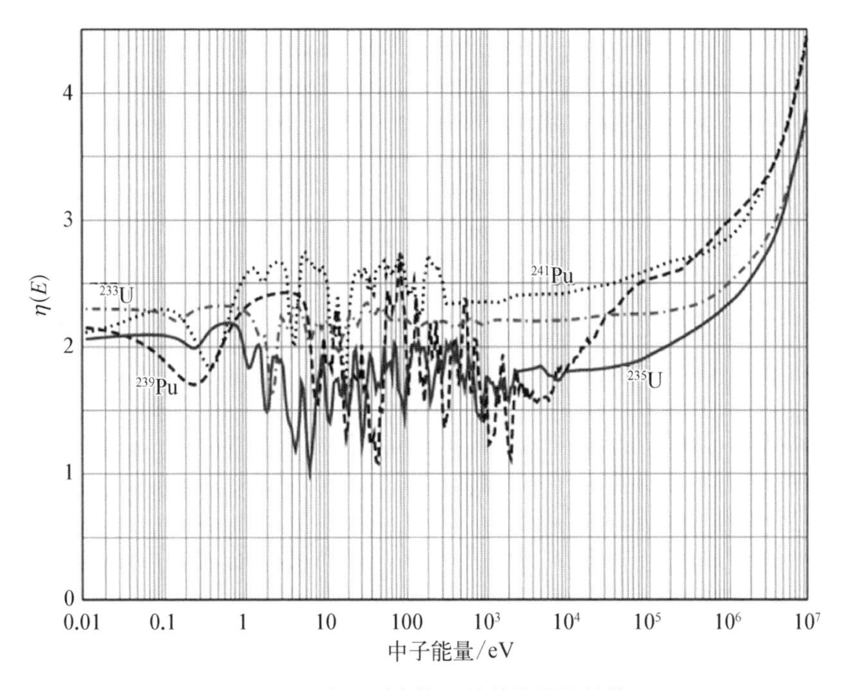

图 2－4　主要裂变核 η 值的能量依赖性

$$\Sigma^{(\alpha)}=10^{-24}\sum_{i}^{N} n_i\sigma_i^{(\alpha)} \tag{2-7}$$

核反应 α 的中子平均自由程如下：

$$\Lambda^{(\alpha)}=\frac{1}{\Sigma^{(\alpha)}} \tag{2-8}$$

在反应堆物理中，常将单位体积、单位速度和单位立体角内的中子数量定义为中子密度 $n(\boldsymbol{r},\ \upsilon,\ \boldsymbol{\Omega},\ t)$，则在位置 $\boldsymbol{r}$ 处单位体积 $\mathrm{d}^3 r$，$\mathrm{d}\upsilon$ 和速度 $\upsilon+\mathrm{d}\upsilon$ 之间，在 $\boldsymbol{\Omega}$ 方向上 $\mathrm{d}^2\Omega$ 立体角内的中子数量为 $n(\boldsymbol{r},\ \upsilon,\ \boldsymbol{\Omega},\ t)\mathrm{d}^3 r\cdot\mathrm{d}\upsilon\cdot\mathrm{d}^2\Omega$。则中子通量表示为

$$\phi(\boldsymbol{r},\ \upsilon,\ \boldsymbol{\Omega},\ t)=\boldsymbol{\upsilon}\times n(\boldsymbol{r},\ \upsilon,\ \boldsymbol{\Omega},\ t) \tag{2-9}$$

在位置 r 处穿过单位法向量为 $\boldsymbol{u}$ 的平面，单位时间内速度 υ 和方向 $\boldsymbol{\Omega}$ 的中子数量为 $\phi(\boldsymbol{r},\ \upsilon,\ \boldsymbol{\Omega},\ t)\times u$。在反应堆中近似认为中子输运是各向同性的。值得注意的是，在反应堆内中子的各向同性是可以近似满足的。然后，如果用法向量 $\boldsymbol{u}$ 来测量角度，在不考虑中子方向的情况下，可以得到穿过表面的中子总数为

$$4\pi\phi(\boldsymbol{r}, \upsilon, \boldsymbol{\Omega}, t)\int_0^{\pi/2}\cos\theta\ \sin\theta\mathrm{d}\theta = 2\pi\phi(\boldsymbol{r}, \upsilon, \boldsymbol{\Omega}, t)$$

考虑单位面积的薄平板和单位表面内有 n_{s} 个相同原子核的原子厚度。核反应截面为 σ，单位时间内平板内发生的反应次数为

$$\rho_{\mathrm{reac}} = 4\pi\phi(\boldsymbol{r}, \upsilon, \boldsymbol{\Omega}, t)\sigma\int_0^{\pi/2}\frac{n_{\mathrm{s}}}{\cos\theta}\cos\theta\ \sin\theta\mathrm{d}\theta = 4\pi\phi(\boldsymbol{r}, \upsilon, \boldsymbol{\Omega}, t)n_{\mathrm{s}}\sigma$$

总的中子通量是单位 $\boldsymbol{\Omega}$ 方向通量在角度上的积分，因此可得

$$\varphi(\boldsymbol{r}, \upsilon, t) = 4\pi\phi(\boldsymbol{r}, \upsilon, \boldsymbol{\Omega}, t)$$

这个量通常称为中子通量。由此可得单位时间内发生的核反应次数（即反应率）表示如下：

$$\rho_{\mathrm{reac}} = n_{\mathrm{s}}\sigma\varphi(\boldsymbol{r}, \upsilon, t) \tag{2-10}$$

2.1.2 中子输运过程

在反应堆中，中子输运过程规律是理解嬗变反应堆的中子学原理的基础，其中，玻尔兹曼方程属于最基本的理论方法。玻尔兹曼方程表示了表面为 S 的单位体积 V 中存在的中子数随着时间发生的变化。基本的表达式如下：

$$\frac{\mathrm{d}}{\mathrm{d}t}\iiint n(\boldsymbol{r}, \upsilon, t)\mathrm{d}^3 r = [\text{单位时间进入体积元净中子数} + (\text{中子产生率} - \text{中子吸收率}) + (\text{向内散射率} - \text{向外散射率})] \tag{2-11}$$

式(2-11)右边的每一项定义如下：

$$\text{单位时间进入体积元净中子数} = -\iint_S \boldsymbol{J}(\boldsymbol{r}, \upsilon, t)\mathrm{d}S = -\iiint_V \nabla[\boldsymbol{J}(\boldsymbol{r}, \upsilon, t)]\mathrm{d}^3 r$$

假设面法线向外，$\boldsymbol{J}$ 表示进入该体积 V 内的总中子流。

$$\text{中子产生率} = \iiint\left\{S(\boldsymbol{r}, \upsilon, t) + \sum_i \nu_i\psi_r(\upsilon)\left[\int\varphi(\boldsymbol{r}, \upsilon', t)\Sigma_{\mathrm{f}}^{(i)}(\boldsymbol{r}, \upsilon')\mathrm{d}\upsilon'\right]\right\}\mathrm{d}^3 r$$

$S(\boldsymbol{r}, \upsilon, t)$ 为外中子源；$\psi_{\mathrm{f}}(\upsilon)$ 为裂变中子的速度谱；ν_i 为第 i 种原子核每次裂变中子数，假设宏观截面与时间无关；i 为发生裂变的原子核。

$$\text{向内散射率} = \iiint_V \sum_j \left[\int\varphi(\boldsymbol{r}, \upsilon', t)\Sigma_s^{(f)}(\boldsymbol{r}, \upsilon' \rightarrow \upsilon)\mathrm{d}\upsilon'\right]\mathrm{d}^3 r$$

式中，j 为所有种类的散射原子核。

$$\text{向外散射率}+\text{中子吸收率}=\iiint_V \varphi(\boldsymbol{r}, \upsilon, t)\sum_j \Sigma_{\mathrm{T}}^{(j)}(\boldsymbol{r}, \upsilon)\mathrm{d}^3 r$$

在这里

$$\Sigma_{\mathrm{T}}=\Sigma_{\mathrm{s}}+\Sigma_{\mathrm{a}} \tag{2-12}$$

在上面的表达式中，为了简单起见，我们忽略了截面对于 $\boldsymbol{\Omega}$ 的依赖性，对其在 $\boldsymbol{\Omega}$ 上进行了积分。玻尔兹曼方程可表示为

$$\begin{aligned}\frac{\partial\varphi(\boldsymbol{r}, \upsilon, t)}{\upsilon\partial t}=&-\nabla[\boldsymbol{J}(\boldsymbol{r}, \upsilon, t)]+S(\boldsymbol{r}, \upsilon, t)+\int\varphi(\boldsymbol{r}, \upsilon', t)\sum_{i, j}\nu_i\psi_{\mathrm{f}}(\upsilon)[\Sigma_{\mathrm{f}}^{(i)}(\boldsymbol{r}, \upsilon')\\&+\Sigma_{\mathrm{s}}^{(j)}(\boldsymbol{r}, \upsilon'\rightarrow\upsilon)]\mathrm{d}\upsilon'-\varphi(\boldsymbol{r}, \upsilon, t)\sum_j\Sigma_{\mathrm{T}}^{(j)}(\boldsymbol{r}, \upsilon)\end{aligned} \tag{2-13}$$

这里，$\varphi(\boldsymbol{r}, \upsilon, t)=\upsilon n(\boldsymbol{r}, \upsilon, t)$。

通过对式(2-13)进行数学运算来获得玻尔兹曼方程的积分形式。在简化的情况下，宏观截面与时间无关，散射截面是各向同性的，介质是均匀的，系统在时间上是稳态的，接下来给出玻尔兹曼方程积分形式的物理推导。那么，在 $\boldsymbol{r}$ 处的中子通量受到其他地方产生的中子的影响，包括散射中子或裂变中子。因此，速度为 υ 的中子位置 $\boldsymbol{r}$ 到达位置 $\boldsymbol{r}'$ 处的概率为

$$\frac{\mathrm{e}^{-\Sigma_{\mathrm{T}}(\upsilon)|\boldsymbol{r}-\boldsymbol{r}'|}}{|\boldsymbol{r}-\boldsymbol{r}'|^2}$$

在位置 $\boldsymbol{r}'$ 处发生散射和产生的中子数为

$$\int\varphi(\boldsymbol{r}', \upsilon')[\Sigma_{\mathrm{s}}(\boldsymbol{r}', \upsilon'\rightarrow\upsilon)+\nu\psi_{\mathrm{f}}(\upsilon)\Sigma_{\mathrm{f}}(\boldsymbol{r}', \upsilon')]\mathrm{d}\upsilon'$$

因此，在位置 $\boldsymbol{r}$ 处的中子通量为

$$\begin{aligned}\varphi(\boldsymbol{r}, \upsilon)=\iiint\mathrm{d}^3 r\Bigg\{\frac{\mathrm{e}^{-\Sigma_{\mathrm{T}}(\upsilon)|\boldsymbol{r}-\boldsymbol{r}'|}}{|\boldsymbol{r}-\boldsymbol{r}'|^2}\int\varphi(\boldsymbol{r}', \upsilon')\times[\Sigma_{\mathrm{s}}(\boldsymbol{r}', \upsilon'\rightarrow\upsilon)\\+\nu\psi_{\mathrm{f}}(\upsilon)\Sigma_{\mathrm{f}}(\boldsymbol{r}', \upsilon')]\mathrm{d}\upsilon'\Bigg\}\end{aligned} \tag{2-14}$$

菲克定律是在气体动力学理论框架中引入的。它将粒子通量或粒子流 $\boldsymbol{J}$ 与粒子密度 ρ 梯度关联起来，即

$$\boldsymbol{J} = -D\,\boldsymbol{\nabla}(\rho) \tag{2-15}$$

在中子物理学中，中子通量代替粒子密度，中子流代替粒子通量。菲克定律将中子流 $\boldsymbol{J}(\boldsymbol{r}, \upsilon, t)$ 与中子通量 $\varphi(\boldsymbol{r}, \upsilon, t)$ 联系起来，表达式如下：

$$\boldsymbol{J}(\boldsymbol{r}, \upsilon, t) = -D\,\boldsymbol{\nabla}[\varphi(\boldsymbol{r}, \upsilon, t)] \tag{2-16}$$

式(2-13)的右边的第1项为 $-\nabla[J(\boldsymbol{r}, \upsilon, t)] = D\nabla^2\varphi(\boldsymbol{r}, \upsilon, t)$。假设中子是单能的，即属于一个能群，则由玻尔兹曼方程得到扩散方程。式(2-13)中速度的积分可以去掉，进而得到

$$\frac{\partial\varphi(\boldsymbol{r}, t)}{\upsilon\partial t} = D\nabla^2\varphi(\boldsymbol{r}, t) + \varphi(\boldsymbol{r}, t)\left[\sum_i \nu_i \Sigma_{\mathrm{f}}^{(i)}(\boldsymbol{r}) - \sum_j \Sigma_{\mathrm{a}}^{(j)}(\boldsymbol{r})\right] + S(\boldsymbol{r}, t) \tag{2-17}$$

注意，我们用 $\sum\limits_a$ 代替了式(2-13)中的 $\sum\limits_T$，因为在单群形式中，扩散对中子通量没有影响。式(2-17)可以转化为

$$\frac{\partial\varphi(\boldsymbol{r}, t)}{\upsilon\partial t} = D\nabla^2\varphi(\boldsymbol{r}, t) + \varphi(\boldsymbol{r}, t)\sum_j \Sigma_{\mathrm{a}}^{(j)}(\boldsymbol{r})(k_\infty - 1) + S(\boldsymbol{r}, t) \tag{2-18}$$

由式(2-18)可知，在无限均匀介质中具有均匀分布特性的中子源，方程中的 $\varphi(\boldsymbol{r}, t)$ 应该与 $\boldsymbol{r}$ 无关。因此式(2-18)可以简化为

$$\frac{\partial\varphi(t)}{\upsilon\partial t} = \varphi(t)\sum_j \Sigma_{\mathrm{a}}^{(j)}(k_\infty - 1) + S(t) \tag{2-19}$$

考虑 $t > 0$，$S(t) = 0$ 且 $\varphi(0)$ 是有限的。那么方程(2-19)有解

$$\varphi(t) = \varphi(0)\exp\left[\upsilon(k_\infty - 1)t\sum_j \Sigma_{\mathrm{a}}^{(j)}\right] \tag{2-20}$$

由此可知，当无限增殖因子 $k_\infty > 1$ 时，中子通量发散；当 $k_\infty < 1$ 时，中子通量减小，直到为0；只有当 $k_\infty = 1$ 时，中子通量才与时间无关，但在现实中永远不可能满足这个条件。在临界反应堆中，中子俘获截面是随时间而发生变化，故 k_∞ 在1附近波动。如果把中子寿命 τ 定义为从中子产生到吸收的平均时间，则式(2-19)转化为

$$\frac{\partial\varphi(t)}{\partial t} = \varphi(t)\frac{(k_\infty - 1)}{\tau} + S(t) \tag{2-21}$$

不考虑源项 $S(t)$ 时，可将方程简单阐述为每消失一个中子，将重新放出 k_∞ 个中子，两个中子吸收事件之间的平均时间为 τ，则方程(2-20)转变为

$$\varphi(t)=\varphi(0)\mathrm{e}^{(k_\infty-1)t/\tau} \tag{2-22}$$

表明中子通量的特征演化时间为 $\tau/|k_\infty-1|$。而且对于其他的物理量服从同样的变化规律，如中子密度 $n(t)$、裂变率、比功率 $W(t)$ 等。考虑 $k_\infty<1$，$S(t)=S_0$，$S(t)$ 与时间无关且为正的情况，稳态方程(2-19)的解为

$$\varphi=\frac{S_0}{(1-k_\infty)\sum_j \Sigma_a^{(j)}} \tag{2-23}$$

每秒吸收反应的次数为

$$\rho_{\text{reac}}=\sum_j \Sigma_a^{(j)} \frac{S_0}{(1-k_\infty)\sum_j \Sigma_a^{(i)}}=\frac{S_0}{(1-k_\infty)} \tag{2-24}$$

求扩散方程(2-17)的解，需要使用单群反应截面。表 2-1 和表 2-2 给出了一些重核的裂变截面和俘获截面。表 2-1 给出了典型 PWR 中子谱下的平均截面，表 2-2 给出了 SPX 中子谱下的平均截面。

表 2-1　压水堆中子谱下裂变和俘获平均截面(单位：b)

核　素	压水堆中子能谱	
	裂　变	俘　获
^{235}U	40.62	11.39
^{238}Pu	0.107	1.03
^{239}Pu	101.02	42.23
^{240}Pu	0.44	109.39
^{241}Pu	109.17	37.89
^{242}Pu	0.28	57.55

（续表）

核　素	压水堆中子能谱	
	裂　变	俘　获
^{243}Pu	0.462	11.51
^{243}Am	0.092	72.257
^{244}Cm	0.62	29.261

表 2-2　超凤凰快堆中子谱下裂变和俘获平均截面(单位: b)

核　素	超凤凰快堆中子能谱		核　素	超凤凰快堆中子能谱	
	裂　变	俘　获		裂　变	俘　获
^{232}Th	0.013 7	0.444	^{242}Pu	0.278	0.342
^{233}Pa	0	0.8	^{243}Pu	2.03	0.568
^{233}U	2.742	0.257	^{244}Pu	0.28	0.34
^{234}U	0.51	0.45	^{241}Am	0.463	0.3
^{235}U	2.03	0.566	^{242}Am	1.83	0.403
^{236}U	0.116	0.663	^{243}Am	0.237	0.555
^{237}U	1.82	0.41	^{241}Cm	3.25	0.21
^{238}U	0.042 8	0.296	^{242}Cm	0.42	0.38
^{237}Np	0.36	0.765	^{243}Cm	0.32	0.4
^{238}Np	3.1	0.36	^{244}Cm	0.412	0.373
^{239}Np	0.36	0.828	^{245}Cm	2.45	0.4
^{238}Pu	1.38	0.211	^{246}Cm	0.3	0.302
^{239}Pu	1.85	0.503	^{247}Cm	2.15	0.362
^{240}Pu	0.354	0.415	^{248}Cm	0.293	0.306
^{241}Pu	2.49	0.432	—	—	—

2.1.3 嬗变核数据库

嬗变反应堆的主要目标就是实现乏燃料的嬗变和核燃料的增殖。在反应堆设计过程中,需要对燃料燃耗、乏燃料嬗变和核燃料增殖进行精确的评估。为了执行嬗变反应堆内相关的中子学模拟计算,需要嬗变反应核数据、衰变数据和裂变产额数据等关键的核数据。

嬗变反应核数据库中包括粒子和材料具有能量依赖的嬗变反应率,其中包括(n, γ)、(n, xn)、(n, p)、(n, t)、(n, α)、(n, d)和(n, f)等反应截面,上述核数据是分析放射性物质数量和嬗变产物变化规律的基础,它们在嬗变核系统的嬗变计算中扮演着至关重要的角色。

嬗变反应核数据库和核反应截面数据库的主要区别在于核素类型和核反应道。嬗变反应核数据库包含数以千计核素的截面文件,每个文件的反应道相对较少,准确率较低;而核反应截面数据库包含数百种核素的截面文件,每个文件具有相对较多的反应道和较高的准确性。ADS 系统的中子能量高达数十到数百兆电子伏特,更容易引起(n, 2n)、(n, 3n)、(n, n+p)等阈值反应。因此,需要提高这些阈值反应截面数据的精度,以满足先进核能系统高能中子嬗变的计算需求。

为满足嬗变计算的需要,提出了一系列典型的嬗变反应核数据库,包括 FISPACT[1] 程序包中提供的 EAF[2] 嬗变核数据库、ORIGEN[3] 程序中提供的嬗变核数据库、FENDL/A 嬗变核数据库、SuperMC/HENDL[4] 嬗变核数据库。下面将重点介绍其中两个嬗变反应核数据库。

1) 在 FISPACT 程序包中 EAF 嬗变核数据库

在 EAF、JEFF、ENDF/B 和 TENDL 等核数据库评价的基础上,采用 NJOY 程序对 EAF 嬗变反应核数据库进行处理。截面库中包含超过 1 900 种核素的嬗变反应信息,而且包含 7 种类型的嬗变反应核数据子库(见表 2-3)。

表 2-3　EAF 嬗变反应核数据库

能　群	能区/MeV	应　用
WIMS 69	$10^{-11}\sim 20$	裂变反应堆
GAM-Ⅱ 100	$10^{-11}\sim 20$	聚变系统

（续表）

能　　群	能区/MeV	应　　用
XMAS 172	10^{-11}～20	裂变反应堆
VITAMIN-J 175	10^{-11}～20	聚变系统
VITAMIN-J 211	10^{-11}～55	IFMIF、ADS
TRIPOLI 315	10^{-11}～20	聚变系统
TRIPOLI 351	10^{-11}～55	IFMIF、ADS

2) ORIGEN 程序中提供的嬗变核数据库

在 ORIGEN-2.0 程序中的嬗变核数据库文件为 ENDF/B 格式。该截面库包含 1 697 个核素的嬗变反应核数据，其中含 689 个轻核素、129 个锕系核素、879 个核裂变产物。热中子能区满足麦克斯韦谱，裂变能区满足裂变谱，截面库中其他能量处满足 1/E 谱，按照权重函数进行组合。在 ORIGEN-2.0 提供的嬗变反应核数据库中，有五种类型的嬗变反应子库，如表 2-4 所示。

表 2-4　ORIGEN-2.0 提供的嬗变反应核数据库

能　群　数	能区/MeV	应　　用
218 群	10^{-11}～20	裂变/聚变反应堆
27 群		裂变反应堆
238 群		裂变反应堆和聚变系统
44 群		裂变反应堆
16 群		裂变反应堆

还有，在嬗变的计算和分析中需要使用衰变数据库，主要包括半衰期、衰变分支比和衰变方式等关键核数据。半衰期小于 1 s 的短寿命核素对嬗变计算影响不大，而长寿命核素对嬗变计算结果影响较大。衰变模式包括 α 衰变、β^+ 衰变、β^- 衰变、异构体跃迁、自发裂变、中子释放、质子释放以及这些衰变模式的组合。目前已有一些具有代表性的衰变库，包括 EAF-2007/dec、

FENDL－2.0/D、TENDL－2010/dec 等。其中，EAF－2007/dec 采用 ENDF－6 格式记录了 2 231 种核素的基本衰变信息，截面库中的数据主要来自 JEFF－3.1 和 JEFF－2.2 评价核数据库。

此外，还有裂变产额的数据库。裂变产额数据描述裂变产物、裂变分支比、裂变谱等核数据。在嬗变反应堆中，堆内存在大量的锕系元素和次锕系元素，因此需要裂变产额数据来进行嬗变和燃耗计算。目前存在的裂变产额库包括 ENDF/B－nfy、JENDL－nfy、EAF－nfy 等。其中，EAF－nfy 裂变产额数据通常以 200 keV 和 5 MeV 两个能量边界划分为 3 个能量区域，其中热能区(200 keV 以下)、快能区(200 keV～5 MeV)和高能区(5 MeV 以上)的产率分别用 Y_t、Y_f 和 Y_h 表示。EAF 裂变产额数据库并不总是给出所有三种能量下的裂变产额，一般需要采用外推法来近似处理，具体的过程[5]如下：

(1) 如果只有一个裂变产额 Y，则 $Y_t=Y_f=Y_h=Y$。

(2) 如果只有 Y_t 和 Y_h，则 $Y_f=(Y_t+Y_h)/2$。

(3) 如果没有给出 Y_t 或 Y_h，则 $Y_t=Y_f$，$Y_h=Y_f$。

如果三个能量区域的能谱用 ϕ_t、ϕ_f 和 ϕ_h 表示，那么平均裂变产额 Y 为

$$Y=(\phi_h Y_h+\phi_f Y_f+\phi_t Y_t)/(\phi_h+\phi_f+\phi_t) \tag{2-25}$$

因此，可通过平均裂变产额乘以裂变截面计算得到裂变产物的有效截面。

2.1.4　嬗变模拟方法

嬗变反应堆中子学模拟的主要方法分为三种，即蒙特卡罗方法、确定论方法以及蒙特卡罗-确定论耦合计算方法。

蒙特卡罗方法的基本原理可以表述如下：当一个问题的解决方案是事件的概率或随机变量的数学期望时，则该事件的发生频率为随机变量若干特定观测值的算术平均值，可以通过数值实验求得，进而得到该问题的解。蒙特卡罗计算方法的优点是能够真实地描述随机对象的特性，能够模拟物理实验，对几何条件的限制较少，并行计算的适应性强。蒙特卡罗方法的缺点是收敛速度慢和统计存在不确定性。采用蒙特卡罗方法进行中子输运模拟时，首先模拟单个中子在一定几何形状下的随机运动过程；然后通过模拟大量的中子运动过程，得到足够的随机实验值；最后，将随机变量数值特性的估计结果作为该问题的解。解决中子输运问题涉及三个过程：① 从源的概率分布中取样；② 中子位置、能量和方向的跟踪；③ 记录和结果分析。通过跟踪大量的中子

历史，记录每个中子的贡献、中子通量、剂量率、能量沉积、反应率、本征值、反应系数等物理量。通过统计方法进而得到动力学参数，并确定这些物理量的统计误差。

蒙特卡罗程序可以处理复杂几何形态、复杂中子谱和各向异性中子散射的中子输运问题，在嬗变反应堆的中子输运计算中得到了广泛的应用，包括SuperMC[6]、MCNP[7]和Serpent[8]等程序，表2-5中列出了国内外主要的蒙特卡罗程序。

表2-5　国内外主要蒙特卡罗程序

程　序	开　发　者
FLUKA	欧洲核子研究组织(European Organization for Nuclear Research，CERN)和意大利国家核物理研究院(National Institute for Nuclear Physics，INFN)
Geant4	CERN
JMCT	中国应用物理与计算数学研究所
KENO	美国橡树岭国家实验室
MC21	美国海军研究实验室(United States Naval Research Laboratory，NRL)
MCBEND	英国ANSWERS软件服务
McCARD	韩国首尔大学
MCNP	美国洛斯阿拉莫斯国家实验室(Los Alamos National Laboratory，LANL)
MCU	韩国蔚山国立科学技术研究所(Ulsan National Institute of Science and Technology，UNIST)
Monaco	美国橡树岭国家实验室
MONK	英国ANSWERS软件服务
MVP	日本原子能机构
OpenMC	美国麻省理工学院(Massachusetts Institute of Technology，MIT)
PHITS	日本原子能机构
RMC	清华大学

（续表）

程　序	开　　发　　者
Serpent	芬兰国家技术研究中心(Technical Research Centre of Finland, VTT)
SuperMC	中国 FDS (Frontier Development of Science)团队
TRIPOLI	法国替代能源和原子能委员会(French Alternative Energies and Atomic Energy Commission, CEA)

确定论方法的基本原理是采用一组离散值代替输运方程中的连续变量。因此,可以得到一个矩阵方程,然后采用矩阵计算方法求解。在多能群近似条件下,能量通常是离散的。在确定论求解中子输运方程中,可采用离散纵坐标法、球谐波法、碰撞概率法和穿透概率法去实现角度离散化。对于空间变量的离散化,中子输运方程可以通过 MOC 法、有限差分法、有限元法、节点法等方法求解实现。对于时间依赖问题,采用直接离散方法求解时间变量问题。与蒙特卡罗方法相比,确定论方法的数值计算过程更简单,收敛速度更快。然而,确定论方法对复杂几何的适应性较差,计算时间随着问题维度的增加而显著增加。确定论程序具有计算速度快等优点,已应用于先进核能系统的中子输运计算。表 2-6 给出了国内外主要的确定论程序,包括 WIMS[9]、DOORS[10]和 NECP[11]等。

表 2-6　国内外主要确定论程序

程　序	开　发　者
ATTILA	美国瓦里安公司
DENOVO	美国橡树岭国家实验室
DOORS	美国橡树岭国家实验室
ERANOS	欧洲快中子反应堆合作联盟
NECP	西安交通大学
WIMS	英国 ANSWERS 软件服务

综合考虑蒙特卡罗方法和确定论方法的优缺点,提出了一种蒙特卡罗-确定论的耦合计算方法。蒙特卡罗方法可以准确模拟复杂几何条件下的粒子输运,

但求解深穿透问题需要较长的计算时间。确定论方法适用于解决深穿透问题，但在处理复杂几何和核素分布方面存在缺陷。考虑到嬗变反应堆的复杂特征，如复杂的中子谱结构和角分布、复杂的材料组成、大的空间跨度以及复杂的几何结构等，用单一的方法很难进行高效、准确的中子输运计算。可见，蒙特卡罗-确定论的耦合计算方法是解决嬗变反应堆输运问题的最有效、最准确的方法之一。

2.2 核废料嬗变基础

核能大规模可持续的发展会受到长寿命放射性废物累积导致的环境问题的制约，处理长寿命高放废物已经成为核电发展国家中最迫切需要解决的问题。核能的利用伴随着各种放射性废料的产生，包括未消耗尽的钚、产生的锕系核素和裂变产物等，它们对环境都具有较大的潜在危害性。嬗变反应堆的核废料通常采用放射毒性和半衰期等特征参数进行定量评估。本节主要讨论了放射毒性相关的基本物理概念，并且对钚元素、锕系元素和裂变产物的嬗变基本原理和嬗变策略进行了简单的介绍。

2.2.1 放射毒性

元素摄入放射毒性是对吸收生物危害的一种度量。放射毒性表达式为

$$R = F_{\mathrm{d}} A \tag{2-26}$$

式中，R 为每质量单位西弗特放射毒性（单位为 Sv），F_{d} 为每贝可勒尔放射性与西弗特剂量的转换因子（单位为 Sv/Bq），A 为放射性（单位为 Bq）。对于 1 kg 质量，有

$$A = \frac{1.32 \times 10^{19}}{T_{1/2} M} \tag{2-27}$$

式中，$T_{1/2}$ 为半衰期（单位为 a），M 是元素的相对原子质量。ICRP 评估了剂量因子，表 2-7 给出了其中部分核素的剂量因子[12]，从表中数据可知，^{243}Cm 和 ^{244}Cm 的放射毒性最强，而 ^{99}Tc 和 ^{135}Cs 的放射毒性最弱。核素的裂变产物主要通过发射 β 射线进行衰变，而超铀元素则主要通过发射 α 射线进行衰变。在相同的衰变速率下，α 发射体的核素放射毒性比 β 发射体的核素放射毒性大得多，但 ^{129}I 核素具有非常特殊的生物学特性，即对甲状腺具有非常高的亲和性。

表2-7　最重要的长寿命裂变产物和锕系元素的放射毒理学数据

核　素	核素半衰期/a	剂量因子/(Sv/Bq)	活度/(Bq/kg)	放射毒性/(Sv/Bq)
^{99}Tc	2.111×10^{5}	0.78×10^{-9}	6.3×10^{11}	4.9×10^{2}
^{129}I	0.157×10^{8}	0.11×10^{-6}	6.5×10^{9}	0.7×10^{3}
^{135}Cs	0.230×10^{7}	0.20×10^{-8}	4.2×10^{10}	0.8×10^{2}
^{237}Np	0.214×10^{7}	0.11×10^{-6}	2.6×10^{10}	0.3×10^{4}
^{233}U	0.159×10^{6}	0.25×10^{-6}	3.6×10^{11}	0.9×10^{5}
^{238}Pu	0.877×10^{2}	0.23×10^{-6}	6.3×10^{14}	1.4×10^{8}
^{239}Pu	0.241×10^{5}	0.25×10^{-6}	2.3×10^{12}	0.6×10^{6}
^{240}Pu	0.656×10^{4}	0.25×10^{-6}	8.3×10^{12}	2.1×10^{6}
^{241}Pu	0.143×10^{2}	0.47×10^{-8}	3.8×10^{15}	1.8×10^{7}
^{242}Pu	0.373×10^{6}	0.24×10^{-6}	1.5×10^{11}	0.4×10^{5}
^{241}Am	0.433×10^{3}	0.20×10^{-6}	1.3×10^{14}	0.3×10^{8}
^{243}Am	0.737×10^{4}	0.20×10^{-6}	7.4×10^{12}	1.5×10^{6}
^{243}Cm	0.291×10^{2}	0.20×10^{-6}	1.9×10^{15}	0.4×10^{9}
^{244}Cm	0.181×10^{2}	0.16×10^{-6}	3.0×10^{15}	0.5×10^{9}
^{245}Cm	0.850×10^{4}	0.30×10^{-6}	6.3×10^{12}	1.9×10^{6}

然而，在某些情况下，单纯地使用摄入的放射毒性来衡量毒性也会面临一些问题。例如，在地下储存的情况下，放射性物质极有可能进入生物圈，这对于环境和生物具有巨大的潜在危险性。钚和一般其他锕系元素的迁移率非常低，特别是在黏土中，它们对释放到生物圈的放射毒性贡献很小。而相比之下，铌、锝和碘等元素的流动性非常强，可能是地下深处放射性毒物释放的主要贡献者。

2.2.2　钚焚烧

在目前的核能系统内，钚储存量表现为趋于稳定，甚至呈现缓慢减少。但是，如果停止使用核能，地下处置方式就很难控制钚的储存量。如果典型固体燃料快堆或热反应堆处于使用状态，减少钚储存将需要很长的时间。例如，液态金属快堆(liquid metal fast reactor，LMFR)常被用作钚焚烧器，采用这种钚焚烧器，在钚再生过程中可以生产 800 kg 钚，但只消耗 160 kg 钚。在压水堆中也出现了类似的情况。可见，钚的焚烧速度将慢于理论上预估的速度。

考虑钚焚烧的特殊情况，Bowman 最近提出使用熔盐混合反应堆。该反应堆将具有以下特性：热功率为 750 MW・h，采用含有 $NaF-ZrF_4$ 载体、裂变产物和钚氟化物的熔盐燃料，热中子通量为 $2\times10^{14}\ cm^{-2}\cdot s^{-1}$，慢化剂材料为石墨。反应堆内含有裂变碎片、锆和钚的混合氟化物，这些氟化物是通过乏燃料的氟化和六氟化铀的升华提取而获得的。每年要放入 300 kg 钚和次锕系元素、1 200 kg 裂变产物和锆包层，卸出 65 kg 钚和次锕系元素、1 435 kg 的裂变产物和载体盐。该系统的优点是不需要储存武器钚或其他武器级材料，因此就杜绝了把乏燃料中的钚用于军事的可能性。然而，在这种情况下，放射性核素的运输仍然是一个无法回避的环节。

在一次通过循环中，乏燃料将直接进入长期存储，不再进行回收处理。因此，部分易裂变材料和可增殖材料将被视为乏燃料。目前，瑞典、美国、西班牙和加拿大等国主要采用一次通过循环方式。在这种情况下，超铀元素主导了长期的放射毒性，需要 10 万至 30 万年才能将放射毒性衰减到自然水平。在闭式循环中，则可重新处理乏燃料中的铀和钚，将其回收进行再利用。原则上，轻水堆中的铀和钚都可以回收，但在实际操作中只会对钚元素进行再次利用，原因主要有两方面：一是由于铀价格相对便宜，容易得到大量的贫化铀；二是由于 ^{232}U、^{234}U 和 ^{236}U 等同位素的存在，回收的铀并不适合直接在反应堆中使用而需要进行再浓缩，这会增加管控方面的难度。

此外，在热核反应堆中可裂变同位素的裂变截面非常低，随着中子辐照强度的不断增加，次锕系元素就会不断累积，这就增加了中子发射率和产热水平，导致燃料更难以进行再处理。考虑到堆芯中易裂变钚随着燃耗加大而不断减少，需要提高堆芯中初始易裂变钚的浓度，以便进行堆芯反应性补偿。但堆芯内易裂变钚的含量应当考虑反应堆安全限值。

到今天为止，钚的再处理速度尚不能跟上反应堆中钚的使用速度，这导致世界各地民用反应堆级钚储存量不断上升。截至 2003 年底，全世界分离得到的反应堆级钚已有约 235 t，而且在军事库存中已有 155 t 的武器级钚[13]。考虑到降低核扩散的风险，美国不允许对民用核燃料进行再加工。因此，只要钚仍存在于乏燃料中，就无法轻易获得钚，进而降低了钚用于生产武器的可能性。从理论上讲，如果能完全除去乏燃料中的钚，那么其长期放射毒性将降为一次通过循环的 10%。而在实际反应堆中，由于镅和锔的不断积累，1 000 年内多次再循环钚的放射毒性只能降为 20%。因此，从放射毒性的角度来看，单纯地依靠多次回收钚并不能达到令人满意的效果。为了进一步降低放射性毒物的储存量，回收乏燃料中的剩余次要锕系元素就显得意义重大了。

2.2.3　锕系元素嬗变

虽然人们普遍承认，通过在热中子堆中或专门的快中子堆中采用特殊设计的 MOX 燃料可以实现钚焚烧，但尚不确定可以采用这种方式焚烧次锕系元素。如表 2-8 所示，MA 是热中子反应堆中的强中子毒物。同时，最有效的钚热焚烧器也会生成大量的次锕系元素。因此，如果要在热中子反应堆内进行钚焚烧，就需要配有次锕系元素的专用焚烧器。

表 2-8　焚烧特定原子核以及典型燃料混合物时每次裂变所消耗的中子数

同位素或燃料	快堆[$10^{15}/(cm^2 \cdot s)$]	压水堆[$10^{14}/(cm^2 \cdot s)$]
^{232}Th(存在镤提取)	−0.39	−0.24
^{232}Th(不存在镤提取)	−0.38	−0.2
^{238}U	−0.62	0.07
^{238}Pu	−1.36	0.17
^{239}Pu	−1.46	−0.67
^{240}Pu	−0.96	0.44
^{241}Pu	−1.24	−0.56
^{242}Pu	−0.44	1.76
^{237}Np	−0.59	1.12
^{241}Cm	−0.62	1.12
^{243}Cm	−0.6	0.82
^{244}Cm	−1.39	−0.15
^{245}Cm	−2.51	−1.48

(续表)

同位素或燃料	快堆[10^{15}/(cm^2·s)]	压水堆[10^{14}/(cm^2·s)]
D_{TRU}(PWR)	−1.17	−0.05
D_{TPu+Np}(PWR)	−0.7	1.1
D_{Pu}(PWR)	−1.1	−0.2

一般来说，在燃料中添加MA元素会导致反应堆安全参数的恶化和燃料物理特性的退化。此外，镅元素会降低堆芯的反应性，导致需要装载更高易裂变核富集度的燃料。在热中子反应堆内，更易产生较多的MA元素，这会降低慢化剂的负反馈效应，降低堆芯的安全性。

在热中子谱中嬗变镅靶时，^{241}Am和^{243}Am会发生中子俘获，进而生成^{242}Cm和^{244}Cm，如图2-5所示。^{242}Cm迅速衰变为^{238}Pu，在连续的循环过程中，^{238}Pu与^{244}Cm的比例不断增加，而且它们具有很强的α活性和中子发射率，这导致了复杂的燃料的再处理和再循环问题。由于辐射密度高，冷却异常困难，无法采用水处理技术实现多循环利用。因此，采用“热系统中镅的一次循环利用”，即不需要多次回收靶，而是经过单一的辐照循环，然后进行后续处理。但是，这种方式需要很长的停留时间才能达到较高的镅焚烧率，而停留时间会受到燃料膨胀和包壳辐照损伤的限制，导致一次回收不可能产生较高的镅焚烧率。镎元素的放射毒性危害较小。但是，在地质处置条件下，^{237}Np具有潜在的流动性，这会造成乏燃料在长期储存中发生泄漏的风险。在某种程

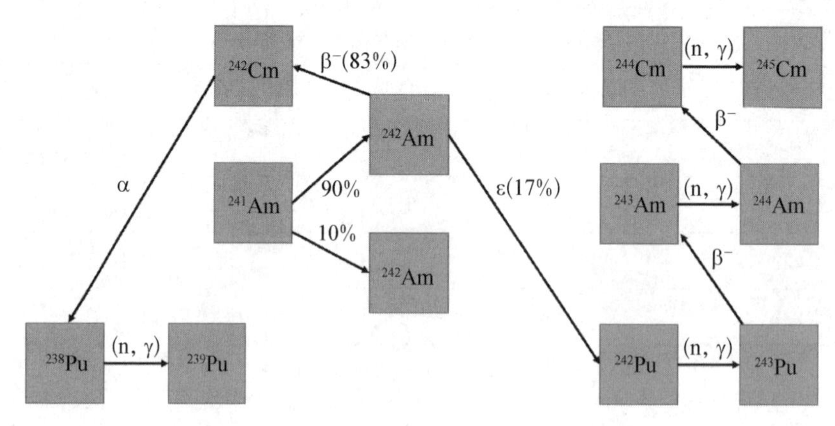

图2-5　^{241}Am和^{243}Am在热中子辐照下的反应链

度上，这抵消了它的低放射毒性，并使其在总体评估中存在着更大的风险。

原理上，热中子系统通过二次裂变反应可以获得较高的焚烧率[14]，但在实际中，嬗变能力受到反应堆性能和安全参数的限制，如燃耗期间的反应性波动，这就需要非常高的初始^{235}U富集度。从中子经济学的角度分析，通常热谱并不适合嬗变 MA 核素。据研究表明，传统的或专用的嬗变轻水堆都无法符合嬗变 MA 的条件。因此，最好是在专用的快中子焚烧堆中实现 MA 的嬗变。

在快中子系统中，所有回收 MA 和 Pu 的转化策略都可以降低锕系放射毒物的库存量。然而，在选择方案时需要考虑反应堆的安全性、成本效益以及系统的技术可行性。其中，关键问题是与 MA 浓缩有关的反应堆安全问题。研究表明，在燃料中添加 MA 元素会导致不利的反应堆安全参数，最直接的影响是导致较小的有效缓发中子份额、较小的多普勒系数、较大的正冷却剂空泡系数和密度系数。

较高的多普勒系数对于阻止反应堆引起的事故具有重要的意义。有效缓发中子份额体现了发生瞬发临界的裕度，决定了堆芯对反应性变化的敏感性。在冷却剂泄漏事故中，反应堆的冷却剂空泡系数起着至关重要的作用。由此可见，它们都是核反应堆设计和安全评估的基本因素，特别是对临界反应堆的安全性能至关重要。考虑到 MA 元素会使堆芯安全参数恶化，有必要限制临界堆芯 MA 的富集度。随着空泡反应系数的增加和多普勒系数的减小，钠冷快堆在使用的 MA－MOX 燃料中，次锕系元素含量的限制值为 2.5%。

为了克服由高富集 MA 引起的反应堆安全问题，已经提出了具有快谱特性的 ADS 系统。由于 ADS 系统以次临界模式运行，它可以更容易地解决 MA 基燃料的不利安全特性，而临界系统则需要燃料中装载大量的可增殖材料，以确保可接受的堆芯安全特性。ADS 系统可以提供更高灵活性的燃料成分配比方案。在极端情况下，ADS 可以允许使用纯的 MA 元素燃料，这会最大化地提高每单位功率的 MA 嬗变率。

2.2.4　裂变产物嬗变

裂变产物对乏燃料中所含的放射毒性的贡献很小，从降低放射毒性的角度来看，嬗变裂变产物似乎意义不大。然而，如前文所述，一些裂变产物在地下水中是可移动的，故在某些储存库泄漏的情况下，裂变产物对地表剂量率有重要的贡献，其中相关的裂变产物主要是^{99}Tc、^{129}I、^{135}Cs和^{79}Se等。在理论上，裂变产物通过俘获中子可以转化为寿命较短或较稳定的核素。但是,考虑到许多长寿命裂变产物具有较小的中子俘获截面,导致其转化需要相当长的辐照时间[15]。只有在靶同位素的嬗变率较高的情况下,嬗变裂变产物才是合理的。由于^{90}Sr和^{137}Cs的半衰期较短、嬗变性有限,并不适合采用嬗变方式进行焚烧,故选用地下处置方式处理这些核素,并且采用特殊的分离系统来减少储存库的热负荷。

^{79}Se和^{126}Sn的寿命相当长,但它们的俘获截面非常小,因此不太适合采用嬗变方式进行焚烧。^{135}Cs的寿命较长,且具有中等的热中子俘获截面,但Cs在高放废物中以多种同位素形式存在,需要分离出^{135}Cs,以防止^{133}Cs和^{134}Cs的中子辐射俘获,但从经济和技术的角度来看,这并不符合实际。对于^{99}Tc和^{129}I来说,^{99}Tc以单同位素形式存在,可转化为^{100}Tc,它可β衰变成稳定的^{100}Ru。从乏燃料中分离出来的是^{121}I和^{129}I的混合物,^{121}I的存在比例约为16%,这是可以接受的[16]。然后,^{129}I可以转化为^{130}I,以12 h的半衰期衰变为稳定的^{130}Xe。值得注意的是,^{99}Tc和^{129}I发生连续俘获中子的反应,在β衰变后仍能产生稳定的核素。采用快堆的慢化靶组件实现^{99}Tc和^{129}I的嬗变,就可以将快中子堆的高通量和热中子堆的高截面结合起来。^{99}Tc和^{129}I的嬗变链如图2-6和图2-7所示。

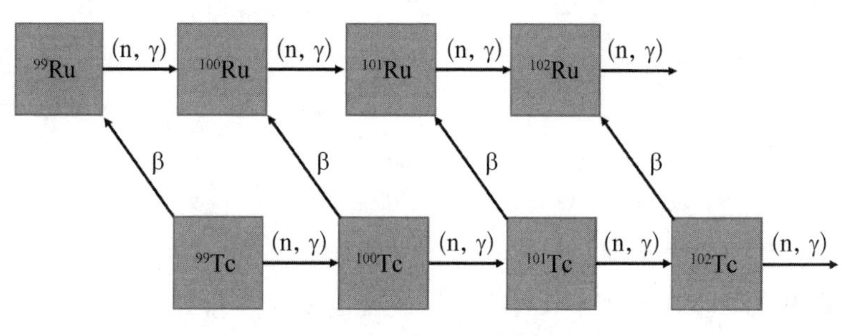

图2-6　^{99}Tc的嬗变链

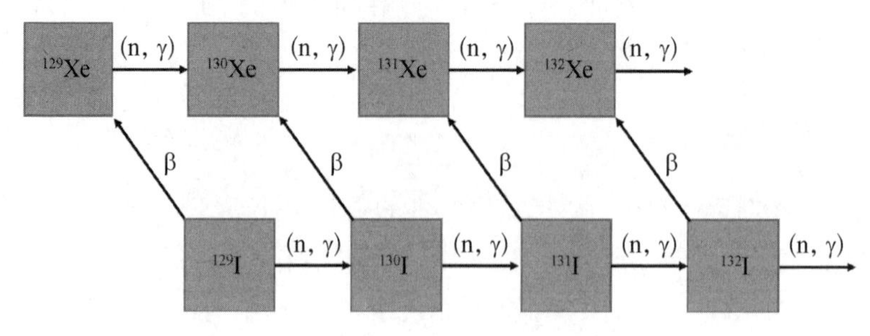

图2-7　^{129}I的嬗变链

2.3　嬗变反应堆的稳态特性

在介绍嬗变基本原理和核废料嬗变策略的基础上，嬗变反应堆对核废料的处置能力主要受到嬗变反应堆堆芯核特性的影响。此外，反应堆的核设计与反应堆热工分析和力学分析之间存在着密切的联系，需要综合考虑，确保反应堆的安全稳定运行。本节侧重介绍嬗变反应堆的基本核特性、表征嬗变能力的性能参数、核特性与嬗变能力的关系以及 MA 燃料对嬗变反应堆初始反应性的影响等内容。

2.3.1　嬗变反应堆的核特性

只有当中子泄漏的概率足够小时，才能更容易使堆芯达到临界状态。在没有外部中子源的情况下，维持链式反应所需最小的堆芯尺寸和装载燃料质量，即临界尺寸和临界质量。下面将对铅冷快中子反应堆和重水慢化热中子反应堆的临界尺寸和临界质量进行简单的介绍。

由于结构上的限制，临界反应堆中的中子通量不能太高。首先，讨论在快中子堆或热中子堆内所能达到的最大中子通量。因为原子核在中子通量中的寿命是 $\varphi\sigma_a$，与原子核浓度无关，可提取的最大热密度为 $\Sigma_{f\varphi}$。目前，500 W/cm^3 是液态金属冷却反应堆的设计值。由于 $\Sigma_{f\varphi}=1.5\times10^{13}/(cm^3/s)$，如果 Σ_f 很小，可以得到很高的中子通量值。然而，Σ_f 不能为任意小，因为反应堆必须是临界的，需要 $k_\infty=\nu\{\Sigma_f/[\Sigma_f(1+\alpha)+\Sigma_c]\}>1$，其中 Σ_c 是除发生裂变之外的组分宏观俘获截面。因此，$\Sigma_f/\Sigma_c>1/(\nu-1-\alpha)\sim1$，作为热系统的一个例子，$\Sigma_c$ 的下限由重水给出，$\Sigma_c=0.000\,044$，裂变截面为 500 b，对应的裂变核密度为 $0.8\times10^{17}/cm^3$。因此，热中子通量的最大值为 $3.4\times10^{17}\ cm^{-2}\cdot s^{-1}$。对于这样高的中子通量，裂变核的寿命将非常短，在 $10^{17}\ cm^{-2}\cdot s^{-1}$ 通量下，裂变核的寿命约为 5 h。

对于快中子反应堆，我们考虑用 $\Sigma_c=3\times10^{-4}\ cm^{-1}$ 熔盐铅稀释的可裂变物质，最大中子通量为 $5.0\times10^{16}\ cm^{-2}\cdot s^{-1}$。对于这样的中子通量，可裂变材料的寿期大约为 3 h。一个 3 GW 反应堆的最低装载量将是 350 kg。这表明热核反应堆在低装载和快燃耗方面具有更高的应用潜力。当然，这些潜力很难在实际中发挥出来，从下面定量分析可知，考虑一个只有两个组分的均匀无限大反应堆：① 该燃料具有原子密度 n_{fuel}、吸收截面 $\sigma_a^{(fuel)}$ 和中子倍增因子 $k_{fuel}>1$；② 冷却剂物理特性参数包括原子密度 n_{cool} 和吸收截面 $\sigma_a^{(cool)}$。该反

应堆的特征是其原子密度 $n_{reac}=n_{fuel}+n_{cool}$，其吸收截面

$$\sigma_a^{(reac)}=\frac{n_{fuel}}{n_{reac}}\sigma_a^{(fuel)}+\frac{n_{cool}}{n_{reac}}\sigma_a^{(cool)}$$

以及一个有效增殖因子

$$k_{reac}=k_{fuel}\frac{n_{fuel}\sigma_a^{(fuel)}}{n_{fuel}\sigma_a^{(fuel)}+n_{cool}\sigma_a^{(cool)}}$$

定义燃料的原子分数 $x=n_{fuel}/n_{reac}$。临界条件 $k_{reac}=1$ 允许我们把 x 写为

$$x=\frac{\sigma_a^{(cool)}}{\sigma_a^{(fuel)}(k_{fuel}-1)+\sigma_a^{(cool)}} \tag{2-28}$$

除了临界条件之外，假定裂变密度被限制在一个特定的值 w。因此

$$w=x\frac{\sigma_a^{(fuel)}}{(1+\alpha)}n_{reac}\varphi \tag{2-29}$$

在这里，$\alpha=\frac{\sigma_a^{(fuel)}-\sigma_f^{(fuel)}}{\sigma_f^{(fuel)}}$，故焚烧率可以表示为

$$\lambda_{inc}=\frac{\sigma_a^{(fuel)}}{(1+\alpha)}\varphi=\frac{w}{xn_{reac}}=\frac{w}{n_{reac}}\left[1+\frac{\sigma_a^{(fuel)}(k_{fuel}-1)}{\sigma_a^{(cool)}}\right] \tag{2-30}$$

在裂变混合物 $k_{fuel}>1$ 的情况下，快中子和热中子之间的主要区别在于 $\sigma_a^{(fuel)}/\sigma_a^{(cool)}$。使用吸收截面小的冷却剂具有明显的优势。例如，对于热中子反应堆的重水冷却剂，$n_{cool}\sigma_a^{(cool)}=4\times10^{-5}$；而对于快中子反应堆的铅冷却剂，$n_{cool}\sigma_a^{(cool)}=3\times10^{-4}$。热中子的燃料吸收截面超过 500 b，而只有快中子的吸收截面在 2 b 左右。由此可见，对于可裂变混合物，原则上，热中子的焚烧率可能比快中子的焚烧率大 3 个数量级。

对于非裂变核（如次锕系元素）混合物的情况则不同。在这种情况下，热、快中子焚烧堆的主要区别是燃料倍增因子不同。ADS 次临界系统可以进行焚烧 MA 燃料。因此，燃料的稀释会产生反效果，因为它会使反应堆倍增因子 k_{reac} 低于 k_{fuel}，因而需要更高的加速器电流来保持中子通量恒定，焚烧率 λ_{inc} 可表示为

$$\lambda_{inc}=\frac{w}{n_{reac}} \tag{2-31}$$

这意味着，λ_{inc} 本质上取决于裂变核密度。考虑在多群方程中使用原子密度单

位。宏观截面 Σ 的单位是 cm^{-1}，指原子密度和微观截面的乘积。微观截面的单位是靶恩(b)，1 b=10^{-24} cm^2。原子密度的单位是 cm^{-3}。

在反应堆物理中，在堆芯的不同位置，不同能量的中子对链式裂变反应或者反应堆功率的贡献不同，为了量度不同中子的差异，引入了中子价值的概念。堆内的中子与材料发生反应的情况受到中子的空间位置与能量的影响，这就体现了中子的不同价值。表 2-9 列出了 MA 核素的净中子产生，可以看出不同核素的中子经济性。在快中子谱的环境下，MA 核素在燃料循环中具有正的中子学价值，而在压水堆热中子谱的环境下，只有 ^{239}Pu、^{241}Pu、^{242}Am 和 ^{235}U 具有正的中子学价值，而且都比在快中子谱环境下的对应值要小。

表 2-9　MA 核素的净中子产生

同　位　素	压水堆热中子谱	快 中 子 谱
^{237}Np	−1.114	0.482
^{238}Pu	−0.183	1.292
^{239}Pu	0.603	1.324
^{240}Pu	−0.358	0.857
^{241}Pu	0.617	1.321
^{242}Pu	−1.169	0.396
^{241}Am	−1.2	0.4
^{242}Am	1.4	1.5
^{235}U	0.430	0.724
^{238}U	−0.176	0.482

在嬗变中子学中，中子学价值存在另外一种表示形式，即中子消耗，它表示在燃料循环系统中，某个核素 J 及其反应产物($J \rightarrow J_1 \rightarrow J_2 \rightarrow \cdots \rightarrow J_M$)的中子消耗。比如，$D_J$ 代表核素 J 族在嬗变过程中所消耗的中子总数，也就是说，D_J 表示核素 N_J 及其反应产物转换为裂变产物所消耗的中子总数。核素 J 及其反应产物情况描述如下：第一代反应产物数目为 i 个，表示为 $J1_1 \sim J1_i$；第二

代反应产物数目为 k，表示为 $J2_1 \sim J2_k$；第三代产物数目为 n，表示为 $J3_1 \sim J3_n$；以及其他代的裂变产物。D_J 的表达式如下：

$$D_J = \sum_{J1_i} P_{J \to J1_i} \left\{ R_{J2_i} + \sum_{J2_{ki}} P_{J1_i \to J2_{ki}} \times \left[R_{J2_{ki}} + \sum_{J3_{ki}} P_{J2_k \to J3_n} (\cdots) \right] \right\} \quad (2-32)$$

式中，$P_{JNr \to J(N+1)s}$ 为 JN_r 核嬗变到 $J(N+1)s$ 核的概率，定义为 $JN_r \to J(N+1)_s$ 的反应率与 JN_r 所有可能发生转换的总反应率的比值，它与中子截面和中子场有关。其中 r 表示第 N 代中的第 r 个反应产物，s 表示第$(N+1)$代中的第 s 个反应产物。R_X 为核素 X 从上一代转变而来时的中子损失，比如中子俘获过程(n, γ)，$R_X = 1$；核衰变，$R_X = 0$；核裂变反应(n, f)，$R_X = 1 - \nu$；(n, 2n)反应，$R_X = -1$。式(2-32)中的求和包括了各个相应的代，直到达到最终的状态。当 D_J 小于 0 时，表示该核素族存在中子盈余，可以用来支持系统的中子学需求，包括产能或嬗变。对于一个具体核素 j，它的裂变、俘获和衰变的概率可以表达为

$$P_{j,f} = \frac{\sigma_f^j \varphi}{\sigma_f^j \varphi + \sigma_c^j \varphi + \lambda_d^j}$$

$$P_{j,c} = \frac{\sigma_c^j \varphi}{\sigma_f^j \varphi + \sigma_c^j \varphi + \lambda_d^j}$$

$$P_{j,d} = \frac{\lambda_d}{\sigma_f^j \varphi + \sigma_c^j \varphi + \lambda_d^j}$$

式中，P 代表概率，σ_X 为在某一确定能谱下的有效微观截面，λ_d 为衰变常数，下标 f 为裂变反应，c 为俘获反应，φ 为中子通量密度。表 2-10 列出一些重要核素在某种特性中子谱下的中子消耗 D 值，当 $D > 0$ 时，表示中子耗损，当 $D < 0$ 时，表示中子盈余。表中 $D_{TRU} = \sum_j \varepsilon_j^{TRU} D_j^{TRU}$，$\varepsilon_j^{TRU}$ 为标准压水堆卸料中各种同位素份额，D_j^{TRU} 为对应同位素的 D 值。$D_{Pu} = \sum_j \varepsilon_j^{Pu} D_j^{Pu}$，$\varepsilon_j^{Pu}$ 为 Pu 的各种同位素的份额，D_j^{Pu} 为对应 Pu 同位素的 D 值。

表 2-10　一些重要核素在某种特性中子谱下的中子消耗 *D* 值

同位素(或燃料类型)	快中子谱	标准压水堆谱
^{235}U	−0.86	−0.60
^{238}U	−0.62	0.07

（续表）

同位素（或燃料类型）	快 中 子 谱	标准压水堆谱
^{238}Pu	−1.36	0.17
^{239}Pu	−1.46	−0.67
^{240}Pu	−0.96	0.44
^{241}Pu	−1.24	−0.56
^{242}Pu	−0.44	1.76
^{237}Np	−0.59	1.12
^{241}Am	−0.62	1.12
^{243}Am	−0.60	0.82
^{244}Am	−1.39	−0.15
^{245}Am	−2.51	−1.48
D_{TRU^*}	−1.17	−0.05
D_{Pu^*}	−1.1	−0.2

从中子经济性的角度看核素的利用价值，核裂变能的利用过程就是中子的利用过程，研究充分利用核燃料循环过程的中子，实现节省资源，降低乏燃料的放射毒性。在嬗变 MA 和 LLFP 核素时，当 MA 核素发生裂变反应，一方面需要消耗中子，另一方面也会有中子产生，在这个过程中的净中子产生率是评价核素中子学价值的重要标志。从表 2-10 中可知，在快中子谱下所列的核素 D 值均为负，代表着将会有中子盈余，值得注意的是，在快中子谱下 TRU 核素的 D 值绝对值超过了已裂变核素 ^{235}U 和 ^{239}Pu，这意味着，从中子经济学的观点，TRU 核素在合适的中子能谱下，有望成为发生核裂变的核燃料。

在有关多群求解的讨论中，中子通量是相对的，而非绝对的。只有将功率密度与中子通量结合起来，才可以计算出中子绝对通量。在 UO_2-PuO_2 燃料的快堆中，每次裂变产生的能量约为 213 MeV，并最终转化为冷却剂的热能。表 2-11 给出了裂变能的主要来源。由于反应堆无法吸收中微子能量（约 9 MeV），故表中不包含中微子的能量。表 2-11 中的各个数值会随着产生裂变的同位素变化而略有不同。^{241}Pu 与^{239}Pu 产生的裂变碎片的能量(约175 MeV)比较接近，但是^{238}U 的裂变碎片能量只有 169 MeV。此外，相比于^{239}Pu，^{238}U 的裂变产物中的 β 和 γ 能量更高。考虑到快堆中^{239}Pu、^{241}Pu 和^{238}U 的裂变分布，表 2-11 给出了整体反应堆的合理平均值。(n, γ)反应生成的 γ 能量等于靶核的结合能。快堆中，每发生一次裂变就要发生约 1.9 个(n, γ)反应。快堆裂变能(213 MeV)比热堆裂变能要高，主要由于^{239}Pu 与^{235}U 的裂变碎片的动能差异，^{235}U 的相对裂变能大约只有 169 MeV。此外，在轻水反应堆内的氢原子会发生大量的俘获反应，在(n, γ)反应过程中会释放出能量较低的 γ 射线。

表 2-11　快堆中每次裂变产生能量的分配关系

	来　源	能量/MeV
瞬发	裂变碎片动能	174
	中子动能	6
	裂变放出的 γ 射线	7
	(n, γ)反应放出的 γ 射线	13
缓发	裂变产物 β 衰变	6
	裂变产物 γ 衰变	6
	^{239}U 和^{239}Np 的 β 衰变	1
	总计	213

核燃料可以吸收裂变产物动能和 β 射线能量。中子动能通过非弹性散射转化为 γ 射线能量，通过弹性散射转化为靶核动能。γ 射线可在反应堆内吸收，并且通常远离 γ 射线源；堆芯中每种材料的 γ 相对吸收量与材料质量近似成正比。已知 1 MeV 等于 1.602×10^{-13} J，功率密度 p (单位为 W/cm^3)与 g 群绝对中子通量 φ_g 的关系如下：

$$p = E_{\mathrm{f}} \times \left(\sum_g \Sigma_{\mathrm{fg}} \varphi_g\right) \tag{2-33}$$

式中，E_{f} 表示每次裂变释放的能量，$\sum_g \Sigma_{\mathrm{fg}} \varphi_g$ 表示快堆内各群中子发生的裂

变率之和。通过关系式可知，功率密度与裂变分布成正比。由于中子和 γ 射线的输运扩散，传递到冷却剂中的能量分布与裂变分布会略有不同。如果堆芯内的所有燃料的成分完全相同，那么功率密度几乎与中子通量成正比，堆芯径向上功率分布如图 2-8(a)所示。从热工水力学角度而言，并不

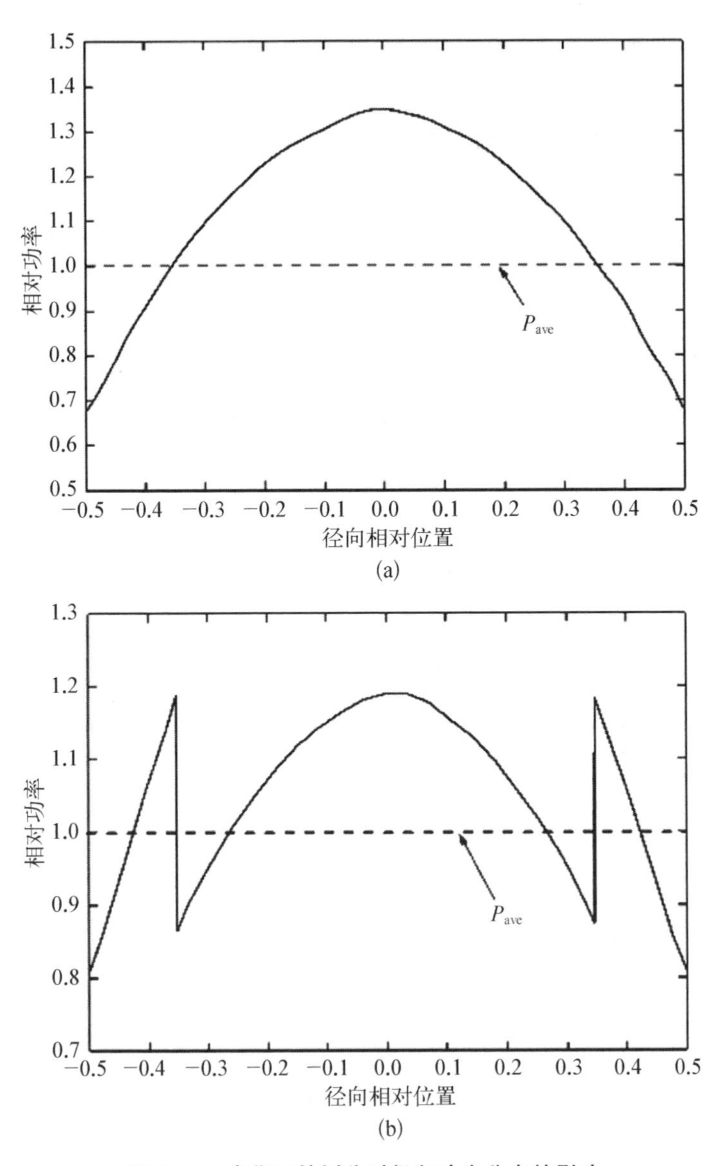

图 2-8　富集区的划分对径向功率分布的影响

(a) 堆芯燃料相同时功率分布；(b) 堆芯燃料分区时功率分布

希望出现上述分布：如果冷却剂以相同的速度流过堆芯，不同位置处会具有较大的温差。当堆芯外侧的低温冷却剂与中心的高温冷却剂混合时，熵就会增加，减小能量的有效输出，并且在混合区域会出现大的温度波动，这会破坏反应堆堆芯结构的性能。如果限制堆芯外区冷却剂流动，就可使出口温度变得均匀，但需要额外匹配更多的泵功率。基于这方面的考虑，通常会将堆芯划分为两个或多个的径向区域，在较外部的区域布置更高富集度的燃料，提升外部区域的功率密度，实现堆芯的功率展平，如图 2－8(b)所示。在无流量分配时可降低冷却剂的温度差异，而在进行流量分配时可减小泵功率的需求。

图 2－9 给出了小型增殖反应堆内中子通量和功率密度的径向分布。分区布置堆芯划分为两种富集度区(即堆芯内区和堆芯外区，其富集度分别为22％和 28％)，外部布置有增殖区。如果堆芯是均匀的，则堆芯富集度约为24％。在堆芯中部和外区的峰值功率密度大致相同，优化了堆芯径向功率峰因子 P_{max}/P_{ave}，其中 P_{max} 是在最热通道内产生的功率，P_{ave} 是所有通道的平

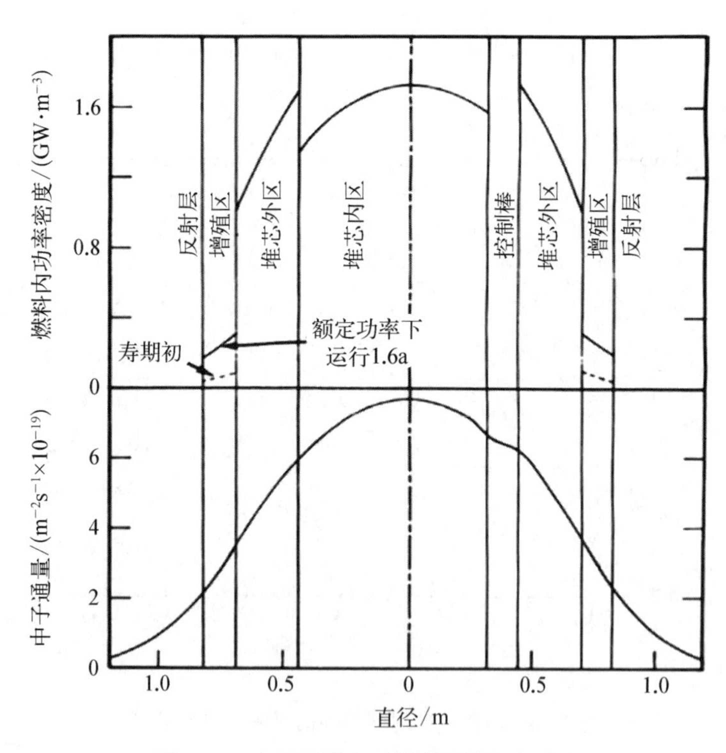

图 2－9　中子通量和功率密度的径向分布

均功率，采用单区和双区划分时堆芯的功率峰因子分别是 1.35 和 1.21。

这里需要指出，增殖区内的功率密度是随运行历史而发生变化的。增殖区产生的易裂变材料会发生裂变并释放能量，其功率密度会随运行时间增加而显著升高。通常增殖组件在堆内时间比燃料组件时间更长。寿命初期，反应堆径向增殖燃料元件中心处的功率密度是 60 MW・m^{-3}；当反应堆以 600 MW 的功率运行 1.6 年后，该位置的功率密度将上升至 210 MW・m^{-3}。

2.3.2　嬗变性能参数

为了有效评估不同核能系统对乏燃料的嬗变能力，需要引入一系列嬗变性能参数，包括嬗变有效半衰期、嬗变支持比以及嬗变中子比等。

嬗变有效半衰期 $T_{1/2}^{\mathrm{eff}}$ 定义为乏燃料的核子密度变化为原始密度的一半所需要的时间。它是评估嬗变乏燃料常用的重要指标，主要受到反应截面和中子通量密度的影响。嬗变率是指单位时间的嬗变次数，是嬗变中子学中普遍使用的概念。嬗变 MA 使 MA 与中子发生反应产生裂变，所以常用裂变核反应率来表示 MA 的嬗变率；LLFP 的嬗变通过吸收中子使其放出 γ 射线变为短寿命的同位素，因此常用辐射俘获核反应率来表示 LLFP 的嬗变率。不管是嬗变有效半衰期还是嬗变率，都与其反应截面和中子通量密度有关。同时，核反应截面和中子通量都与中子能量直接相关。如果从定量分析的角度考虑，嬗变有效半衰期更适合描述不同类型反应堆嬗变能力的大小。

嬗变支持比表示嬗变装置每年嬗变掉相同功率的轻水堆所产生的 MA 氧化物燃料的数量，可以直观地衡量核能系统的嬗变能力，例如，如果 MA 嬗变支持比为 N，则表示 1 GW 电功率的嬗变装置每年能嬗变掉 N 个 1 GW 电功率的轻水堆所产生的 MA 氧化物燃料。此外，还有其他的参量也可以衡量嬗变装置的嬗变能力，比如每年嬗变装料的百分比、每年嬗变 MA 的数量等。

嬗变中子比 D_{J} 定义为使 J 原子核及其反应产物发生裂变所需要的中子数。在嬗变中子学中，它可以有效评估任何一个嬗变装置具有嬗变能力的可能性。为了计算嬗变中子比 D_{J} 值，给出 J 原子核及其反应产物的示意图(见图 2-10)。若 D 为正值意味着消耗中子，需要中子源；若 D 为负值意味着产生中子，产物中会有剩余中子。

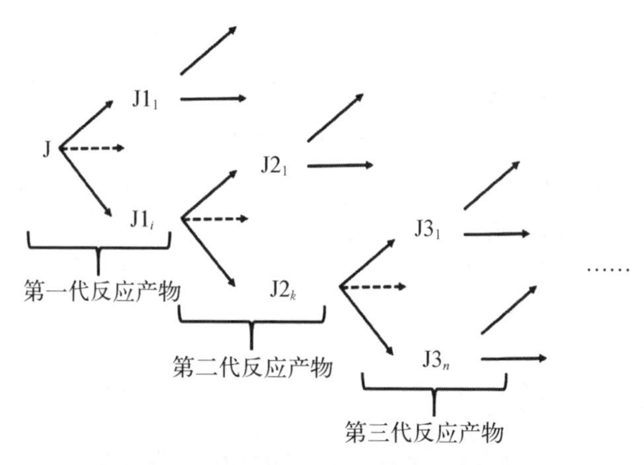

图 2-10　J 原子核及其反应产物示意图

2.3.3　核特性与嬗变的关系

乏燃料的嬗变效果直接受到不同核能系统的核特性的影响，其中，中子能谱是影响核能系统嬗变乏燃料能力的关键参数之一。对于 MA 核素，其裂变截面随中子能量的增加而上升。在不同的中子场中，MA 核素的裂变反应与辐射俘获反应是互相竞争的，通常采用裂变俘获比来衡量不同中子场下乏燃料的嬗变能力。

MA 核素的热中子裂变截面较小，这就导致热中子的裂变俘获比较小，表 2-12 给出了一些超铀核素的热中子裂变俘获比。由表可知，除了易裂变核素 ^{239}Pu 和 ^{241}Pu 外，其他核素的裂变俘获比都很小。图 2-11 给出了在压水堆的中子场下辐照 30 年后典型锕系核素的嬗变情况，可以看出 ^{237}Np 和 ^{241}Am 很快嬗变掉，但是会有 ^{238}Pu、^{242}Cm 和 ^{244}Cm 等 MA 核素随之产生。经过 30 年的辐照后，MA 核素的总量降低不到一个数量级，所以热中子反应堆并不适合嬗变 MA 核素。只有在热中子通量达到足够大时，才能在热中子谱下实现 MA 核素的嬗变。

表 2-12　超铀核素的裂变俘获比(E_n = 0.253 eV)

核　素	σ_{nf}	$\sigma_{n\gamma}$	$\sigma_{nf}/\sigma_{n\gamma}$
^{237}Np	2×10^{-2}	180	1.1×10^{-4}
^{241}Am	3.1 ± 0.2	600 ± 20	5.2×10^{-4}

（续表）

核　素	σ_{nf}	$\sigma_{n\gamma}$	$\sigma_{nf}/\sigma_{n\gamma}$
^{243}Am	0.20±0.11	77.9±6.0	2.56×10^{-3}
^{242}Cm	<5	16±5	<0.31
^{244}Cm	1.0±0.2	15.2±1.2	6.7×10^{-2}
^{238}Pu	14.4	454	3.17×10^{-2}
^{239}Pu	810	380	2.313
^{240}Pu	0.064	287.6	2.09×10^{-4}
^{241}Pu	1 012.7	361.3	2.80
^{242}Pu	1.04×10^{-3}	19.16	5.4×10^{-5}

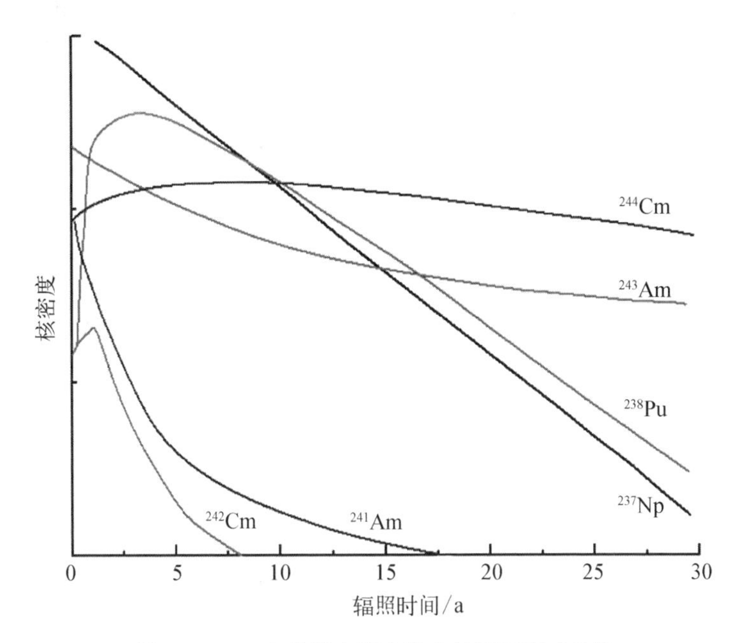

图2-11　MA核素在压水堆中的嬗变衰减曲线

MA核素的快中子裂变截面较大，导致快中子的裂变俘获比会显著高于热中子的裂变俘获比。图2-12给出了一些MA核素的快中子截面[17]。由图可知，在快中子谱中，MA核素的裂变俘获比是相对较大的，意味着MA核素可以通过吸收快中子使其裂变为较轻的核素，进而实现 MA 核素的嬗变。由此可见，中子能谱越硬，裂变俘获比越大，快中子能量在 14 MeV 附近时的嬗变效果达到最佳。图 2-13 给出了^{237}Np 和^{241}Am 的快中子反应截面与中子能量的关系曲线，随着中子能量的增加，^{237}Np 和^{241}Am 的裂变俘获比也会有所上

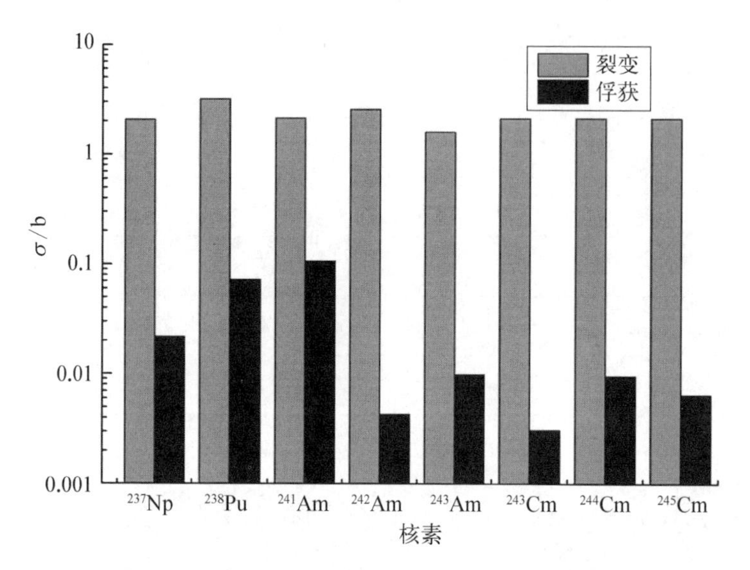

图 2-12　部分 MA 核素的快中子截面(1～20 MeV)

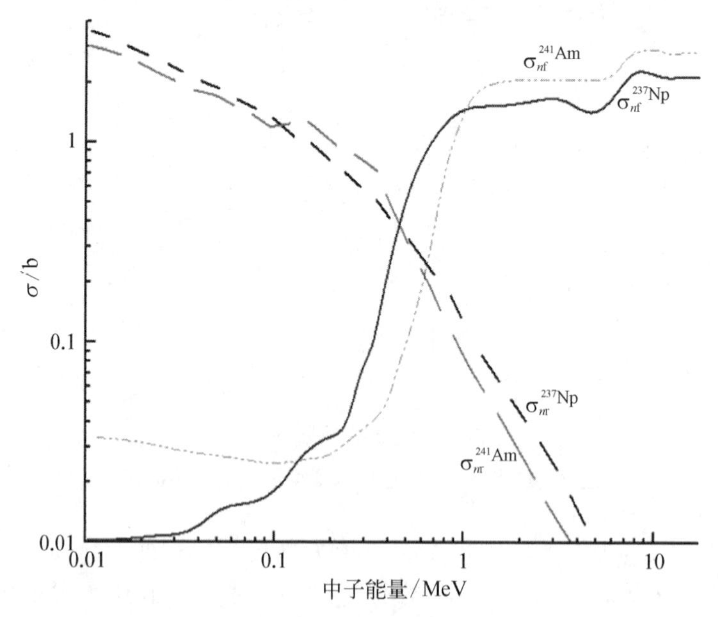

图 2-13　^{237}Np 和^{241}Am 的快中子截面与中子能量的关系曲线

升。在中子能量较高时，^{237}Np 和 ^{241}Am 的俘获截面大于裂变截面；而在中子能量较低时，^{237}Np 和 ^{241}Am 的俘获截面小于裂变截面。值得注意的是，即便当中子能量大于 1 MeV 时，^{237}Np 和 ^{241}Am 的快中子截面也只有 2 b 左右，可见，快中子实现 MA 核素嬗变也需要较高的中子通量水平。

此外，LLFP 可以通过辐射俘获反应转化为稳定的同位素，包括 ^{90}Sr、^{137}Cs、^{99}Tc、^{129}I 和 ^{135}Cs 核素。通常裂变产物发生辐射俘获反应的热中子截面较大，而且一些裂变产物核素与超热中子具有很强的共振积分反应。表 2-13 给出了部分长寿命裂变产物的热中子截面、共振截面和快中子截面。由表可知，^{99}Tc 的超热中子截面很大，^{129}I、^{135}Cs 和 ^{93}Zr 的超热中子截面也较大，所以在超热中子区有助于实现这些核素的嬗变。而 ^{90}Sr 和 ^{137}Cs 的辐射俘获截面过小，导致很难实现嬗变，它们在裂变过程中的产量最大，而且具有最强的毒性。为了要嬗变 ^{90}Sr 和 ^{137}Cs 核素，就需要提供更高的中子通量密度。比如，^{90}Sr 的嬗变要求中子通量密度达到约 10^{16} $cm^{-2}\cdot s^{-1}$，而 ^{137}Cs 的嬗变则要求中子通量密度达到约 10^{17} $cm^{-2}\cdot s^{-1}$。在快堆和聚变堆中无法获得如此高的中子通量密度水平，只有在 ADS 系统中才可以达到如此高的中子通量密度水平。

表 2-13　一些裂变产物的中子截面

同位素	热中子截面/b	共振截面/b	快中子截面/b
^{90}Sr	9.0×10^{-1}	5.1×10^{-1}	7.5×10^{-1}
^{137}Cs	9.0×10^{-2}	4.9×10^{-1}	1.0×10^{0}
^{129}I	2.7×10^{1}	3.9×10^{1}	9.4×10^{-1}
^{99}Tc	2.2×10^{1}	1.9×10^{2}	7.5×10^{-1}
^{135}Cs	7.8×10^{0}	6.2×10^{1}	9.7×10^{-1}
^{93}Zr	2.5×10^{0}	2.8×10^{1}	8.7×10^{-1}

通常来讲，LLFP 并不适合在快中子谱的快堆或聚变堆装置里进行嬗变，因为快中子的辐射俘获截面比较低，多数在 1 b 左右。裂变产物中半衰期最长的 ^{99}Tc 和 ^{129}I 很容易发生迁移扩散，这是造成远期风险最重要的因素之一。它们的热中子俘获截面相对较大，当中子通量密度达到 10^{14} $cm^{-2}\cdot s^{-1}$ 水平时，

其有效半衰期可小于10年。由此可见，MA核素嬗变适合在快中子谱的环境下，而且需要较高的中子通量密度，如果采用热中子谱进行嬗变，则需要更高的中子通量密度。嬗变长寿命裂变产物适合在热中子谱和超热中子谱的环境下，而且需要总的中子通量水平达到10^{14} $cm^{-2} \cdot s^{-1}$。

核素嬗变的有效半衰期除了与截面数据有关外，还会受到中子通量密度的影响。美国ATW计划提出一种新概念，它采用极高中子通量密度的热中子嬗变MA核素。将乏燃料中的MA核素划分为四类：第一类指吸收1个中子就可能发生裂变，如^{235}U、$^{239,241}Pu$、$^{242,242m}Am$、$^{243,245,247}Cm$；第二类指吸收2个中子可能发生裂变，如^{238}U、^{240}Pu、^{241}Am；第三类指吸收3个中子可能发生裂变，如^{237}Np、^{243}Am；第四类指吸收4个中子可能发生裂变，如^{242}Pu。上述四类核素每次裂变净消耗中子数估算公式为$n=n_i=-(\nu-i-i\alpha)$ $(i=1, 2, 3, 4)$。其中，i表示MA核素的所属类别，ν为每次裂变产生的平均中子数，α为俘获裂变比。如果n_i大于0，则表示该核素裂变需要中子；如果n_i小于0，则表示该核素裂变放出的中子数大于它吸收的中子数。表2-14列出了一些MA核素以及压水堆乏燃料中混合钚和MA在热中子谱的每次裂变净消耗中子数[18]。由表可知，^{239}Pu的每次裂变净消耗中子数小于0，它裂变释放的中子数大于所吸收的中子数，属于系统内的核燃料；^{238}U金属释放的中子数大于所吸收的中子数，在一定条件下它可以达到临界；^{237}Np的每次裂变净消耗中子数大于0，它裂变释放的中子数小于所吸收的中子数，属于中子吸收体。

表2-14　一些MA核素每次裂变净消耗中子数

核素	ν	α	n
^{239}Pu	2.91	0.36	−1.19
^{238}U	2.91	0.36	−0.19
^{237}Np	2.91	0.36	0.81
混合钚	—	—	−0.82
MA	—	—	0.31

在一般轻水堆的条件下，上述结论是正确的，但当热中子通量密度大于$5\times10^{15}/(cm^2 \cdot s)$时，MA核素的每次裂变净消耗中子数会发生变化。

以 ^{237}Np 为例，图 2-14 展示了 ^{237}Np 每次热中子裂变净消耗中子数与中子通量密度的关系[19]，在轻水堆区域[热中子通量密度约为 $10^{14}/(cm^2 \cdot s)$]，^{237}Np 是中子吸收体，但是当热中子通量密度大于 $5\times10^{15}/(cm^2 \cdot s)$ 时，^{237}Np 核素的每次裂变净消耗中子数大于 0，意味着它可以用作核燃料来增殖中子。这是由于 ^{237}Np 进行辐射俘获反应生成了 ^{238}Np，^{238}Np 的热中子裂变截面高达 2 100 b，而它的半衰期只有 2.15 天。通常来说，裂变与衰变之间存在着竞争关系，当中子通量密度低时，衰变反应占优势，相反，则裂变反应占优势。此时，^{237}Np 就从第三类核变为第二类核，即通过 ^{238}Np 发生裂变，^{237}Np 的每次裂变净消耗中子数小于 0，便成为可增殖中子的核燃料。

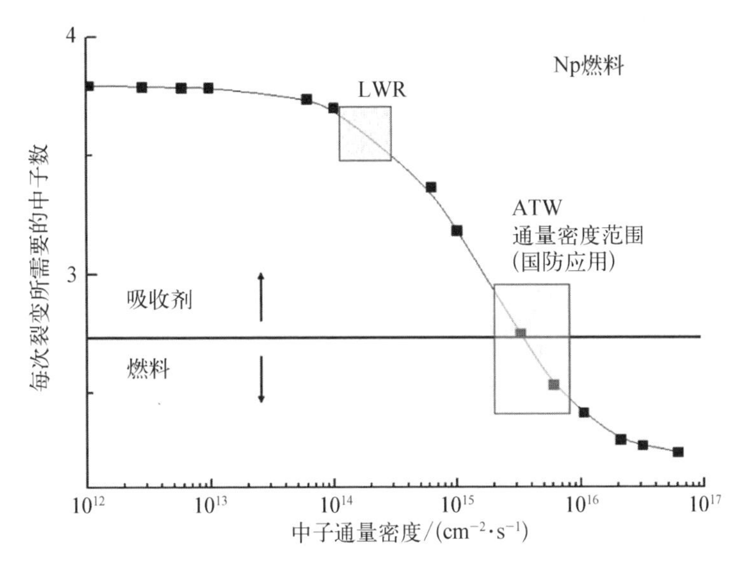

图 2-14　^{237}Np 每次热中子裂变净消耗中子数与中子通量密度的关系

2.3.4　MA 燃料的初始反应性

反应堆嬗变次锕系核素的情况是比较复杂的。由于次锕系核素具有特殊的核性能，其对堆芯性能会产生多方面的影响，其中，堆芯的初始反应性是受到装载 MA 燃料影响的关键参数之一。当嬗变次锕系核素释放中子时，会增加反应堆的反应性值。同时，次锕系核素嬗变也会放出瞬发中子和缓发中子，这对反应堆的控制也会产生直接的影响，尤其对于临界反应堆。MA 核素对堆芯反应性的影响主要与各种核素的俘获截面、裂变截面和平均裂变中子数有关。此外，MA 核素嬗变也与反应堆内中子能谱、辐照时间及 MA 装载量有关。而且，不同的 MA 核素之间也存在着竞争的关系。

随着反应堆内中子能谱的变硬，MA 核素的裂变俘获比也会逐渐增大。表 2-15 给出了 3 种快中子反应堆中的裂变俘获比值。表 2-16 给出了锕系核素在不同快堆中比反应性，它表示每装载 1 kg MA 核素引起系统的反应性变化。轻水堆乏燃料组件中的 MA 核素在快堆中的比反应性与堆芯平均中子能量的关系如表 2-17 所示，当堆芯中子平均能量在 600 keV 以下时，乏燃料组件的 MA 核素降低了系统的反应性；当堆芯中子平均能量大于 730 keV 时，乏燃料组件的 MA 核素提高了系统的反应性。随着中子平均能量的升高，乏燃料组件的 MA 核素引入的系统正反应性也逐渐增加。如果堆芯的中子能谱足够硬，MA 核素甚至可以进行循环使用，可以让反应堆堆芯达到临界水平。装载 MOX 氧化物燃料的快谱堆芯的中子平均能量约为 480 keV，所以装载 MA 核素的氧化物快堆的初始反应性会降低，而且初始反应性的降低量与 MA 装载量基本上呈线性关系。

表 2-15　不同核素在三种快谱反应堆中的裂变俘获比

核　素	σ_{nf}/σ_{nr}		
	715/keV①	995/keV②	1 071/keV③
^{235}U	—	5.54	5.63
^{236}U	—	3.33	3.89
^{238}U	—	0.709	0.818
^{237}Np	0.968	2.6	3.05
^{238}Np	7.67	15.4	16.8
^{239}Pu	7.25	9.54	9.9
^{240}Pu	1.96	3.86	4.27
^{241}Pu	13.2	15.8	16.8
^{242}Pu	1.65	5.08	6.05
^{241}Am	1.51	3.25	32.71
^{242}Am	4.8	4.8	4.8

（续表）

核　素	σ_{nf}/σ_{nr}		
	715/keV①	995/keV②	1 071/keV③
^{243}Am	1.06	2.78	3.3
^{242}Cm	5.21	24.9	20.6
^{244}Cm	3.43	8.08	9.33

注：① 47.8%富集度燃料的钠冷 EBR－II；② 47.8%富集度燃料的气冷 EBR－II；③ 57.5%富集度燃料的气冷 EBR－II。

表 2－16　不同锕系核素的比反应性与快堆平均中子能量的关系

核　素	比反应性 $\Delta\rho$/kg		
	961/keV①	995/keV②	1 071/keV③
^{238}U	1.997×10^{-4}	2.075×10^{-4}	2.116×10^{-4}
^{237}Np	1.021×10^{-3}	1.106×10^{-3}	1.120×10^{-3}
^{241}Am	1.012×10^{-3}	1.058×10^{-3}	1.054×10^{-3}
^{242}Am	5.724×10^{-4}	5.169×10^{-4}	5.013×10^{-4}
^{243}Cm	9.418×10^{-4}	9.957×10^{-4}	1.117×10^{-3}
^{244}Cm	1.646×10^{-3}	1.720×10^{-3}	1.648×10^{-3}

注：① 47.8%富集度燃料的钠冷 EBR－II；② 47.8%富集度燃料的气冷 EBR－II；③ 57.5%富集度燃料的气冷 EBR－II。

表 2－17　轻水堆乏燃料中 MA 核素比反应性与堆芯平均中子能量的关系

中子能量/keV	比 反 应 性
1 011①	7.941×10^{-4}
985②	5.987×10^{-4}
804③	1.407×10^{-5}

（续表）

中子能量/keV	比反应性
730④	1.080×10^{-5}
569⑤	-1.060×10^{-5}

注：① 47.8%富集度燃料的钠冷 EBR-II，在堆芯中心线；② 47.8%富集度燃料的钠冷 EBR-II，在堆芯中心线与堆芯/内包层分界线中间；③ 47.8%富集度燃料的钠冷 EBR-II，在堆芯/内包层分界线；④ 普通反应堆堆芯；⑤ CRBR(clinch river breeder reactor)相似计算值。

2.4 嬗变反应堆的中子动力学

基于嬗变反应堆的堆芯稳态核特性，引入时间变量，反应堆内部的物理参数会随着时间的变化而发生改变，在反应堆物理领域通常称这部分内容为反应堆的中子动力学。核反应堆的安全运行高度地依赖于在堆芯各种情况下堆内中子通量密度或反应堆功率的有效控制。本节将着重描述反应堆堆芯内部的缓发中子和瞬发中子、点堆中子动力学方程以及嬗变反应堆的周期等基本内容。

2.4.1 缓发与瞬发中子

一般情况下，通过可以吸收中子的控制棒来调节堆芯有效增殖因子 k_{eff} 值。通常采用反应性 $\rho=(k_{\mathrm{eff}}-1)/k_{\mathrm{eff}}$ 衡量反应堆的临界状态。与控制棒运动相关的时间常数通常以秒为单位，而两代中子之间的时间间隔则要小得多。对于快堆，两代中子之间的时间间隔通常是 10^{-7} s，对于热堆来说则通常是 10^{-4} s。这意味着即使引入非常小的正反应性，反应堆内中子场也会发生快速变化，堆内功率会随时间呈现出指数增长。当 $\rho=0.01$，70 个中子代后反应堆功率变为 2 倍，即快中子反应堆不到 10 μs，热中子反应堆不到 10 ms。考虑到反应堆功率的急速增长，人们可能会认为控制棒不可能有效地控制反应堆。事实上，反应堆内存在一小部分缓发中子，这使反应堆控制变得容易处理。

缓发中子与裂变碎片发生的衰变反应相关。在核燃料瞬间发射出裂变中子后，剩余裂变碎片仍然可能是富中子核，这些裂变碎片会发生 β 衰变。对于越富中子和越高能量的裂变碎片，其衰变速度也会越快。在某些情况下，衰变中的可用能量足够高，使剩余的原子核处于较高的激发态，从而发射出中子而

不是 γ 粒子。图 2-15 描述出基本的核反应过程，在左侧处于基态的先驱核 (A, Z) 衰变为中子发射核 $(A, Z+1)$ 的激发态，该原子核的激发态可能高于中子结合能，进而导致发射出中子，留下残余核 $(A-1, Z+1)$。图中 GS (ground state) 表示基态，B_n 表示中子结合能。

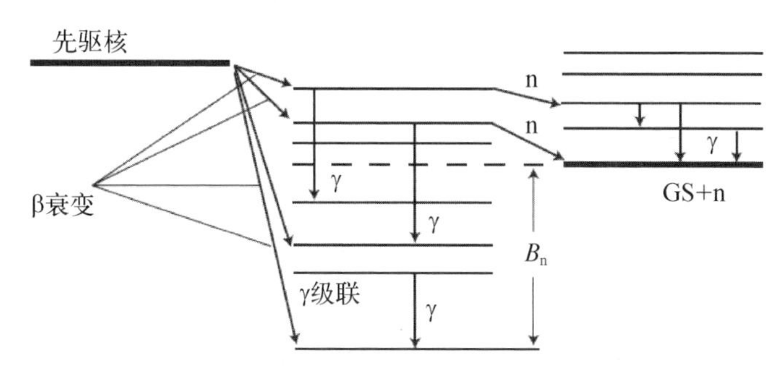

图 2-15　缓发中子发射过程的示意图

相对于裂变直接释放的中子而言，裂变碎片释放出的中子是延迟发射出来的。延迟时间是由裂变碎片的衰变常数所决定。延迟从几分之一秒到几十秒不等。缓发中子发射的概率约为每个裂变或每个瞬发裂变中子的 1%。当发射的中子结合能较小时，发射缓发中子的概率就会更高。缓发中子的特征是伴有 β 射线产生。每次裂变产生的缓发中子总数可以表示为 $\beta=\Sigma\beta_i$，定义一个平均衰减时间 $T_d=(\Sigma\beta_i T_i)/\beta$。表 2-18 显示了不同核素发生快中子裂变时的 β 和 T_d 值。

表 2-18　缓发中子的性质

核素	β	T_d/s
^{232}Th	0.020 3	6.98
^{233}U	0.002 6	12.4
^{235}U	0.006 4	8.82
^{238}U	0.014 8	5.32
^{239}Pu	0.002 0	7.81
^{241}Pu	0.005 4	10

(续表)

核素	β	T_d/s
^{241}Am	0.001 3	10
^{243}Am	0.002 4	10
^{242}Cm	0.000 4	10

由于缓发中子份额β对反应堆安全具有重要影响，习惯用单位元（\$）表示反应性，正反应性1\$等于β，对应的倍增因子$k_{eff} \approx 1+\beta$。当然，我们也可以用反应性单位来表示堆芯反应性，比如pcm、mk等。缓发中子在反应堆安全分析中起到重要的作用，并较好地体现在修正后的反应堆中子动力学方程中。

2.4.2 点堆的中子动力学方程

嬗变反应堆(包含快堆和热堆)的中子动力学方程是相同的。在研究反应堆内中子通量或功率的时间特性时，需要考虑瞬发中子和缓发中子产生的时间差。从本质上说，点堆模型是在假设中子通量密度和先驱核浓度可以按照时空变量进行分离，并且认为形状函数不随时间变化的条件下导出的。在物理上，这就相当于假定不同时刻中子通量密度在空间分布形状上不变，将整个堆芯看作一个点，忽略空间上的差异。快堆的中子自由程较长，意味着某一中子由产生到达另一位置处经过的中间反应更少，这意味着时间与空间分离的适用性更高。所以，相比热中子反应堆，在快中子反应堆中点堆动力学近似更为适用。因此，快堆安全分析程序中常使用点的堆动力学方程和准静态方程描述反应堆内中子的作用过程。点堆模型适用于反应堆偏离临界不远和扰动不大的情况。

以阶跃扰动的点堆动态方程的求解过程为例，反应堆发生阶跃变化时，堆芯的中子通量或功率水平会随时间发生变化。在$t=0$前，$\rho=0$；而在$t=0$时，阶跃式输入反应性$\rho(t)=\rho_0$，外源$S(t)=0$，即$q(t)=0$，$q(t)$为外中子源强度，代入点堆动力学方程可得

$$\frac{dn(t)}{dt}=\frac{\rho_0-\beta_{eff}}{\Lambda}n(t)+\sum_{i=1}^{m}\lambda_i c_i(t) \tag{2-34}$$

$$\frac{\mathrm{d}c_i(t)}{\mathrm{d}t}=\frac{\beta_{i,\,\mathrm{eff}}}{\Lambda}n(t)-\lambda_i c_i(t) \tag{2-35}$$

式中，$n(t)$ 为中子密度，t 为时间，β_{eff} 为缓发中子有效份额，Λ 为中子代时间，m 为缓发中子分组总数，i 为缓发中子分组编号，λ_i 为第 i 组先驱核的衰变常数，$c_i(t)$ 为第 i 组先驱核浓度，$\beta_{i,\,\mathrm{eff}}$ 为第 i 组的缓发中子有效份额。

中子代时间 Λ（中子产生到再次产生的时间）与中子寿命 l（中子产生到消失的时间）有关，即 $l=k_{\mathrm{eff}}\Lambda$。在功率上升阶段，堆芯处于超临界状态，$l>\Lambda$；在功率下降阶段，堆芯处于次临界状态，$l<\Lambda$。对于一个临界堆而言，堆芯有效增殖因子 k_{eff} 处于接近于 1 的水平，即中子寿命与代时间几乎相等，故在点堆的动力学方程中有时会用 l 替换 Λ。在临界计算中，反应性的单位常选用 pcm，1 pcm$=10^{-5}$。在反应堆动力学分析中，反应性的单位常选用 \$，它表示反应性绝对值与缓发中子有效份额的比值。下面，简单描述点堆动力学方程的近似解法，在 $\rho(t)$ 等于常数的情况下，式(2－34)和式(2－35)是一个一阶线性常系数微分方程组，假定其解的形式为

$$n(t)=A\mathrm{e}^{\omega t} \tag{2-36}$$

$$C_i(t)=C_i\mathrm{e}^{\omega t} \tag{2-37}$$

式中，A、C_i 和 ω 是待定常数。

将式(2－36)代入式(2－34)和式(2－35)，根据式(2－35)可得

$$C_i=\frac{\beta_i}{\Lambda(\omega+\lambda_i)}A$$

然后代入式(2－34)，整理可得

$$\rho=\Lambda\omega+\sum_{i=1}^{6}\frac{\omega\beta_i}{\omega+\lambda_i} \tag{2-38}$$

由 $\Lambda=l/k_{\mathrm{eff}}$，$k_{\mathrm{eff}}=1/(1-\rho)$，式(2－35)可以转换为

$$\rho=\frac{l\omega}{1+l\omega}+\frac{1}{1+l\omega}\sum_{i=1}^{6}\frac{\omega\beta_i}{\omega+\lambda_i} \tag{2-39}$$

式(2－38)或式(2－39)称为反应性方程，是关于 ω 的七次代数方程，可以计算出七个可能的 ω 值。采用图解法计算出式(2－39)的根，得到方程的一般

解为

$$n(t)=n_0(A_1\mathrm{e}^{\omega_1 t}+A_2\mathrm{e}^{\omega_2 t}+\cdots+A_7\mathrm{e}^{\omega_7 t})=n\sum_{j=1}^{7}A_j\mathrm{e}^{w_j t} \tag{2-40}$$

式中，n_0 是常数，表示 $t=0$ 时的中子密度；$w_j(j=1,\ 2,\ \cdots,\ 7)$ 是反应方程的7个根；$A_j(j=1,\ 2,\ \cdots,\ 7)$ 是待定常数。同样地，第 i 种先驱核的浓度可表示为

$$C_i(t)=C_{i0}\sum_{j=1}^{7}C_{ij}\mathrm{e}^{w_j t} \tag{2-41}$$

式中，C_{i0} 是 $t=0$ 时的先驱核浓度，C_{ij} 为待定常数。接下来对常数进行确定，将式(2-40)和式(2-41)代入式(2-35)，可得

$$C_{t,\,0}\sum_{j=1}^{7}C_v\omega_j\mathrm{e}^{\omega,\,t}=\frac{\beta_i}{\Lambda}n_0\sum_{j=1}^{7}A_j\mathrm{e}^{wjt}-\lambda_iC_{i,\,0}\sum_{j=1}^{7}C_{i,\,j}\mathrm{e}^{wjt} \tag{2-42}$$

式(2-42)在所有 t 值时都必须成立，式两边 ω_j 的指数项系数应该是相等的，即

$$C_{i,\,0}C_{i,\,j}=\frac{\beta_in_0}{\Lambda}\cdot\frac{A_j}{\omega_j+\lambda_i} \tag{2-43}$$

代入式(2-42)可得

$$C_i(t)=\frac{\beta_in_0}{\Lambda_0}\sum_{j=1}^{7}\frac{A_j\mathrm{e}^{wjt}}{\omega_j+\lambda_i} \tag{2-44}$$

然后，由初始条件确定常数 A_j。当 $t=0$ 时，$\mathrm{d}C_i(t)/\mathrm{d}t=0$，由式(2-35)可得

$$C_i(0)=\frac{\beta_in_0}{\Lambda_0\lambda_i} \tag{2-45}$$

式中，Λ_0 是反应性阶跃变化前反应堆的平均代时间。假定在引入反应性之前反应堆处于临界，从式(2-44)可得

$$C_i(0)=\frac{\beta_i}{\Lambda}n_0\sum_{j=1}^{7}\frac{A_j}{\omega_j+\lambda_i} \tag{2-46}$$

得到关于 A_j 的方程组

$$\frac{\Lambda_0}{\Lambda}\sum_{j=1}^{7}\frac{A_j}{\omega_j+\lambda_i}=\frac{1}{\lambda_i}\quad i=1,\ 2,\ \cdots \tag{2-47}$$

另外，$n(0)=n_0$，因此有

$$\sum_{j=1}^{7}A_j=1 \tag{2-48}$$

求解(2-47)和(2-48)方程组，可求得7个常数 A_j 的值。当反应性为正时，每个常数 A_j 与其对应的 ω_j 同号；当反应性为负时，所有 ω_j 值均小于0，所有 A_j 值均大于0。现以压水堆为例，初始状态的有效增殖因子发生0.001的阶跃变化，中子寿命为 10^{-4} s。由式(2-39)可以求出7个 ω_j $(j=1,\ 2,\ \cdots,7)$ 的值，其中 ω_1 为正，其余 ω_j 为负。由式(2-47)和式(2-48)可以求出所有 A_j 值，进而求出堆内中子密度的时间响应函数为

$$\begin{aligned}n(t)=n_0[&1.44e^{0.0182t}-0.0359e^{-0.0136t}-0.140e^{-0.0598t}\\&-0.0637e^{-0.183t}-0.0205e^{-1.005t}-0.00767e^{-2.875t}-0.179e^{-55.6t}]\end{aligned} \tag{2-49}$$

2.4.3　嬗变反应堆周期

当临界反应堆引入阶跃反应性扰动时，开始时中子密度突然迅速变化，经过一小段时间，变化逐渐趋于平缓，如图2-16所示。当阶跃反应性变化为正时，式(2-40)中只有 ω_1 是正的，其余6个 ω_j 均为负，对应的6项都是衰减项。

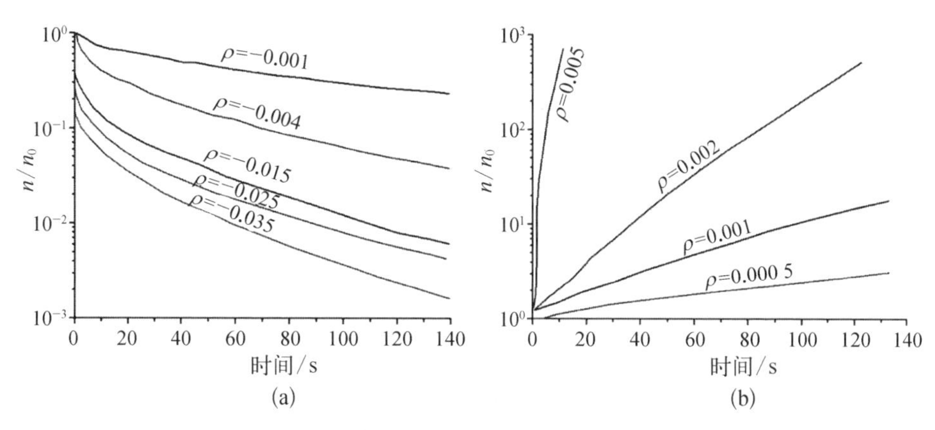

图2-16　阶跃扰动下相对中子密度水平随时间变化的曲线

(a) 反应性变化为负时中子密度的变化；(b) 反应性变化为正时中子密度的变化

这些衰减项在经过一段很短的时间后就先后趋于消失，最后剩下唯一的第一项，此时中子密度将会按照稳定周期增长。相反，当阶跃反应性变化为负时，7项都是指数衰减项，只是各项衰减的速度不同，经过一段时间后，衰减速度较快的项将逐个趋于消失，最后只剩下第一项，此时，中子通量密度将会按稳定周期下降。

不论向临界反应堆引入阶跃正的还是阶跃负的反应性扰动，中子密度的时间特性最终都表现为 $n(t) \sim e^{\omega_1 t}$，也可以写为

$$n(t) \sim e^{t/T} \tag{2-50}$$

反应堆周期 T 定义为中子密度变化 e 倍所需的时间，可得

$$T = 1/\omega_1 \tag{2-51}$$

当引入反应性为正时，t 为正值，表示中子密度随时间变化而指数上升；当引入反应性为负时，t 为负值，表示中子密度随时间变化而指数下降。式(2-51)中定义的反应堆周期称为稳定周期或渐进周期，其余 $1/\omega_i$ $(i=2\sim7)$项称为瞬变周期，但它并不具有与 $1/\omega_1$ 相同的物理意义，只是反应性方程的根而已。此外，核反应堆周期 T 也可采用中子通量的相对变化率进行定义，即

$$T = \frac{n(t)}{\dfrac{dn}{dt}} \tag{2-52}$$

当中子密度趋于稳定时，由式(2-50)，同样可得 $T=1/\omega_1$。因此，有时常把式(2-52)作为 t 时刻反应堆周期的严格定义。由此可见，反应堆周期是一个动态参量，当反应堆的功率不变时，周期无穷大；只有当反应堆功率发生变化时，才可以测量出反应堆的周期值。在实际中，通常采用反应堆周期仪表测量周期的导数 $(dn/dt)/n$，进而推导出反应堆的周期值。

反应堆周期直接决定了反应堆内中子的增减速率，所以在反应堆运行过程，特别是在启动或功率提升过程中，监控反应堆周期对反应堆的安全运行具有重大的意义。如果反应堆周期过小，则导致反应堆无法控制。在反应堆的控制台上都会专门布置周期指示仪表，也会设置周期保护系统，当反应堆周期低于 30 s 时，反应堆保护系统介入，控制棒及时插入，降低反应堆的有效增殖因子 k_{eff} 值；如果出现更短的周期，反应堆的安全棒下落，确保紧急安全停堆。

通过反应性方程可以得到计算反应堆周期的倒时方程，将 $T=1/\omega$ 代入

式(2-38)或式(2-39),有

$$\rho=\frac{\Lambda}{T}+\sum_{i}\frac{\beta_i}{1+\lambda_i T} \tag{2-53}$$

或

$$\rho=\frac{l}{k_{\mathrm{eff}}T}+\sum_{i}\frac{\beta_i}{1+\lambda_i T} \tag{2-54}$$

由此可见,给定反应性 ρ 便可以求出反应堆的周期。倒时方程是周期法测量反应堆反应性的理论基础。在式(2-53)和式(2-54)中,等号右边的第一项表示瞬发中子对反应性的贡献,第二项表示缓发中子对反应性的贡献。

目前,尽管反应性单位很少使用倒时,但倒时方程仍然被广泛地使用。接下来,我们研究几种不同的反应性 ρ_0 引入情况下反应堆稳定周期的近似。

当引入的反应性很小 (ρ_0 远小于 β) 时,可以认为 ω_1 很小,即

$$|\omega_1|\ll\lambda_1<\lambda_2\cdots<l^{-1} \tag{2-55}$$

由式(2-39)可得

$$\rho_0\approx\omega_1 l+\omega_1\sum_{i=1}^{6}\beta_t/\lambda_i \tag{2-56}$$

于是

$$T=\frac{1}{\omega_1}\approx\frac{1}{\rho_0}\left(l+\sum_{i=1}^{6}\frac{\beta_t}{\lambda_i}\right)=\frac{\bar{l}}{\rho_0} \tag{2-57}$$

式(2-57)中圆括号内是考虑缓发中子的裂变中子平均寿命。一般来说,l 是一个很小的量,因而式(2-57)可以简化为

$$T\approx\frac{1}{\rho}\sum_{i}\beta_i/\lambda_i=\frac{1}{\rho}\sum_{i}\beta_i t_i \tag{2-58}$$

因而当引入的正反应性很小时,反应堆周期与瞬发中子寿命无关,而与引入的反应性值成反比,并且仅仅取决于缓发中子的平均寿命。

当引入的反应性很大 (ρ_0 远大于 β) 时,ω_1 比较大,可以认为 ω_1 远大于 λ_i,由式(2-38)可得

$$\rho_0\approx\Lambda\omega_1+\beta \tag{2-59}$$

或

$$T = \frac{1}{\omega_1} \approx \frac{\Lambda}{\rho_0 - \beta} \approx \frac{\Lambda}{\rho_0} \tag{2-60}$$

如果引入的反应性很大，则反应堆的响应特性主要取决于瞬发中子的代时间。

当引入的反应性等于β时，这时单纯依靠瞬发中子就可以使反应堆达到临界，称为瞬发临界。当$\rho_0 < \beta$时，反应堆达到临界时尚需要缓发中子的贡献，因而反应堆在时间特性上会受到先驱核β衰变时间的影响，当$0 < \rho_0 < \beta$时，称为缓发临界。当$\rho_0 > \beta$时，称为瞬发超临界，此时反应堆即便不考虑缓发中子，其有效增殖因子仍然大于1，单单靠瞬发中子就可以让链式裂变反应维持下去，即缓发中子在决定反应堆周期方面不起作用，反应堆功率将会以瞬发中子导致的极短周期迅速上升，导致反应堆失控。在反应堆运行中，应该严格避免发生瞬发临界。当ρ_0为很大的负反应性时，稳定周期T将接近于$1/\lambda_1$，即约为80 s。当向临界反应堆内引入大的负反应性，使堆芯突然停堆，则中子通量密度迅速下降，在短时间内瞬变项衰减后，中子通量密度将会继续下降。值得注意的是，在推导倒时公式时，并没有考虑到外中子源项，但其实如果考虑外中子源项时，倒时方程的形式也并没有变化。

2.5 嬗变反应堆的燃耗特性

通常来说，反应堆的动态问题除了研究中子通量密度和功率随时间的快速变化（一般以秒为单位度量）外，还需要研究反应堆内核燃料同位素和裂变产物同位素随时间的变化，以及它们对反应堆反应性和中子通量分布的影响，对于这种反应堆的动态问题，堆芯物理量的变化相对较慢（一般以小时或日为单位度量），称这一类问题为嬗变反应堆的燃耗特性分析。本节将着重讨论嬗变反应堆的燃耗特性、燃耗方程、反应堆燃料的初始成分和卸料成分，以及在燃耗过程中堆芯反应性变化的关键影响因素等相关内容。

2.5.1 燃料燃耗

在辐照过程中，核燃料燃耗可分为多个过程，其中主要包括重核的裂变、β或α衰变，可裂变核发生俘获反应转变为易裂变核，并伴有放射性衰变，裂变产物可能起吸收中子的作用。随着反应堆的燃耗变化，燃料中各类核素的含量会发生明显变化。图 2－17 以 1 kg ^{238}U 在快堆内完全通过裂变反应（自身裂变及其俘获产物裂变）而消失的过程为例，阐述不同超铀核素在燃耗过程中的变化行为。采用三种单位表示出燃耗深度：① 发生裂变的原子百分比（单位为%）；② 能量释放量（单位为 J/kg），假设各种核素裂变过程中释放能量均为 200 MeV 时，随着燃耗的进行，每千克燃料释放的能量会不断增加；③ 功率历史表征的燃耗（MW・d/tHM），该方法将裂变产生能量表示为功率与运行有效时间的乘积，更便于在设计分析中使用，1% 原子燃耗近似等于 10 000 MW・d/tHM。^{238}U 含量随燃耗进行近似地呈线性减少，产生^{239}Pu 的速率也在减小。燃耗初期，^{239}Pu 质量快速增加，^{240}Pu、^{241}Pu 和^{242}Pu 的增加速率随质量数的增加而减小。当^{239}Pu 的产生速率与裂变速率相同时，^{239}Pu 质量到达峰值，随着燃耗深度进一步加深，其质量就会逐渐减小。^{243}Pu、镅同位素和锔同位素因其产生质量较小，其变化行为并未能充分体现出来。

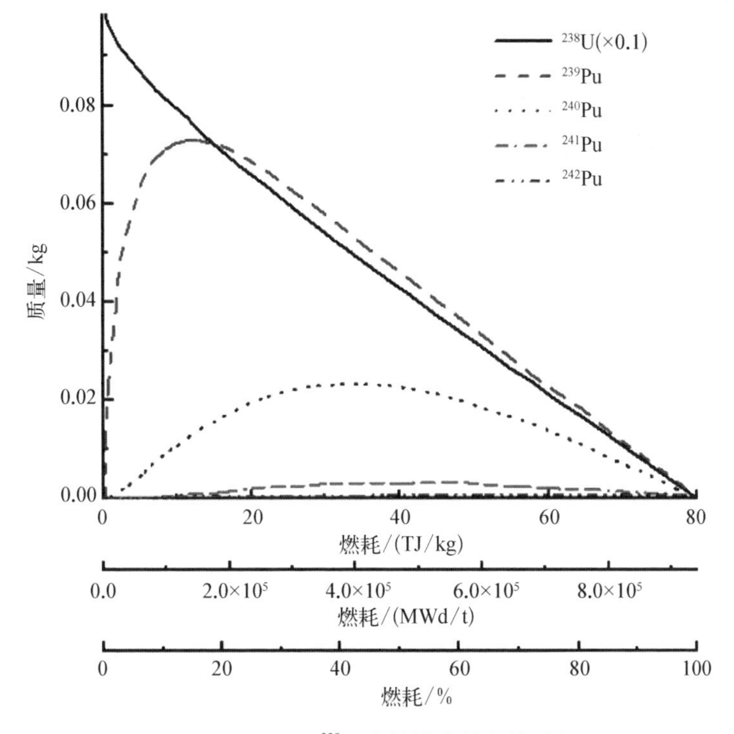

图 2－17　1 kg ^{238}U 在快堆内燃耗的过程

图 2－18 给出了图 2－17 中各种钚同位素相对份额随着燃耗变化的行为。燃耗初期，最先产生的核素为^{239}Pu，其相对份额为 100%；随着^{239}Pu 的累

积，^{240}Pu 等核素相继产生，且其份额逐渐增大；最终各核素产生量与消耗量(裂变和俘获)相等时就会达到平衡。由图可以看出，对于快谱堆芯而言，卸料时 Pu 同位素的比值与燃耗深度有关。在多次循环后 Pu 各同位素会达到一个稳定的比例，具体的数值与堆型密切有关。

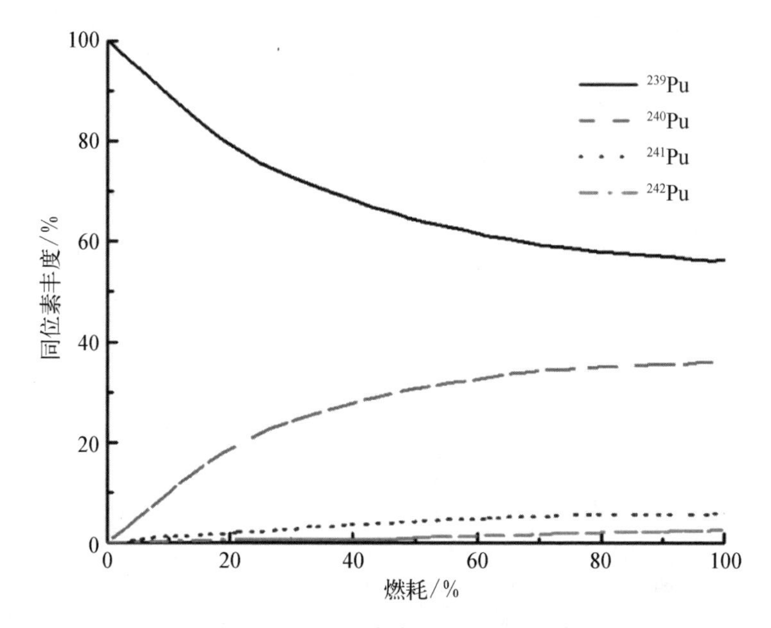

图 2-18　Pu 同位素成分随着燃耗的变化

图 2-19 给出了一个理想化铀循环反应堆在连续补给可裂变核素^{238}U时，各种同位素质量随着燃耗的变化。该反应堆热功率为 2 500 MW，堆芯含有 7.4 t 易裂变和可裂变燃料。^{239}Pu 初始富集度为 23%，其浓度随着易裂变核素^{241}Pu 浓度积累呈下降趋势，意味着维持裂变反应所需的 Pu 同位素的富集度在持续下降。

图 2-20 给出了钍循环系统中各核素的变化行为。该反应堆热功率为 2 500 MW，堆芯含有 7.4 t 易裂变和可裂变燃料。为保证初始装料可临界，初期装载大量的^{239}Pu。由于铀同位素产生过程较为缓慢，且平衡时相对份额不足以维持临界，需持续供应^{239}Pu。由图中也可看出，^{237}U 和^{238}U 的累积过程极为缓慢且相对量较小。相比铀循环，钍循环过程中产生高毒性的超铀核素量很小。

然而，图 2-19 和图 2-20 仅是理论结果，因为在实际中可裂变核素的补给不是连续的，而是在换料期间按批次装载的。目前燃料可达到的最大燃耗

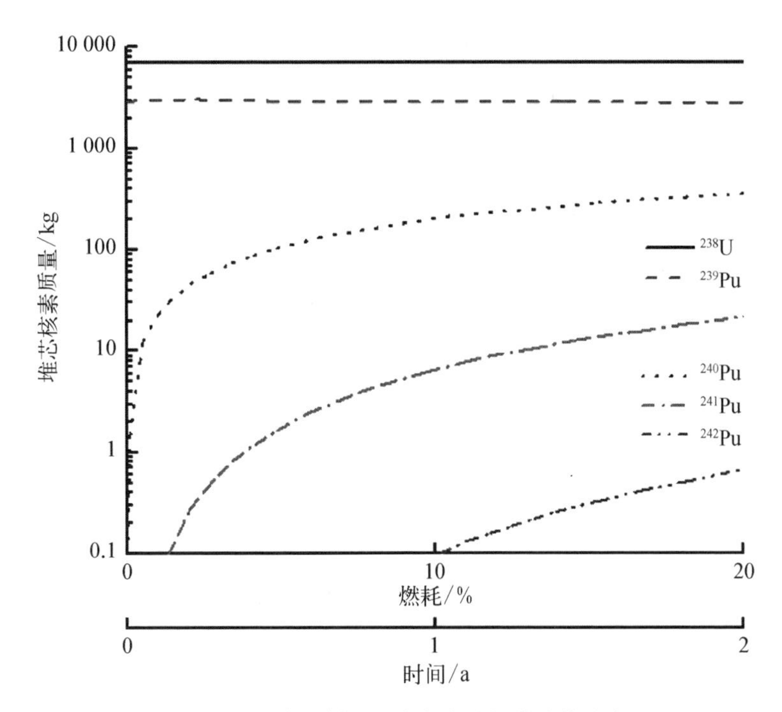

图 2 - 19　在铀循环反应堆中燃料成分的演变

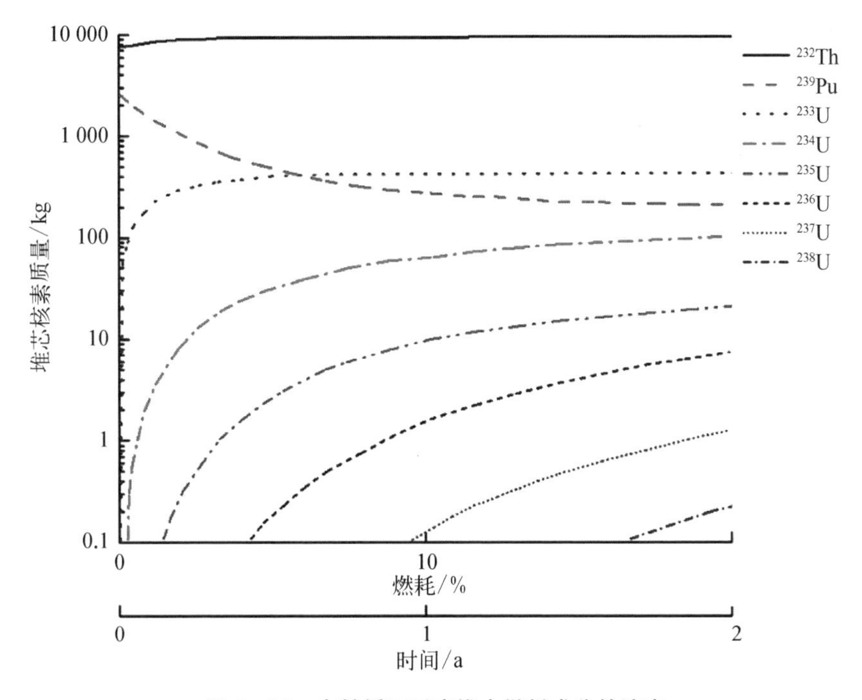

图 2 - 20　在钍循环反应堆中燃料成分的演变

深度约为 20%，此时在铀循环反应堆中的钚包含大约 77% ^{239}Pu 和 21% ^{240}Pu。如果需要获得更高的 ^{239}Pu 相对份额(高纯钚)，需要更早地(约为百分之几的燃耗深度时)取出燃料进行后处理。

图 2-21 给出了典型快堆中燃料成分的变化情况，假设堆芯启动和每次换料后装载的钚都是纯的 ^{239}Pu。运行期间 ^{238}U 和 ^{239}Pu 质量不断减小，需通过提升控制棒来保证系统维持临界。在每个运行周期末，取出部分经过辐照的燃料，装载较高钚富集度的新燃料，对上一运行周期内消耗的钚进行补偿。取出的燃料通过进一步的后处理，将 Pu 同位素分离出来用于制作燃料。在整个燃耗过程中，较高钚同位素持续产生且相对份额也在逐渐增加。

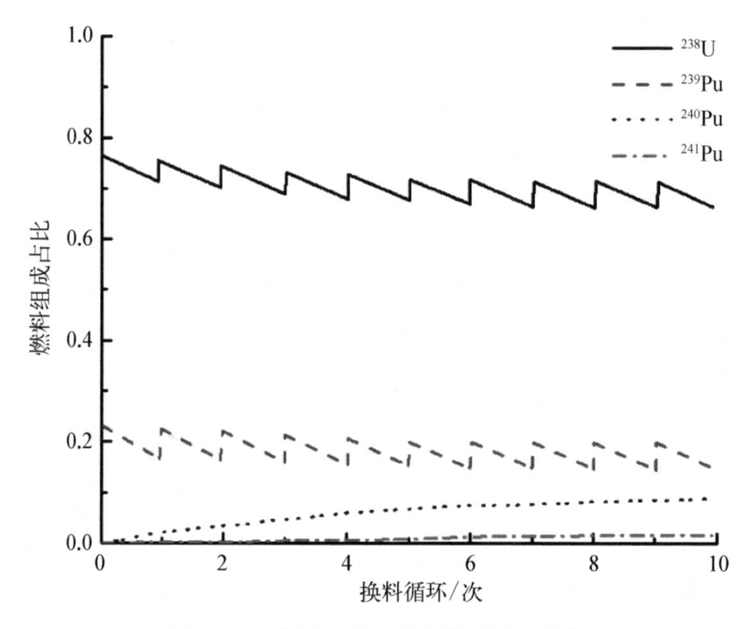

图 2-21　运行时反应堆燃料组成的变化

2.5.2　燃耗方程

一般来说，核燃料燃耗通过需要求解贝特曼(Bateman)方程来完成的，可以表示为

$$\frac{\mathrm{d}n_i(t)}{\mathrm{d}t}=-\left(\sigma_i^T\varphi+\sum_j\lambda_{i,j}\right)n_i+\sum_{j\neq i}(\sigma_{j,i}^c\varphi+\lambda_{j,i})n_j$$

式中，n 为单位体积 i 核素数量，$\lambda_{i,j}$ 是 i 核到对 j 核的衰变常数，$\sigma_{i,j}^c$ 是 i 核

生成 j 核的俘获截面，σ_i^T 是 i 核的总截面，它是俘获截面和裂变截面的总和，φ 是中子通量。这些方程可以归纳为矩阵形式

$$\frac{\mathrm{d}n}{\mathrm{d}t}=\boldsymbol{A}n$$

为了突出核燃料在燃耗过程中的主要变化趋势，我们考虑一个只有三种核的简化模型，即可裂变核、易裂变核和裂变产物核。燃料以 $S(t)$ 的速率补充到可裂变核中，吸收截面表示为 $\sigma^{(a)}$，裂变截面表示为 $\sigma^{(f)}$，n_{cap} 和 n_{fis} 分别表示俘获核和裂变核的数目，故 $\sigma_{\mathrm{cap}}^{(a)}$ 和 $\sigma_{\mathrm{fis}}^{(f)}$ 分别表示俘获核吸收微观截面和裂变核的裂变微观截面。原子核的变化由系统给出：

$$\frac{\mathrm{d}n_{\mathrm{cap}}}{\mathrm{d}t}=-n_{\mathrm{cap}}\sigma_{\mathrm{cap}}^{(a)}\varphi+S(t) \tag{2-61}$$

$$\frac{\mathrm{d}n_{\mathrm{fis}}}{\mathrm{d}t}=n_{\mathrm{cap}}\sigma_{\mathrm{cap}}^{(a)}\varphi-n_{\mathrm{fis}}\sigma_{\mathrm{fis}}^{(a)}\varphi \tag{2-62}$$

$$\frac{\mathrm{d}n_{\mathrm{fp}}}{\mathrm{d}t}=n_{\mathrm{fis}}\sigma_{\mathrm{fis}}^{(f)}\varphi \tag{2-63}$$

式中，n_{fp} 是裂变产物对的数量。为了讨论燃料燃耗的特征，简化假设可裂变核数保持不变。只要易裂变部分燃耗时间特性比可裂变部分燃耗时间特性短很多，该假设就是近似有效的，可得

$$\frac{\mathrm{d}n_{\mathrm{cap}}}{\mathrm{d}t}=0$$

得到的裂变核数表示为

$$n_{\mathrm{fis}}(t)=\frac{1}{\sigma_{\mathrm{fis}}^{(a)}}\{n_{\mathrm{cap}}\sigma_{\mathrm{cap}}^{(a)}[1-\exp(-\sigma_{\mathrm{fis}}^{(a)}\varphi t)]+n_{\mathrm{fis}}(0)\sigma_{\mathrm{fis}}^{(a)}\exp(-\sigma_{\mathrm{fis}}^{(a)}\varphi t)\} \tag{2-64}$$

式中，$n_{\mathrm{cap}}\sigma_{\mathrm{cap}}^{(a)}[1-\exp(-\sigma_{\mathrm{fis}}^{(a)}\varphi t)]$ 表示可裂变核转化为易裂变核导致 $n_{\mathrm{fis}}(t)$ 的上升。$n_{\mathrm{fis}}(0)\sigma_{\mathrm{fis}}^{(a)}\exp(-\sigma_{\mathrm{fis}}^{(a)}\varphi t)$ 项对应于在初始时刻存在的易裂变核发生裂变的消失数。$n_{\mathrm{fis}}(t)$ 在很多时候趋向于一个平衡值 $n_{\mathrm{fis}}^{(\mathrm{equ})}=n_{\mathrm{cap}}\frac{\sigma_{\mathrm{cap}}^{(a)}}{\sigma_{\mathrm{fis}}^{(a)}}$。如果 $n_{\mathrm{fis}}(0)<n_{\mathrm{fis}}(\mathrm{equ})$，裂变核数量会随时间增加，因此反应堆为增殖型。相反，如果 $n_{\mathrm{fis}}(0)>n_{\mathrm{fis}}(\mathrm{equ})$，反应堆为焚烧堆。裂变产物数目可表达为

$$n_{\mathrm{fp}}(t)=tn_{\mathrm{cap}}\sigma_{\mathrm{cap}}^{(\mathrm{a})}\varphi+n_{\mathrm{cap}}\frac{\sigma_{\mathrm{cap}}^{(\mathrm{a})}}{\sigma_{\mathrm{fis}}^{(\mathrm{a})}}[\exp(-\sigma_{\mathrm{fis}}^{(\mathrm{a})}\varphi t)-1] \tag{2-65}$$
$$+n_{\mathrm{fis}}(0)[1-\exp(-\sigma_{\mathrm{fis}}^{(\mathrm{a})}\varphi t)]$$

在这里，第一项对应于可裂变核的线性消耗，第二项对应于从可裂变核形成易裂变核，最后一项对应于初始装载裂变核的消失。在大部分情况下，第一项占优势。如果已知浓度的变化，我们就可以得到倍增因子 k_{∞} 的变化

$$k_{\infty}(t)=\frac{\eta n_{\mathrm{fis}}(t)\sigma_{\mathrm{fis}}^{(\mathrm{a})}}{n_{\mathrm{cap}}\sigma_{\mathrm{cap}}^{(\mathrm{a})}+n_{\mathrm{fis}}(t)\sigma_{\mathrm{fis}}^{(\mathrm{a})}+n_{\mathrm{fp}}(t)\sigma_{\mathrm{fp}}^{(\mathrm{a})}+P(t)} \tag{2-66}$$

式中，η 是有效裂变中子数，$P(t)$ 是结构材料、控制棒吸收或泄漏出反应堆的中子数。在临界反应堆中，通过调制 $P(t)$ 来保持临界的条件。

2.5.3 初始成分和卸料成分

本节将提出一种近似方法来计算新燃料中所需的钚成分、卸出燃料的成分、燃料循环过程中的反应性损失。为估算增殖率提供依据，这个简化的模型基于对一个零维堆芯计算。因此，只讨论堆芯部分，对增殖区的分析显然需要进行与空间有关的计算。通过这个简化模型，提出了燃料循环计算的基本思路。

反应堆内初始的钚成分是堆芯临界的关键因素，在燃料循环结束时，所有的控制棒都要取出来。针对关键物理量进行如下定义：E 表示燃料中 Pu 的原子分数；Q 表示卸料燃料的循环次数；q 表示循环指数，其中新燃料时 $q=0$，第 1 循环后燃料 $q=1$，以此类推，卸出燃料 $q=Q$；$N_m^{(q)}$ 表示如果堆芯都是由这批材料组成，那么 q 个循环后的这批材料的原子密度；$N_{m,\mathrm{b}}$ 表示循环开始时的平均原子密度(即所有批次的平均原子密度)；$N_{m,\mathrm{e}}$ 表示循环结束时的平均原子密度(即所有批次的平均原子密度)；N_m 表示循环期间的平均原子密度(即在所有批次和整个循环期间的平均原子密度)；k_{b} 表示循环开始时，提出控制棒的临界因子；k_{e} 表示在循环结束时，提出控制棒的临界因子；$E(V)$、$w(V)$、$k(V)$ 表示第 V 次迭代的变量；$v_{\mathrm{f}m}$ 表示每次裂变释放的平均中子数，$\sigma_{\mathrm{f}m}$ 表示裂变材料的微观裂变截面，$\sigma_{\mathrm{a},m}$ 表示材料的微观吸收截面；$\Sigma_{\mathrm{c,nf}}$ 表示非燃料材料的宏观俘获截面；DB^2 表示单组扩散系数和曲率的乘积；t_{c} 表示换料间隔或一个循环的持续时间，时间以秒为单位；B 表示燃耗(MW·d/kg 金属)。在循环开始和结束时的平均原子密度为

$$N_{m,\,\mathrm{b}}=\frac{1}{Q}\sum_{q=0}^{Q-1}N_m^{(q)} \tag{2-67}$$

$$N_{m,\,\mathrm{e}}=\frac{1}{Q}\sum_{q=1}^{Q}N_m^{(q)} \tag{2-68}$$

临界计算近似于一组中子平衡，而在实际设计燃料循环程序中，每个临界计算将返回到空间多群程序

$$k_b=\frac{\sum_{m=1}^{5}v_{fm}\sigma_{fm}N_{m,\,\mathrm{b}}}{\sum_{m=1}^{8}\sigma_{\mathrm{a},\,m}N_{m,\,\mathrm{b}}+\Sigma_{\mathrm{c,\,nf}}+DB^2} \tag{2-69}$$

$$k_e=\frac{\sum_{m=1}^{5}v_{fm}\sigma_{fm}N_{m,\,\mathrm{e}}}{\sum_{m=1}^{8}\sigma_{\mathrm{a},\,m}N_{m,\,\mathrm{e}}+\Sigma_{\mathrm{c,\,nf}}+DB^2} \tag{2-70}$$

假设已知钚燃料的同位素组成，一旦确定钚原子分数，就可以获得所有的初始燃料原子密度。假设已知换料间隔 t_c 和负载因子 f，t_c 一般为 1 年。从对钚的初次和第二次假设开始，$E^{(1)}$ 和 $E^{(2)}$ 用于前两次迭代。对于第三个和后续的迭代，$E^{(V+1)}$ 将根据用户选择的收敛方案，从 $E^{(V)}$ 和 $E^{(V-1)}$ 与 $k^{(V)}$ 和 $k^{(V-1)}$ 的比较中插值(或外推)得到。当 $k^{(V)}$ 足够接近统一时，终止迭代过程。每一次迭代都应该重新计算中子通量，即使迭代之间的变化很小

$$\varphi^{(V+1)}=\frac{2.9\times10^{16}P_{\mathrm{core}}}{V_{\mathrm{core}}\sum_{m=1}^{5}\overline{N}_m^{(V)}\sigma_{\mathrm{f}m}} \tag{2-71}$$

式中，P_{core} 和 V_{core} 分别表示堆芯的功率(单位为 MW)和体积(单位为 m^3)。值得注意的是用平均原子密度 N_m 做分母，因此，中子通量是在周期中的平均中子通量。在第一次迭代中，$\varphi^{(1)}$ 是用 $N_{m,\,0}$ 的估算值代替 N_m 计算的。

$$z^{(V)}=\varphi^{(V)}ft_\mathrm{c} \tag{2-72}$$

在迭代计算结束时，可以计算出初始临界因子、燃耗和增殖比。卸料成分 N_{md} 已经可以从 BURNER 计算得到，即 $N(0)$ 该循环的反应性为

$$\Delta k_{\mathrm{cycle}}=k_\mathrm{b}-1 \tag{2-73}$$

我们研究卸料燃料的燃耗以 MW·d/kg 金属为单位。卸料燃料满负荷运转的时间为 $Qft_c/86\,400$ 天；堆芯中重原子(U+Pu)的质量为 $\rho_f F_f V_{core} 238/270$；其中重原子密度 ρ_f 单位为 kg/m^3，V_{core} 单位为 m^3，F_f 为燃料体积分数。因此，卸料燃料的燃耗表达式为

$$B=\frac{P_{core}(\mathrm{MW})Qft_c/86\,400}{\rho_f F_f V_{core} 238/270} \tag{2-74}$$

2.5.4 堆芯反应性变化

随着燃耗过程中燃料组分的变化，堆芯的反应性也发生变化。对于 ADS 系统，可调节加速器束流强度或使用控制棒组件调节堆芯反应性，保证反应堆输出功率不变。然而从 ADS 系统的潜在应用场景而言，需设计为不设置控制棒组的堆芯，提高嬗变或增殖过程的可利用中子，这可降低系统的复杂度以及建造成本。这意味着 ADS 系统必须在各种可能的工况下(特别是装换料期间)保持次临界水平并留有足够的安全裕量。另外，次临界状态的确定需要发展新的方法进行反应性的测量与监督。基于此方面的考虑，建议无控制棒组的 ADS 系统 k_{eff} 选择为 0.95～0.97，要求堆芯设计者提出的堆芯方案在燃料循环周期内的反应性波动尽量小。

ADS 系统依靠加速器束流强度实现系统功率的控制。假设燃料循环周期内 k_{eff} 从 0.99(1%的停堆裕量)变化为 0.96，此时需要束流强度发生 4 倍的变化以保证运行期间堆芯功率保持一致。这不仅要求加速器达到很高的功率，且其运行过程需要具有高度的可靠性，从而增加了加速器的研发建造成本。此外，4 倍的束流功率变化也会增加系统对于无保护超功率事故的安全要求。为降低 ADS 对加速器系统的要求，部分学者提出将 ADS 设置为使用控制棒组的系统，同时将堆芯运行在浅次临界下，如 $k_{eff}\approx 0.995$，以降低束流强度对稳态功率的要求。

反应堆短期的燃料燃耗和温度变化可能导致反应性的变化。对于热中子反应堆，^{135}Xe 和 ^{149}Sm 的俘获截面非常大，导致了堆芯的反应性变化。在 Th-U 循环的情况下，由于 ^{233}Pa 的半衰期为 27 天，热中子反应堆和快中子反应堆都会产生一定的影响。首先分析这种效应，^{233}U 是由 ^{232}Th 俘获中子，然后由两个衰变形成的

$$^{232}\mathrm{Th}+\mathrm{n}\rightarrow {}^{233}\mathrm{Th}\xrightarrow[22.3\ \mathrm{min}]{\beta^-}{}^{233}\mathrm{Pa}\xrightarrow[26.97\mathrm{d}]{\beta^-}{}^{233}\mathrm{U} \tag{2-75}$$

在使用固体燃料时，质子的存在限制了中子通量。这是 Pa 的两个有害影响造成的：第一，Pa 能俘获中子，从而降低反应堆的反应性；第二，反应堆停止后，^{233}Pa 衰减为^{233}U，导致堆芯的反应性和有效增殖因子的增加，甚至有可能导致反应堆达到临界。上述变化的特征时间约为^{233}Pa 的半衰期，即 1 个月左右。Th－Pa－U 系统的燃耗方程如下：

$$\frac{dn_{Th}}{dt}=-n_{Th}\sigma_{Th}^{(a)}\varphi+S(t) \tag{2-76}$$

$$\frac{dn_{Pa}}{dt}=n_{Th}\sigma_{Th}^{(a)}\varphi-\lambda n_{Pa}-n_{Pa}\sigma_{Pa}^{(a)}\varphi \tag{2-77}$$

$$\frac{dn_{U}}{dt}=-\lambda n_{Pa}-n_{U}\sigma_{U}^{(a)}\varphi \tag{2-78}$$

因此，在平衡时，Th－Pa－U 系统的燃耗方程转换为如下：

$$\frac{n_{Pa}}{n_{Th}}=\frac{\sigma_{Th}^{(a)}\varphi}{\lambda+\sigma_{Pa}^{(a)}\varphi} \tag{2-79}$$

$$\frac{n_{U}}{n_{Th}}=\frac{n_{Pa}}{n_{Th}}\frac{\lambda}{\sigma_{U}^{(a)}\varphi}=\frac{\lambda\sigma_{Th}^{(a)}}{\sigma_{U}^{(a)}(\lambda+\sigma_{Pa}^{(a)}\varphi)} \tag{2-80}$$

对于热中子，$\sigma_{Pa}(a)=43$ b；对于快中子，$\sigma_{Pa}(a)=1.12$ b。如果 $\varphi>\lambda/\sigma_{Pa}(a)$，即热中子反应堆的 $\varphi>7\times10^{15}$ cm^{-2} · s^{-1}，快中子反应堆的 $\varphi>2.7\times10^{17}$ cm^{-2} · s^{-1}。因此，在反应堆平衡情况下可得 $\frac{n_{Pa}}{n_{Th}}=\frac{\sigma_{Th}^{(a)}\varphi}{\lambda}$，$\frac{n_{U}}{n_{Th}}=\frac{\sigma_{Th}^{(a)}}{\sigma_{U}^{(a)}}$。可以看出，Pa 的含量是中子通量的一种量度，它正比于反应堆的比功率，也正比于裂变密度 $\nu_c=n_U\sigma_U^{(f)}\varphi=\frac{n_U\sigma_U^{(a)}\varphi}{1+\alpha}$。比功率是反应堆设计的限制因素，采用铀俘获的数量来表示 Pa 对反应性的影响，无限增殖因子 k_∞ 可表示为

$$k_\infty=\eta\frac{n_U\sigma_U^{(a)}}{n_U\sigma_U^{(a)}+n_{Th}\sigma_{Th}^{(a)}+n_{Pa}\sigma_{Pa}^{(a)}+P} \tag{2-81}$$

$$k_\infty=\eta\frac{1}{2+\frac{\sigma_{Pa}^{(a)}\nu_c(1+\alpha)}{\lambda n_{Th}\sigma_{Th}^{(a)}}+\frac{P}{n_{Th}\sigma_{Th}^{(a)}}} \tag{2-82}$$

式中，P 是结构材料、控制棒吸收或泄漏出反应堆的中子数，$n_{Th}\sigma_{Th}^{(a)}=n_U\sigma_U^{(a)}$。

在中子辐照过程中，k_∞ 有所降低

$$\frac{\Delta k_\infty}{k_\infty}=\frac{\sigma_{Pa}^{(a)}\nu_c(1+\alpha)}{\lambda n_{Th}\sigma_{Th}^{(a)}}\cdot\frac{k_\infty}{\eta} \tag{2-83}$$

对于热中子反应堆，$\sigma_{Pa}(a)/\sigma_{Th}(a)=74$；而对于快中子反应堆，$\sigma_{Pa}(a)/\sigma_{Th}(a)=24$。因此，对于给定的 k_∞ 下降，快中子反应堆特定功率允许比热中子反应堆特定功率大 3 倍。反应堆停止后，Pa 会衰变为 ^{233}U，导致 k_∞ 的增加。经过一段时间后，k_∞ 的最终值将变为

$$k_\infty^{(as)}=\eta\frac{1+\dfrac{n_{Pa}\sigma_U^{(a)}}{n_{Th}\sigma_{Th}^{(a)}}}{2+\dfrac{n_{Pa}\sigma_U^{(a)}}{n_{Th}\sigma_{Th}^{(a)}}+\dfrac{P}{n_{Th}\sigma_{Th}^{(a)}}} \tag{2-84}$$

由于反应性的扰动很小，可以写出 k_∞ 相对于未扰动值的变化为

$$\frac{\Delta k_\infty}{k_\infty}=\frac{\dfrac{n_{Pa}\sigma_U^{(a)}}{n_{Th}\sigma_{Th}^{(a)}}}{1}-\frac{\dfrac{n_{Pa}\sigma_U^{(a)}}{n_{Th}\sigma_{Th}^{(a)}}}{2+\dfrac{P}{n_{Th}\sigma_{Th}^{(a)}}}\approx 0.5\frac{\nu_c(1+\alpha)}{n_{Th}\sigma_{Th}^{(a)}}\frac{\sigma_U^{(a)}}{\lambda} \tag{2-85}$$

为了估计真正的反应性偏移，必须考虑辐照过程中反应性的减少，使总的反应性最大偏移为

$$\frac{\Delta k_\infty}{k_\infty}=\frac{\nu_c(1+\alpha)}{\lambda n_{Th}\sigma_{Th}^{(a)}}\left[0.5\sigma_U^{(a)}+\frac{k_\infty}{\eta}\sigma_{Pa}^{(a)}\right] \tag{2-86}$$

对于快中子反应堆，$\dfrac{\Delta k_\infty}{k_\infty}=1.4\times10^7\dfrac{\nu_c(1+\alpha)}{n_{Th}}$；对于热中子反应堆，$\dfrac{\Delta k_\infty}{k_\infty}=1.6\times10^8\dfrac{\nu_c(1+\alpha)}{n_{Th}}$，可以看到热中子系统的比功率限制比快中子系统的比功率限制要严格近十倍。当$\dfrac{\Delta k_\infty}{k_\infty}=2\times10^{-2}$，快中子系统的俘获密度为 3×10^3，热中子系统的俘获密度为 2.5×10^{12}。快中子系统的俘获密度的量级为 4×10^{15}，热中子系统的则为 4×10^{13}。总之，如果要使用固体燃料和 Th－U 循环，Pa 效应更有利于快中子反应堆。

反应堆中存在一些裂变产物，如 ^{135}Xe 和 ^{149}Sm，对热中子有很大的吸收截

面。它们不是直接由裂变反应产生，而是在先驱裂变碎片的衰变过程中产生的。具体过程的衰变链如下：

$$^{135}\mathrm{I}\xrightarrow[6.7\mathrm{h}]{\beta}{}^{135}\mathrm{Xe}\xrightarrow[9.2\mathrm{h}]{\beta}{}^{135}\mathrm{Cs}\xrightarrow[2.6\times10^{6}\mathrm{a}]{\beta}{}^{135}\mathrm{Ba} \tag{2-87}$$

$$^{149}\mathrm{Nd}\xrightarrow[2\mathrm{h}]{\beta}{}^{149}\mathrm{Pm}\xrightarrow[54\mathrm{h}]{\beta}{}^{149}\mathrm{Sm} \tag{2-88}$$

^{135}Xe 对热中子(0.025 eV)的吸收截面为 2.7×10^{6} b，而 ^{149}Sm 对热中子的吸收截面为 40 800 b。由于 ^{135}Xe 的主导效应，针对氙效应的进行推导，其燃耗方程式如下：

$$\frac{\mathrm{d}n_{\mathrm{I}}}{\mathrm{d}t}=y_{\mathrm{I}}\Sigma_{\mathrm{f}}\varphi-\lambda_{\mathrm{I}}n_{\mathrm{I}} \tag{2-89}$$

$$\frac{\mathrm{d}n_{\mathrm{Xe}}}{\mathrm{d}t}=\lambda_{\mathrm{I}}n_{\mathrm{I}}-\lambda_{\mathrm{Xe}}n_{\mathrm{Xe}}-n_{\mathrm{Xe}}\sigma_{\mathrm{Xe}}\varphi \tag{2-90}$$

我们忽略了碘的俘获反应，y_{I} 是 ^{135}Xe 的裂变产额。在平衡状态下

$$n_{\mathrm{I}}=\frac{y_{\mathrm{I}}\Sigma_{\mathrm{f}}\varphi}{\lambda_{\mathrm{I}}} \tag{2-91}$$

$$n_{\mathrm{Xe}}=\frac{y_{\mathrm{I}}\Sigma_{\mathrm{f}}\varphi}{\lambda_{\mathrm{Xe}}+\sigma_{\mathrm{Xe}}\varphi} \tag{2-92}$$

当中子通量为 $4\times10^{13}\ \mathrm{cm^{-2}\cdot s^{-1}}$ 时，与 $\lambda_{\mathrm{Xe}}=2\times10^{-5}$ 比较，$\sigma_{\mathrm{Xe}}\varphi=10^{-4}$。因此

$$n_{\mathrm{Xe}}\approx\frac{y_{\mathrm{I}}\Sigma_{\mathrm{f}}}{\sigma_{\mathrm{Xe}}} \tag{2-93}$$

由此可得

$$\frac{\Delta k_{\infty}}{k_{\infty}}\approx-\frac{y_{\mathrm{I}}}{2}=-0.03 \tag{2-94}$$

反应堆停堆后，氙浓度的变化表示如下：

$$\frac{\mathrm{d}n_{\mathrm{I}}}{\mathrm{d}t}=-\lambda_{\mathrm{I}}n_{\mathrm{I}} \tag{2-95}$$

$$\frac{\mathrm{d}n_{\mathrm{Xe}}}{\mathrm{d}t}=\lambda_{\mathrm{I}}n_{\mathrm{I}}-\lambda_{\mathrm{Xe}}n_{\mathrm{Xe}} \tag{2-96}$$

进而可得

$$n_{\mathrm{Xe}}(t)=y_{\mathrm{I}}\Sigma_{\mathrm{f}}\varphi\exp(-\lambda_{\mathrm{Xe}}t)\left\{\frac{1}{\sigma_{\mathrm{Xe}}\varphi}+\frac{1-\exp[-(\lambda_{\mathrm{I}}-\lambda_{\mathrm{Xe}})t]}{\lambda_{\mathrm{I}}-\lambda_{\mathrm{Xe}}}\right\} \tag{2-97}$$

从式(2-93)可以明显看出，初始氙浓度与中子通量无关。在临界反应堆中，如果没有足够大的正反应性储备，反应性的降低可以阻止反应堆重新启动。ADS 系统可以在任何时间重新启动，即便是在氙浓度高的情况下。但如果热中子反应堆停止足够长的时间，氙浓度消失，堆芯反应性比运行期间的反应性大 0.003 5。

任何反应堆的反应性一般都依赖于温度的变化。考虑到反应堆的安全运行，临界反应堆需要具有负的反应性温度系数。例如，压水堆的温度系数为 $5\times10^{-5}\sim5\times10^{-4}$/℃，这意味着压水堆在零功率下的反应性比名义功率下的高 0.015～0.03。快中子反应堆温度系数通常比热反应堆小，而钠冷却快堆的约为 10^{-5}/℃。所以，快中子反应堆的温度系数更有利，堆芯具有更高的安全性。

参考文献

[1] Sublet J C, Eastwood J W, Morgan J G, et al. The FISPACT-II user manual[R]. United Kingdom: UK Atomic Energy Authority, 2016.

[2] 谢仲生，邓力. 中子输运理论数值计算方法[M]. 西安：西北工业大学出版社，2005.

[3] 孙梦萍. 先进核能系统精细群状核数据库的研制与测试[D]. 合肥：中国科学技术大学，2015.

[4] Xu D, He Z, Zou J, et al. Production and testing of HENDL-2.1/CG coarse-group cross-section library based on ENDF/B-VII.0[J]. Fusion Engineering and Design, 2010, 85(10): 2105-2110.

[5] MacFarlane R E, Muir D W, Boicourt R M, et al. The NJOY nuclear data processing system[R]. United States: Los Alamos National Lab, 2017.

[6] Wu Y C. CAD-based interface programs for fusion neutron transport simulation [J]. Fusion Engineering and Design, 1987, 84(7-11): 1987-1992.

[7] 姜韦. 基于启明星Ⅱ号零功率装置的堆靶耦合中子学实验和模拟研究[D]. 合肥：中国科学技术大学，2018.

[8] Leppanen J, Pusa M, Vitanen T, et al. The serpent Monte Carlo code: status,

development and applications in 2013[J]. Annals of Nuclear Energy, 2015, 82: 142 - 150.

[9] Lindley B A, Hosking J G, Smith P J, et al. Current status of the reactor physics code WIMS and recent developments[J]. Annals of Nuclear Energy, 2017, 102: 148 - 157.

[10] Azmy Y Y. Applications of the discrete ordinates of oak ridge system (DOORS) package to nuclear engineering problems[R]. United States: The Pennsylvania State University, 2004.

[11] Chen J, Liu Z Y, Zhao C, et al. A new high-fidelity neutronics code NECP - X[J]. Annals of Nuclear Energy, 2018, 116: 417 - 428.

[12] Valentin J. ICRP publication: the recommendation of the international commission on radiological protection[R]. International Commission on Radiological Protection, 2007.

[13] Richter K, Sari C. Investigation of the operational limits of uranium-plutonium nitride fuels[J]. Journal of Nuclear Materials, 1991, 184(3): 167 - 176.

[14] Minato K, Akabori M, Takano M, et al. Fabrication of nitride fuels for transmutation of minor actinides[J]. Journal of Nuclear Materials, 2003, 320(1): 18 - 24.

[15] Gromov B F, Belomitcev Yu S, Yefimov E I, et al. Use of lead-bismuth coolant in nuclear reactors and accelerator driven systems[J]. Nuclear Engineering and Design, 1997, 173(1 - 3): 207 - 217.

[16] Freshley M D, Carroll D F. The irradiation performance of PuO_2/MgO fuel material [J]. Transactions of the American Mathematical Society, 1963, 6: 396.

[17] Takahashi H. Accelerator driven sub-critical target concept for transmutation of nuclear waste[C]//Workshop on Nuclear Transmutation of Long-Lived Nuclear Power Radioactive Wastes, Obninsk, 1991, 98 - 119.

[18] Bowman C D, Arthur E D, Lisowski P W, et al. Nuclear energy generation and waste transmustation using an accelerator-driven intense thermal neutron source[J]. Nuclear Instruments and Methods in Physics Research Section A, 1992, 320(1 - 2): 336 - 367.

[19] Schriber S O. Transmutation of waste using particle accelerators[C]//Workshop on Nuclear Transmutation of Long-Lived Nuclear Power Radioactive Wastes, Obninsk. 1991, 3 - 28.

第3章
ADS 用加速器

加速器驱动次临界系统能有效利用铀和钍资源，嬗变长寿命高放射性废物，是核能发展过程中安全处置核废料的重要技术手段。加速器功率为束流能量与平均流强的乘积，即 $P[\mathrm{MW}]=E[\mathrm{GeV}]\cdot I[\mathrm{mA}]$。在整个 ADS 系统中，ADS 级的加速器应能提供几十兆瓦的质子束。只有这样，高能质子加速器输出的高能质子才能与 ADS 系统中的散裂靶发生核反应，产生广谱高通量中子，进而驱动次临界反应堆内的核废料焚烧和嬗变。当前，国内外 ADS 级加速器的设计功率不尽相同，能量从 380 MeV 至 1.5 GeV 不等，流强从 4 mA 至 18 mA 不等。除此之外，ADS 次临界反应堆的安全运行还要求加速器具有极高的稳定性、可靠性及可用性。

直线加速器是 ADS 级高能质子加速器设计中常见的技术方案。而超导直线加速器效率高、束流损失少，更是 ADS 级直线加速器的最佳选择之一。为加深对 ADS 嬗变中子源的理解，本章将概述 ADS 级高能质子直线加速器的技术要求以及国内外 ADS 级先进直线加速器技术方案。为便于理解加速器方案的相关技术设计，本章首先在前两小节中介绍与本章讨论有关的加速器基本概念和物理基础。

3.1 加速器概念和应用

1919 年，英国著名物理学家卢瑟福使用从天然放射源钋-214 中衰变出来的 α 粒子轰击干燥的空气，使氮原子核放出质子，实现了历史上第一次人工利用高速粒子轰击原子核产生的核反应。这一过程激发了国内外学者们借助高速粒子研究原子核科学的强烈兴趣。随后，粒子加速器相关学科得到了广泛的关注和发展。粒子加速器的应用使科学家们发现了绝大部分新的超铀元素，合成了上千种新的人工放射性核素。高能粒子加速器的发展又使人们发现了包括重子、介子、轻子和各种共振态粒子在内的几百种粒子。

随着自动稳相原理、强聚焦原理和对撞等理论的突破，粒子加速器的能量上限取得了更大可能的突破。如今，加速器技术不再局限于探索物质微观结构，而是被广泛应用在辐射化学、射线照相、活化分析、离子注入、射线治疗、同位素生产、消毒杀菌、焊接与熔炼、种子及食品的射线处理等国民经济以及国防的各个领域。本节将首先简要介绍粒子加速器的基本概念和应用，进一步理解加速器的分类及其广泛的用途。

3.1.1 加速器概念

带电粒子加速器是利用一定形态的电磁场将处于高真空场内的正负电子、质子、轻重离子等各种带电粒子进行加速，使它们的速度达到上千千米每秒、上万千米每秒乃至接近光速的先进核技术应用装置，是人为地提供各种高能粒子束或辐射线的现代化装备。

粒子加速器主要由以下几个系统构成[1]：

(1) 离子源系统。用以提供所需加速的粒子，如电子、正电子、质子、反质子以及重离子等。

(2) 真空加速系统。用以在真空中产生一定形态的加速电场，使粒子在不受空气分子散射的条件下得到加速，整个系统放在真空度极高的真空室内。

(3) 导引和聚焦系统。用一定形态的电磁场来引导并约束被加速的粒子束，使之沿预定轨道接受电场的加速。

(4) 束流诊断和分析系统。用来输运、诊断和分析在粒子源与加速器之间或加速器与靶室之间运动的带电粒子束。

加速器的性能指标是粒子所能达到的能量和粒子束流的强度(流强)。按粒子加速能量，可将加速器划分为低能加速器(低于 100 MeV)、中能加速器(100 MeV～1 GeV)、高能加速器(1～100 GeV)和超高能加速器(高于 100 GeV)。实际生活中应用最多的是低能和中能加速器。

按加速粒子种类，加速器又可划分为电子加速器、轻离子加速器、重离子加速器、质子加速器和微粒子团加速器等。不同的加速粒子具有不同的加速特性。

(1) 电子。电子是最常见的一种带电粒子，易于获得，也易于加速。电子的静止能量较低，仅为 0.511 MeV。电子在加速时很容易就能达到相对论速度，如在能量为 2 MeV 时，速度就可达到 0.98 倍光速。

(2) 轻离子。如质子、氚等，氢离子的静止质量约为938 MeV，是轻离子中最小的。

(3) 重离子。原子序数大于2的各种原子的正负离子。

根据粒子运动轨道的形态，加速器又可分为直线加速器和回旋加速器等。

(1) 直线加速器。直线加速器是利用高频电磁场进行加速，且被加速粒子的运动轨迹为直线的加速器，是应用十分广泛的加速器类型。常见的有电子直线加速器、质子直线加速器、重离子直线加速器和超导直线加速器等。直线加速器束流的注入和引出简单方便，具有束流强度高、传输效率高、束流品质较好的优点，可由前至后分段设计、制造和调试。由于直线加速器不存在偏转束的同步辐射限制，可将电子束加速到很高能量，是下一代超高能对撞机的唯一候选者。为使加速器有适当的长度，轴上加速电场强度一般在5～25 MV/m，需要很大的微波功率源，因此单位束流功率所需的造价和运行费用较高，而如今提出的超导加速器可有效地降低运行费用。ADS级所需要的高能质子直线加速器多采用超导质子直线加速器。利用超导材料做成的直线加速结构，其功耗几乎可略去不计，因而可用较小微波功率建立较高的加速电场。这类加速腔大多用内表面涂有氧化保护层的纯铌材料制成，置于液氮和液氦逐级冷却的低温容器中，可冷却至4.2 K或更低，且加速电场可达几兆伏/米至20 MV/m，甚至更高。由于功耗可略去不计，故可选用束通道孔径较大的结构，能有效避免高能强流束沿途损失所造成的严重放射性污染。此外，超导直线加速结构还有利于提高加速场强、减小设备规模和减少运行费用等，是当前强流质子直线加速器设计中备受关注的方案。

(2) 回旋加速器。回旋加速器是利用磁场和电场共同使带电粒子做回旋运动且在运动中被高频电场反复加速的装置，是高能物理中的重要仪器。如前文所述，在利用直线加速器加速带电粒子时，粒子是沿着一条近乎直线的轨道运动并被逐级加速的，因此当需要很高的能量时，加速器的直线距离会很长。如果把直线轨道改成圆形轨道或者螺旋形轨道，使粒子一圈一圈地反复加速，粒子也可以逐级谐振而加速到很高的能量，加速器的尺寸因而也可以大大地缩减。这是1930年美国著名物理学家劳伦斯在直线加速器谐振加速工作原理的启发下提出的研制回旋加速器的建议。劳伦斯建议在回旋加速器里增加两个半圆形磁场，使带电粒子不再沿着直线运动，而沿着近似于平面螺旋线的轨道运动，这种改造使得加速器的电场不至于如此之长而导致电场能损失。1931年建成了第一台回旋加速器，磁极直径约为10 cm，用2 kV的加速电压工作，把氘核加速到 80 keV，证实了回旋加速器的工作原理是可行的。1932 年又建成了磁极直径为 27 cm 的回旋加速器，可以把质子加速到 1 MeV。回旋加速器的电磁铁的磁极是圆柱形的，两个磁极之间形成接近均匀分布的主导磁场。磁场是恒定的，不随时间而变化。在磁场作用下，带电粒子沿着圆弧轨道运动，粒子能量不断地提高，轨道的曲率半径也不断地提高，运动轨道近似于一条平面螺旋线。20 世纪 70 年代以来，为了适应重离子物理研究的需要，科学家们成功地研制了能加速周期表上全部元素的全离子、可变能量的等时性回旋加速器，使每台加速器的使用效率大大提高。此外，还发展了超导磁体的等时性回旋加速器。超导技术的应用在减小加速器的尺寸、扩展能量范围和降低运行费用等方面为加速器的发展开辟了新的方向。

3.1.2 加速器应用

日常生活中常见的粒子加速器有用于电视的阴极射线管及 X 光管等设施。一部分低、中能加速器可用于核科学和核工程，其余的则广泛用于化学、物理及生物的基础研究。随着科学技术的发展，先进的加速器可产生粒子束能量比较精确且可在大范围内连续调节、束流强度高及束流性能好的多种类粒子束流，在原子核实验、放射性医学、放射性化学、放射性同位素的制造、非破坏性探伤等科技、生产和国防建设等领域中得到了广泛的应用[1]。

1）探索微观物质

科学家们利用加速器合成超铀元素和人工放射性核素，并研究相关原子核的性质、内部结构以及原子核之间的相互作用过程，促进了原子核物理学学科的发展。随着加速器能量的提高，还催生了夸克模型以及电磁相互作用和弱相互作用相统一的理论，发展了粒子物理学这一新兴学科。

2）医疗卫生服务

随着科学技术的进步和人民生活质量的提高，人们对医疗卫生条件提出了更高的要求。而加速器在医疗卫生中的应用促进了医学的发展和人类寿命的延长。当前，加速器在医疗卫生方面的应用主要有放射治疗、医用同位素生产以及医疗器械、医疗用品和药品的消毒。

（1）辐照消毒。加速器的粒子射线可用来对一些不宜用化学方法消毒的物品，如疫苗、抗生素等进行辐照消毒，也可用来对一些手术器件进行辐照消毒，可取代当前应用的高温消毒、化学消毒等方法。利用加速器对医用器械、一次性医用物品、疫苗、抗生素、中成药的灭菌消毒是加速器在医疗卫生方面应用的一个有广阔前途的方向。

(2) 图像获取。利用放射性核素进行闪烁扫描或利用 γ 照相获取图像的方法,可以诊断肿瘤、检查人体脏器并研究它们的生理生化功能和代谢状况,获取动态资料。

(3) 医用同位素生产。现代核医学广泛使用放射性同位素诊断疾病和治疗肿瘤,如今已确定为临床应用的约 80 种同位素中有 2/3 是由加速器生产的,尤其是缺中子短寿命同位素只能由加速器生产。如正电子与单光子发射计算机断层扫描技术,由患者先吸入或预先注射半衰期极短的发射正电子的放射性核素,通过环形安置的探测器从各个角度检测这些放射性核素发射正电子及湮灭时发射的光子,由计算机处理后重建出切面组织的图像。而这些短寿命的放射性核素是由小回旋加速器制备的。最短的核素半衰期(如^{15}O)仅为 123 s,一般为几分钟到 1 h 左右。所以,这种加速器一般装备在使用正电子发射断层显像(positron emission tomography,PET)的医院里。用于生产 PET 专用短寿命的放射性核素的小回旋加速器,吸引了众多的加速器生产厂开发研制。

(4) 放射治疗。加速器产生的电子、X 射线、质子和中子等粒子都具有杀伤癌细胞的能力,都可能成为治疗癌症的有用工具。尤其是对"氧效应"灵敏度低的中子治疗效果可能更好,用它们治疗癌症可以大大减少对表层机体和正常细胞的损伤。

3) 农业生产活动

加速器可以对农作物进行辐照育种,主要是利用它产生的高能电子、X 射线、快中子或质子照射作物的种子、芽、胚胎或谷物花粉等,改变农作物的遗传特性,使它们沿优化方向发展。通过辐射诱变选育良种,在提高产量、改进品质、缩短生长期、增强抗逆性等方面起了显著的作用。马铃薯、小麦、水稻、棉花、大豆等作物经过辐照育种后可具有高产、早熟、矮秆及抗病虫害等优点。加速器辐照保鲜技术是继热处理、脱水、冷藏、化学加工等传统的保鲜方法之后发展起来的一种新保鲜技术。例如,对马铃薯、大蒜、洋葱等进行辐照处理,可抑制其发芽,延长储存期;对干鲜水果、蘑菇、香肠等进行辐照处理,可延长供应期和货架期。此外,还可以利用加速器产生的高能电子或 X 射线杀死农产品、食品中的寄生虫和致病菌,这不仅可减少食品因腐败和虫害造成的损失,而且可提高食品的卫生档次和附加值。

4) 工业加工应用

用加速器产生的电子束或 X 射线进行辐照加工已成为化工、电力、食品、环保等行业生产的重要手段和工艺，是一种新的加工技术工艺。它广泛应用于聚合物交联改性、涂层固化、聚乙烯发泡、热收缩材料、半导体改性、木材-塑料复合材料制备、食品的灭菌保鲜、烟气辐照脱硫脱硝等加工过程。经辐照生产的产品具有许多优良的特点，例如，聚乙烯电缆经 105 Gy 剂量辐照后，其电学性能、热性能都有很大提高，辐照前使用温度为 60～70 ℃，辐照后长期使用温度可达 120 ℃以上。加速器产生的射线既可以检查工件表面又可检查工件内部的缺陷。设备可以采用放射性同位素^{60}Co 产生 γ 射线、X 光机产生低能 X 射线和电子加速器产生高能 X 射线。尤其是探伤加速器的穿透本领和灵敏度高，作为一种最终检查手段或其他探伤方法的验证手段常用于质量控制中，在大型铸锻焊件、大型压力容器、反应堆压力壳、火箭的固体燃料等工件的缺陷检验中得到广泛的应用。这种探伤加速器以电子直线加速器为主要机型。此外，还可以利用加速器将一定能量的离子注入固体材料的表层，以获得良好的物理、化学及电学性能。半导体器件、金属材料改性和大规模集成电路生产中都应用了离子注入技术。

5）核能应用

加速器在核裂变和核聚变能的开发利用过程中起着十分重要的作用。例如核反应堆、核电站、核燃料生产和核武器的设计制造方面都需要加速器提供有关核反应、核裂变和中子运动的各种核参数，还要用加速器的粒子束模拟反应堆中的核辐射检验材料的辐射损伤，以研究材料加固的措施。强脉冲电子束可以产生类似核爆炸的辐射环境，以研究核爆炸对仪器、材料、设备等的影响。

迄今为止，世界各地建造了数以千计的粒子加速器，其中一小部分用于原子核和粒子物理的基础研究，它们将继续向提高能量和改善束流品质方向发展；其余绝大部分都属于以应用粒子射线技术为主的“小”型加速器，它们极大地改变了这些领域的面貌，创造了巨大的经济效益和社会效益。

3.2 加速器物理学基础

3.1 节概述了带电粒子加速器的概念、分类和主要应用。作为嬗变核废料的先进核能系统，加速器是系统不可或缺的一个环节。为了达到嬗变核废料的目的，首先就需要加速器产生高能量的质子束流，加上次临界反应堆的安全运行要求，还需要获得具有极高的稳定性、可靠性及可用性的高能束流，这就要求ADS级的高能质子加速器在许多方面，如流强、发射度、能散度、束流动力学性能等方面具有非常出色的指标。

为了更好地理解和分析加速器结构及束流特性，本节主要概述带电粒子束流的主要参数、直线加速场的束流动力学、常见直线加速结构以及回旋加速器基本原理等加速器物理基础内容。

3.2.1　加速器基本参数

描述加速器束流特性及相关物理定理的部分定义与概念总结如下[1-2]：

1）能散度

能散度表征束流中带电粒子能量分散的程度，其值为在粒子束流流强与束流能量分布的曲线中，流强为最大值一半处的能量与流强峰值所对应能量的比值，故能散度可表示束流中带电粒子能量不均匀的程度。物理实验大多要求束流能散度小。在研究核与核相互作用的微观性质时，为了保证核反应和其他物理测量的精确度，为了使尖锐而密集的核反应共振峰得以分开，往往要求轰击靶子的束流能散度达到 10^{-4} 量级。原则上，任何一种加速器所提供的束流通过分析器后，均可达到这一量级的能散度水平。能散度过大时，通过分析器的大部分束流将打在分析器装置上而产生严重的辐射本底，这会降低测量的精度。

2）相空间

通常把带电粒子束作为一个整体进行研究，且用相空间来描述带电粒子的运动状态。对于在三维笛卡儿坐标系中运动的带电粒子，如果给定了该粒子的三个位置坐标和三个动量分量，则每个粒子有6个自由度，这6个自由度参数就可以确定带电粒子的运动状态。由这6个自由度所组成的六维空间称为相空间。这样，某一带电粒子的运动状态可以由相空间中的一个点来表示，而粒子系的运动就成为六维空间中相点的运动。

3）发射度

束流发射度 ε 代表一群粒子在相空间中所占据的面积，在数值上则表示为相空间面积 A 除以 π，即 $\varepsilon = A/\pi$。发射度是大量粒子在相空间分布的描述，其实用单位是米·弧度(m·rad)。它表示在能量一定的条件下，若总束流不损失，束斑和张角是相互制约的，无论采取任何聚束手段都不可能同时减小束斑和张角。发射度越小，表示束流中粒子运动状态的分散性越小，则束流品质越高。

4）刘维尔定理

在束流传输过程中，虽然粒子束在相空间中的发射形状不断地变化，但它始终遵守刘维尔定理的基本规律，即带电粒子在保守力场和外磁场中运动时，相空间内粒子代表点的密度在运动过程中保持不变。刘维尔定理推论有如下两点：① 运动过程中粒子数保持守恒，粒子在相空间内代表点的密度也不变，即对于某一个粒子群来说，在相空间内代表点所占的相体积在传输过程中也将保持不变；② 当粒子束沿笛卡儿坐标系三个方向的运动互不相关时，粒子束分别在这三个方向上的三个相平面内的代表点所占据的相面积在传输过程中也都各自守恒。刘维尔定理表明粒子束的半径与散角相互制约，无论采用什么聚焦手段，都不可能同时减小粒子束的半径和散角。

5）亮度

亮度表示束流在相空间的密度，也是衡量束流品质的重要标志之一。亮度与束流强度和发射度有关。流强高的粒子束，其亮度不一定大。如果把流强高而发射度也很大的束流送入加速器，大部分粒子将不能顺利地加速到预定能量。束流的亮度越大，表明束流的品质越好。为了提高束流传输效率并获得强束流，必须提高粒子源的亮度。

6）流强

常用的描述加速器的流强概念如下：① 平均流强。无论是脉冲型加速器还是连续型加速器，平均流强指的是对较长时间内加速器提供的束流包含的粒子数的时间平均。② 峰值流强。峰值流强主要针对脉冲型加速器，是对加速器提供的束流包含的粒子数在脉冲时间内的时间平均，通常指的是微脉冲内的平均流强。束流强度取决于粒子源的发射强度、俘获效率、加速机理、加速过程损失情况及电源的伏安容量等因素。一般说来，低能加速器的平均流强比高能加速器的高得多，直线型加速器的平均流强比圆轨道加速器的高得多。直接加速方法可获得连续束流，其平均流强一般都比较高。高频共振加速器每一个高频周期内呈现一个微观的小脉冲束。而所有的磁场或电场参数调变的加速器，每一调变周期内呈现一个宏观的大脉冲束，因而这一类加速器中平均流强又比脉冲流强要低得多。

7）色散和色品

色散是由偏转元件引起的束流纵向运动与横向运动的耦合作用，体现为偏离参考粒子动量的粒子在水平方向上有一个相对参考粒子的位置差，而某粒子相对参考粒子在水平方向的位置差或角度散会导致该粒子在纵向位置或相位的偏差。色品则代表了聚焦元件聚焦强度与粒子动量之间的关联性，即具有不同动量的粒子具有不同的聚焦强度，相对参考粒子有一定动量分散的束流，其聚焦结构的工作点是分布在一定范围内的。色散是粒子动量偏差对其轨道的零级修正表示，而色品则是粒子动量偏差对其轨道的一级修正表示。

3.2.2　束流动力学基础

束流动力学的理论指导着加速器束流性能的优化设计。在了解了加速器束流的基本概念之后，本节将进一步阐述加速器束流在不同加速结构中的动力学特性，包括直线加速场中的束流动力学基本方程和运动特性。

1）粒子的封闭轨道

每一个带电粒子都沿着既定的“封闭轨道”进行加速输运。在某些加速器的磁场中存在着一个中心平面，磁场关于该平面上下对称，此平面称为磁对称平面。一般磁对称平面就是两个磁极面之间的几何中心平面。粒子的“封闭轨道”就是在磁场的作用下，具有一定能量的粒子在磁对称平面上形成的封闭轨迹。带电粒子在加速过程中将围绕着封闭轨道反复地通过加速场，从而多次地积累能量，即用低的加速电场使带电粒子获得高能量的多次加速。

对于旋转对称的恒定磁场，粒子封闭轨道的形状是一组同心圆。粒子的能量不同，圆的半径也不同。如回旋加速器，它的磁场大小是恒定的，在加速过程中带电粒子的能量将不断地增加，因此，粒子的封闭轨道从小半径的圆逐渐变到大半径的圆。

2）束流基本运动方程

根据牛顿第二定律，带电粒子的动量变化率等于它所受的外力。则带电粒子的基本运动方程可写为[3-4]

$$\frac{\mathrm{d}\boldsymbol{P}}{\mathrm{d}t}=\boldsymbol{F} \tag{3-1}$$

式中，$\boldsymbol{P}$ 为带电粒子的动量，$\boldsymbol{F}$ 为带电粒子所受到的作用力，t 为带电粒子运动的时间。

在加速器中运动的粒子通常需考虑相对论效应。因此，带电粒子的动量为

$$\boldsymbol{P}=\gamma m_0\boldsymbol{v},\ \gamma=\frac{1}{\sqrt{1-\beta^2}} \tag{3-2}$$

式中，m_0 为粒子的静止质量，$\boldsymbol{v}$ 为带电粒子速度。在狭义相对论中，粒子的能

量 E 与动量 P 的关系为

$$E = E_0^2 + P^2c^2 = m_0^2c^2 + \gamma^2 m_0^2 \beta^2 c^2 \tag{3-3}$$

式中,c 为光的传播速度。

带电量为 Ze 的粒子在电场 $\boldsymbol{E}$ 和磁场 $\boldsymbol{B}$ 中受到的力并称为洛伦兹力

$$\boldsymbol{F} = \mathrm{Ze}(\boldsymbol{E} + \boldsymbol{v} \times \boldsymbol{B}) \tag{3-4}$$

可得粒子的运动方程

$$\gamma m_0 \frac{\mathrm{d}\boldsymbol{v}}{\mathrm{d}t} + m_0 \boldsymbol{v} \frac{\mathrm{d}\gamma}{\mathrm{d}t} = \mathrm{Ze}(\boldsymbol{E} + \boldsymbol{v} \times \boldsymbol{B}) \tag{3-5}$$

加速器中带电粒子的运动基本都是在真空环境中进行的。加速器腔体中的电磁场可用真空环境下的麦克斯韦方程组表示

$$\nabla \cdot \boldsymbol{E} = \frac{\rho}{\varepsilon_0}$$

$$\nabla \cdot \boldsymbol{B} = 0$$

$$\nabla \times \boldsymbol{E} = -\frac{\partial \boldsymbol{B}}{\partial t}$$

$$\nabla \times \boldsymbol{B} = \mu_0 \boldsymbol{J} + \frac{1}{c^2} \cdot \frac{\partial \boldsymbol{E}}{\partial t} \tag{3-6}$$

式中,ρ 为加速器腔体中的电荷密度,ε_0 为真空介电常数,μ_0 为真空磁导率,$\boldsymbol{J}$ 为腔体中电流密度。此外,电荷密度和电流密度之间满足连续性方程

$$\nabla \cdot \boldsymbol{J} + \frac{\partial \rho}{\partial t} = 0 \tag{3-7}$$

在加速器腔体中产生的电磁场应满足 $\rho = 0$, $\boldsymbol{J} = 0$,此时电场和磁场可作为电磁波,其波导方程为

$$\nabla^2 \boldsymbol{E} - \frac{1}{c^2} \cdot \frac{\partial^2 \boldsymbol{E}}{\partial t^2} = 0$$

$$\nabla^2 \boldsymbol{B} - \frac{1}{c^2} \cdot \frac{\partial^2 \boldsymbol{B}}{\partial t^2} = 0 \tag{3-8}$$

由此可见,加速器腔体为行波或驻波加速结构。

3) 粒子的纵向运动过程[4-6]

粒子在加速器腔体中运动,通过其中心轴向加速电场实现加速,加速器腔

体的电场是时变的，即

$$E_z(r=0,\ z,\ t)=E_0(z)\cos[wt(z)+\varnothing]$$

式中，w 是电场的时变频率，$t(z)=\int_0^z \mathrm{d}z/v(z)$ 是粒子到达位置 z 处的时间，$t=0$ 时的粒子初始位置可以是任意位置，相应的相位为 $\varnothing$。

设加速器腔体中的一个加速单元的长度为 L，加速间隙长度为 g，如图 3-1 所示。选择 $\mathrm{d}\boldsymbol{E}/\mathrm{d}z=0$ 的位置作为粒子的初始位置，即令间隙的电中心处为 $z=0$。带电荷量为 q 的粒子经过该加速单元的能量增益为

$$\Delta W=q\int_{-L/2}^{L/2} E(0,\ z)[\cos wt(z)\cos\varnothing-\sin wt(z)\sin\varnothing]\mathrm{d}z \quad (3-9)$$

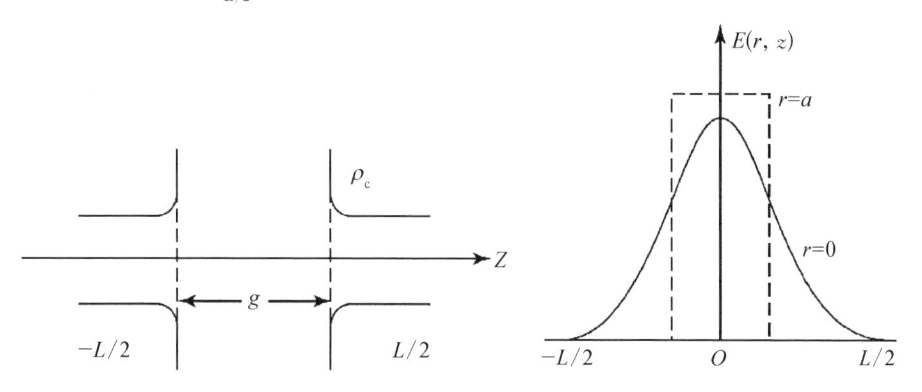

图 3-1　加速器腔体中加速单元定义及其加速电场分布

考虑 $E_0(z)$ 的对称性，平均加速电场梯度和渡越时间因子为

$$E_0=\frac{1}{L}\int_{-L/2}^{L/2} E_0(z)\mathrm{d}z,\ T=\frac{\int_{-L/2}^{L/2} E_0(z)\cos wt(z)\mathrm{d}z}{\int_{-L/2}^{L/2} E_0(z)\mathrm{d}z} \quad (3-10)$$

对于行波加速结构，$T=1$；对于驻波加速结构，$T<1$。

加速器腔体由一个个加速单元组成，要实现粒子的同步加速，需要将时变加速场与粒子进行同步，可通过适当长度的漂移来实现。如图 3-2 所示，l_{n-1} 和 l_n 分别为第 $n-1$ 个和第 n 个加速单元的半宽长，β_{n-1} 和 β_n 分别为第 $n-1$ 个和第 n 个加速单元的能量比，$\varnothing_{n-1}$ 和 $\varnothing_n$ 分别为第 $n-1$ 个和第 n 个加速间隙的电场相位。当粒子在第一个加速单元的间隙感受到加速的电场，然后以一定的速度进入漂移管时，粒子不受加速电场的影响；粒子漂移到下一个加速单元的间隙时，正好能再次感受到加速的电场，这样粒子漂移的长度与粒子的

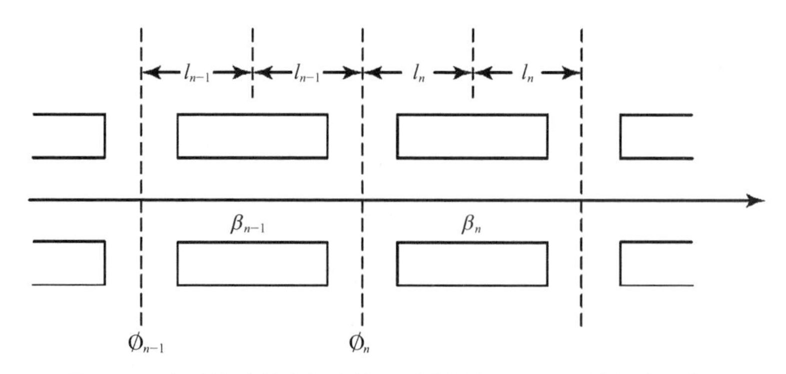

图 3-2　加速器腔体中加速单元漂移长度和加速间隙长度示意图

速度即可满足同步关系[4-6]。

通常选择加速器束团中心的粒子作为同步粒子，且同步粒子加速的相位为同步相位。束团中位于中心之外的非同步粒子处于加速器不同的加速相位上，将获得不同的能量增益。为了确保整个束团粒子的稳定加速，同步粒子的同步相位选择在某一个电场随时间上升的位置，如图 3-3 所示，这样能量高于同步粒子的粒子会早一点到达加速间隙，受到相对较小的电场加速，获得的能量增益相对较小；能量低于同步粒子的粒子会晚一点到达加速间隙，受到相对较大的电场加速，获得的能量增益相对较大。这样，束团中的粒子在能量和相位空间中就围绕同步粒子做往复振荡，这就是加速器中的自动稳相原理[4-5]。

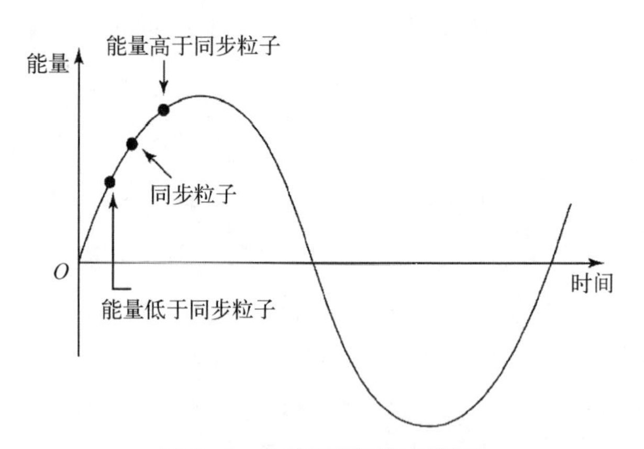

图 3-3　自动稳相原理示意图

对于同步粒子，从单元 $n-1$ 到单元 n 过程中，粒子能量为 β_{n-1}，则有

$$\varnothing_n = \varnothing_{n-1} + w\frac{2l_{n-1}}{\beta_{n-1}c} + \begin{cases}\pi, & \pi\text{模}\\ 0, & 0\text{模}\end{cases} \tag{3-11}$$

其中 $n-1$ 单元半长度为

$$l_{n-1}=N\beta_{s,\,n-1}\lambda/2,\ N=\begin{cases}0.5, & \pi\text{ 模}\\ 1, & 0\text{ 模}\end{cases} \tag{3-12}$$

因此,从单元 $n-1$ 到单元 n,非同步粒子的相移相对于同步粒子的相移之差为

$$\Delta(\varnothing-\varnothing_s)_n=\Delta\varnothing_n-\Delta\varnothing_{s,\,n}=2\pi N\beta_{s,\,n-1}\left(\frac{1}{\beta_{n-1}}-\frac{1}{\beta_{s,\,n-1}}\right) \tag{3-13}$$

将“$\dfrac{1}{\beta_{n-1}}-\dfrac{1}{\beta_{s,\,n-1}}$”进行泰勒展开,得

$$\frac{1}{\beta_{n-1}}-\frac{1}{\beta_{s,\,n-1}}=\frac{1}{\beta_{s,\,n-1}+\delta\beta}-\frac{1}{\beta_{s,\,n-1}}=\frac{\delta\beta}{\beta_{s,\,n-1}^2} \tag{3-14}$$

根据狭义相对论中能量 W 与 β 之间的关系:$\delta\beta=\delta W/(m_0c^2\gamma_{s,\,n-1}^2\beta_{s,\,n-1})$,可得非同步粒子的相移相对于同步粒子的相移之差

$$\Delta(\varnothing-\varnothing_s)_n=-2\pi N\frac{W_{n-1}-W_{s,\,n-1}}{m_0c^2\gamma_{s,\,n-1}^2\beta_{s,\,n-1}^2} \tag{3-15}$$

对于同步粒子和非同步粒子,经过相同的一个加速单元后,两者之间的能量增益之差为

$$\Delta(W-W_s)=qE_0TL_n(\cos\varnothing_n-\cos\varnothing_{s,\,n}) \tag{3-16}$$

耦合差分方程式(3-15)和式(3-16)可求解粒子纵向运动中的相对相移和能量变化问题。对这两个差分方程进行微分处理,且 $\mathrm{d}n=\mathrm{d}z/(N\beta_s\lambda)$,并同时消掉单元数下标,则可得粒子运动的微分方程

$$\frac{\mathrm{d}(\varnothing-\varnothing_s)}{\mathrm{d}z}=-2\pi\frac{W-W_s}{m_0c^2\lambda\gamma_s^3\beta_s^3}$$

$$\frac{\mathrm{d}(W-W_s)}{\mathrm{d}z}=qE_0T(\cos\varnothing-\cos\varnothing_s) \tag{3-17}$$

最后可得粒子纵向运动的二阶微分方程

$$\frac{\mathrm{d}^2(\varnothing-\varnothing_s)}{\mathrm{d}s^2}+\frac{3}{\beta_s\gamma_s}\frac{\mathrm{d}(\beta_sY_s)}{\mathrm{d}s}\cdot\frac{\mathrm{d}(\varnothing-\varnothing_s)}{\mathrm{d}s}+\frac{2\pi qE_0T}{m_0c^2\lambda\gamma_s^3\beta_s^3}(\cos\varnothing-\cos\varnothing_s)=0 \tag{3-18}$$

假设加速梯度足够小，则可以忽略掉阻尼项 $\frac{\mathrm{d}(\beta_s\gamma_s)}{\mathrm{d}z}$，则粒子的纵向运动方程可以简化为

$$\frac{\mathrm{d}^2(\varnothing-\varnothing_s)}{\mathrm{d}s^2}+\frac{2\pi qE_0T}{m_0c^2\lambda\gamma_s^3\beta_s^3}(\cos\varnothing-\cos\varnothing_s)=0 \tag{3-19}$$

引入以下变量变换，则粒子纵向运动方程可简化为

$$w=\delta\gamma=\frac{W-W_S}{m_0c^2},\ A=\frac{2\pi}{\lambda\gamma_s^3\beta_s^3},\ B=\frac{qE_0T}{m_0c^2}$$

$$\frac{A_w^2}{2}+B(\sin\varnothing-\varnothing\cos\varnothing_s)=H_\varnothing \tag{3-20}$$

式(3-20)反映的是在没有外力作用时，运动能量守恒。$H_\varnothing$ 是积分常数项，也就是哈密顿量，能够使用哈密顿量描述的运动系统，整个束团在相空间的运动相轨迹包围的面积为常数，束团粒子总数不变，相空间中粒子密度不变，满足刘维尔定理[5-6]。

4) 粒子的横向运动过程[4-6]

在加速器腔体中，不仅需要考虑粒子的纵向运动，还需要考虑粒子在高频场中的横向运动。考虑到加速器腔体具有轴对称性，可以采用柱坐标系来描述粒子的横向运动。由式(3-5)可得粒子在电磁场中受到的总横向作用力为 $F_r=qE_r-qv_zB_\theta$。

在加速器腔体中，$\beta=0$，$\boldsymbol{J}=0$，麦克斯韦方程组在柱坐标系的描述为

$$\begin{aligned}&\frac{1}{r}\cdot\frac{\partial(rE_r)}{\partial r}+\frac{\partial E_z}{\partial z}=0\\&\frac{\partial E_r}{\partial z}-\frac{\partial E_z}{\partial r}=-\frac{\partial B_\theta}{\partial t}\\&-\frac{\partial B_\theta}{\partial z}=\frac{1}{c^2}\cdot\frac{\partial E_r}{\partial t}\\&\frac{1}{r}\cdot\frac{\partial(rB_\theta)}{\partial r}=\frac{1}{c^2}\cdot\frac{\partial E_z}{\partial t}\end{aligned} \tag{3-21}$$

则由式(3-21)可得

$$rE_r=-\frac{\partial E_z}{\partial z}\int_0^r r\mathrm{d}r=-\frac{\partial E_z}{\partial z}\cdot\frac{r^2}{2}，即\ E_r=-\frac{\partial E_z}{\partial z}\cdot\frac{r}{2} \tag{3-22}$$

将式(3-22)代入式(3-21)得

$$\frac{\partial B_\theta}{\partial z}=\frac{r}{2c^2}\cdot\frac{\partial}{\partial z}\cdot\frac{\partial E_r}{\partial t} \tag{3-23}$$

将式(3-23)左右两侧对 z 进行积分得

$$B_\theta=\frac{r}{2c^2}\cdot\frac{\partial E_r}{\partial t}$$

经过一个加速单元后，总横向作用力对粒子的横向冲量为

$$\Delta P_r=q\int_{-L/2}^{L/2}(E_r-\beta c B_\theta)\frac{\mathrm{d}z}{\beta c}=-\frac{q}{2}\int_{-L/2}^{L/2}r\left(\frac{\partial E_z}{\partial z}+\frac{\beta}{c}\cdot\frac{\partial E_z}{\partial t}\right)\frac{\mathrm{d}z}{\beta c} \tag{3-24}$$

简化后可得到粒子的横向冲量

$$\Delta P_r=-\frac{q\omega r}{2\gamma^2\beta^2c^2}\int_{-L/2}^{L/2}[E_z(z)\cos(\omega t+\varnothing)]\mathrm{d}z \tag{3-25}$$

考虑到轴向加速电场的对称性，引入平均加速电场梯度和渡越时间因子 T，并引入动量径向分量 $\Delta P_r=m_0c\gamma\beta r'$，$r'=\mathrm{d}r/\mathrm{d}z$，则粒子经过一个加速单元后的横向冲量可转化为

$$\Delta(\gamma\beta \boldsymbol{r}')=-\frac{\pi q E_0 TL\sin\varnothing}{m_0c\gamma^2\beta^2\lambda}r \tag{3-26}$$

粒子横向冲量为正时，表示径向散焦作用；粒子横向冲量为负时，表示径向聚焦作用，即交变相位聚焦(alternative phase focus，APF)原理。在加速器结构中，通过合理的同步相位组合设计，可实现在同一个加速器结构中同时进行粒子的径向聚焦和纵向聚束。考虑到粒子纵向运动的稳定性，粒子在加速器腔体中的高频场中受到横向散焦力的作用，粒子速度越低，其横向散焦力越强，当粒子速度接近光速时，其横向散焦力才会趋于零。因此，在直线加速器中需引入聚焦力元件，如螺线管磁铁或四极铁，才能维持粒子的横向运动的稳定性[7-8]。

3.2.3 常见直线加速结构

不同的直线加速结构都有不同的局限性，通常只适应某一个能区。加速结构越长，加速器整机造价越高。在大型质子直线加速器设计中，通常需要根

据不同的加速能区去优化加速结构，以获得最佳的加速效率，从而减小加速器的总长度和造价。下面简要介绍几种常见的直线加速器结构①。

1）维德罗埃加速器结构

1928 年，直线加速的概念正式被德国科学家维德罗埃提出，他完成了世界上第一台直线加速器。他将加速器的漂移管交替地接高频电源和接地。漂移管的长度随着粒子速度的增加而变长，保证粒子每次可以在正确的时间到达间隙从而被加速。在该加速器中，束流首先形成束团，然后进行高效率的加速。束流在加速时间内处于加速间隙感受加速电场，当电场反向的时候，束团处于漂移管中，这时漂移管屏蔽了减速电场，从而使整个过程是一个加速过程。维德罗埃型加速结构是最早提出来的直线加速结构，是典型的 π 模加速结构，即相邻两个加速间隙在同一时刻的相位是相反的。但维德罗埃加速结构很少用于质子的加速，而是较多地用于加速低能重离子，其工作频率很低。

2）漂移管直线加速器结构

较早出现的质子直线加速结构是漂移管直线加速器（drift tube linac，DTL），它适合加速几兆伏到几十兆伏的质子。DTL 是通过在圆柱形谐振腔内沿射束前进方向配置一对以上中空圆柱形状的漂移管电极构成的，对圆柱形谐振腔内提供高频功率，以漂移管电极之间产生的高频电场对带电粒子沿射束前进方向进行加速②。将漂移管电极的配置设计成当高频电场的朝向与射束前进方向相反时，带电粒子存在于漂移管电极之内。在圆柱形谐振腔内产生的电磁场模式有两种：① 在圆柱形谐振腔的长边方向产生电场的横磁场模式（transverse magnetic，TM）；② 在圆柱形谐振腔的长边方向产生磁场的横电场模式（transverse electric，TE）。使用 TM 模式的典型漂移管直线加速器有阿尔瓦列兹型漂移管直线加速器。

阿尔瓦列兹型 DTL 是加速质子最常用的加速器结构，但因为加速效率相对较低，只适用于低能量段，一般不超过 100 MeV。近些年来，随着射频频率从早期的 200 MHz 左右提高到 300 MHz 以上，对 DTL 加速结构腔体技术、内透镜技术和功率源技术提出了更高的要求。高频工作频率越高，加速腔径向尺寸越小。DTL 的漂移管内部要安装四极透镜，结构复杂，尺寸很难缩小，在加速连续束流以及占空比比较大的脉冲束流时，DTL 冷却困难，因此只能采

① 数据来自中科院高能所唐靖宇教授的中国科学院大学研究生课程讲义。
② 数据来自中科院高能所唐靖宇教授的中国科学院大学研究生课程讲义。

用较低的工作频率，加上阿尔瓦列兹型 DTL 结构高频稳定性能较差，即加工、安装公差对高频场的幅值与相位的影响，强束流下的束流负载效应以及高频场脉冲的瞬态效应都比较大。我国研制的第一台 DTL——北京质子直线加速器(Beijing proton linac，BPL)是典型的 DTL 型加速器设计，表 3－1 为 BPL 基本参数[9]①。

表 3－1　BPL 基本参数

参　　数	原 10 MeV 段	35 MeV 整机
出口能量/MeV	9.68	35.51
脉冲流强/mA	60	60
束流脉冲宽度/is	50～100	50～100
脉冲重复频率/Hz	1，2，5，12.5	1，2，5，12.5
加速腔长度/m	7.27	21.83
轴上平均电场/(MV/m)	1.55～2.08	1.65～2.18
同步相位/(°)	－35～30	－40～25
腔激励功率/MW	0.6	2.8
总高频功率/(@60 mA，MW)	1.13	4.89
归一化发射度/(mm・mrad)	6～8	6～8
动量散度/%	±0.6	<±0.6

为了保持阿尔瓦列兹腔所具有的高分路阻抗优点，同时克服它稳定性差的缺点，20 世纪 60 年代，美国洛斯阿拉莫斯国家实验室研究出了一种称为杆耦合器结构的稳定的阿尔瓦列兹腔，即腔耦合直线加速器(coupled cavity linac，CCL)。研究发现，在腔内增加一些杆耦合器就可以大大提高其稳定性，而周期性的杆耦合器与腔本身就形成了双周期单元链。这种双周期单元链结构非常有利于提高腔在谐振点的工作稳定性。CCL 没有漂移管，四极透镜在

① 数据来自中科院高能所唐靖宇教授的中国科学院大学研究生课程讲义。

加速腔外，可以采用很高的频率以缩小径向尺寸。

随着加速器能量上限的不断提高，DTL 的漂移管越来越长，加速梯度不断降低。解决该问题的一种有效方法是对已从普通 DTL 进行初步加速后但仍不利于采用 CCL 加速结构的能区采用变种的 DTL 加速结构，如分离型漂移管直线加速器(separated drift tube linac，SDTL)和腔耦合漂移管直线加速器(cavity coupled drift tube linac，CCDTL)。

SDTL 每个腔包含 2～8 个加速隙，考虑到束流发射度减小后不再需要很强的横向聚焦，它将聚焦透镜从漂移管中移出，放在两个腔之间，腔的长度也适当缩短，这样可以显著地减小漂移管的尺寸。这类结构可以用于较高频率。

在 CCL 中加上漂移管即可构成 CCDTL。CCDTL 是一种 DTL 和 CCL 的混合型结构，它同样也是将聚焦透镜移出漂移管，放在没有射频场的空间中，仍维持紧凑的聚焦结构，这样便可以在与普通 DTL 差不多的并联阻抗的情况下明显改善聚焦特性，因为透镜设计有了较大的空间。加速单元腔和聚焦单元也可随着能量的提高做较灵活的调整，如单元腔可以包括多个加速间隙和更长的聚焦周期，以提高有效并联阻抗和加速梯度。CCDTL 腔体的加工更为复杂，适合作为非常高流强的加速器。

另外的 DTL 结构称为 H 型 DTL，也是主要用来进行低能段加速的。主要有两个类型，一个是适用于质子加速的交叉杆 H 模式漂移管直线加速器(cross-bar H-mode drift tube linac，CH－DTL)，是脉冲型的；另一个是适用于离子加速器的一字型 H 模式漂移管直线加速器(interdigital H－mode drift tube linac，IH－DTL)，可以是脉冲型的也可以是连续型的。

DTL 作为重离子直线加速器中的主要部分，按照其工作的温度可分为常温型和超导型。超导加速器在技术上更加先进，但是建造及运行成本更高，同时对运行环境的要求非常高，常温型在技术上更加成熟，对运行环境要求不高，尤其是当 DTL 工作在脉冲功率模式时运行稳定性非常高，同时功率消耗也十分小，所以运行成本较低。目前常温 DTL 仍是国内外重离子加速器领域研究的热点。在低能段(从几兆电子伏特到几十兆电子伏特)，它仍是最合适的加速结构，主要原因是它的结构紧凑，具有可以在一个腔中安排很多个加速间隙(单元)、加速间隙相对小、横向聚焦元件不占用纵向空间等优势。因此它仍是大多数直线加速器低能端加速结构的一个主要选择。

3）射频四极(radio-frequency quadrupole，RFQ)加速器

射频四极加速器又称射频四极场加速器，其概念最早于 1970 年由苏联物

理学家 Kapchinsky 等提出。1980 年,第一台 RFQ 加速器样机在美国洛斯阿拉莫斯国家实验室建造完成并成功出束。在 RFQ 加速器出现之前,束流的纵向加速和横向聚焦是分开的。RFQ 加速器通过巧妙地运用带调制变化的四根电极同时产生了纵向加速分量和横向聚焦分量,从而使加速、纵向群聚、横向聚焦和匹配等多功能集中在一个结构中。目前,由于 RFQ 加速器具备几何尺寸小、功能完善等特点,几乎所有的高功率加速器都使用强流 RFQ 加速器作为高亮度离子源后的低能加速段。在 RFQ 加速器发明以前,已有人利用高频电场作为束流的横向聚焦,因为交替聚焦是强作用聚焦。如果对它的电极结构做纵向调制就会同时产生加速的效果,这就是 RFQ 加速器的优势[10-11]。表 3-2 给出了中科院高能所研制的四翼型 RFQ 加速器腔体的基本参数①。

表 3-2　四翼型 RFQ 加速器基本参数

参数名称	参　数
加速粒子	H^+ 或 H
注入能量/keV	75
输出能量/MeV	3.5
RF 频率/MHz	352.2
脉冲流强/mA	50
平均流强/mA	3
脉冲射频功率/kW	630
束流脉冲工作比/%	6
腔体分段数	4
4 段总长度/m	4.8

RFQ 加速器主要由电极和支撑等结构组成。RFQ 加速器发展至今出现了许多种不同的结构,但到目前为止,使用最为广泛的是四翼型和四杆型结构。四翼型结构是 1970 年由美国洛斯阿拉莫斯国家实验室提出并制造的,是

① 数据来自中科院高能所唐靖宇教授的中国科学院大学研究生课程讲义。

最早发展起来的 RFQ 加速器结构，至今仍被世界各大加速器实验室广泛使用。四翼型 RFQ 加速器优点是结构较为稳定，水冷效果好，表面电流密度分布均匀，适合连续波模式运行；缺点是对称性要求很高，所以对机械加工的精度和焊接工艺要求非常高。四翼型结构适合的工作频率范围在 200～400 MHz，所以比较适合加速较高频率的轻离子，属于谐振腔的加速结构。由于四翼型结构的体积较大，不能适应工作频率在 100 MHz 以下的种种需求，不适于加速 β 值较低的重离子，然而四杆型结构很好地解决了这个问题。四杆型结构由德国法兰克福大学的 Klein 等提出，电极结构由四根调制变化的杆组成的 RFQ 加速器小巧轻便，适用于加速重离子。尽管四杆型 RFQ 加速器结构轻巧，但是其机械强度较低，不利于水冷系统的安装。

射频四极直线加速器是自 1970 年代以来直线加速器非常重要的发展，特别是在质子加速器走向强流化的当前更显示了它的重要性。因为 RFQ 加速器可以将质子加速到几兆电子伏特的水平，这就解决了过去 DTL 采用高压型加速器作为预注入器时注入能量低造成的空间电荷效应这一难以克服的问题，同时，也使 DTL 的工作频率可以从过去的 202 MHz 提高到 350 MHz 左右，甚至到 400 MHz，从而提高了加速效率。RFQ 加速器的另一个重要特性是它可以将连续束流以近似 100%的效率俘获，省去了俘获效率不太高的预聚束器。RFQ 加速器主要作为直线加速的前端加速器，用来聚焦和加速由离子源所引出的能量非常低的束流。由于 RFQ 加速器中的电场主要是横向四极场，通过电极的调制造成电场的纵向分量用于加速，所以总的来说，其加速效率比较低，它最大的优点就是在束流能量非常低的时候给束流提供较强的横向约束力，控制束流发射度的增加，同时将束流加速到空间电荷力较弱的能量段，然后将加速束流的任务交给 DTL。

4）超导加速结构

超导加速结构是指用具有超导性的加速腔或超导性的主磁体建成的加速器，如超导直线加速器、超导回旋加速器、超导同步加速器等。它是 20 世纪 60 年代以来随着超导技术的发展逐渐成熟起来的一类有前途的新型加速器。利用超导加速腔可以在很小的微波功率下产生很强的加速电场；利用超导磁体则可以在很小的激磁功率下产生强大的约束磁场，两者都可大大缩减加速器的尺寸，降低加速器的功率消耗，使超导加速器在经济上和技术上具有巨大的优越性。超导直线加速器的加速腔大都用表面覆有氧化保护层的纯铌材料制成，也有的用涂铅的铜质腔体制成，它们安装在由液氮和液氦逐级冷却的低温罐中。工作时，腔体冷却至 4.2 K，进入超导状态，同时对腔内抽气，达到 1 333.32 Pa 的高真空。在此条件下，只要用几瓦的射频功率便可建立 2～4 MV/m 的加速电场。尽管超导腔的材料比较贵，工艺技术也比常温加速腔复杂，还要附加各项低温设备等，但因总的尺寸减小，电效率提高，据估计加速器的总固定投资仍与室温下的普通直线加速器相当，而其运行费用则仅为后者的三分之一至四分之一。此外，超导直线加速器是在连续状态下工作的，其束流品质优于通常在脉冲状态下工作的常温直线加速器。下面介绍几种超导加速结构。

(1) 低 β 超导加速结构。

超导半波长谐振腔(half wavelength resonator，HWR)在 20 世纪 90 年代由美国阿贡国家实验室首次研制成功。超导 HWR 的电长度为 1/2 波长，应用范围为 150～350 MHz。超导 HWR 具有结构紧凑、无横向束流偏转效应等优点，已经逐渐发展成为中低能直线加速器的主要加速结构之一。用于加速低能质子束的超导腔最早考虑的也是 HWR，它是从加速重离子的四分之一波长腔(quarter wave resonator，QWR)的腔型演变过来的。

超导 HWR 腔体一般通过纯铌部件焊接而成，其外壁为双层结构，内导体中空，是一种同轴型的谐振腔，与 QWR 腔体相比，HWR 的加工难度要更大一些，但是因结构的对称性，其具有比 QWR 更高的工作稳定性，更重要的原因是其束流偏转效应比 QWR 小，这对于控制束流损失具有重要的作用。

另外，QWR 主要用于核物理研究中的重离子加速器中。HWR 适合工作在 150～350 MHz 的射频频率区间，它具有结构特性好、易进行表面处理、场对称性较好的优点，缺点是束流孔径相对较小。HWR 是低能量质子束加速的主力腔型之一，现已基本成熟。近年来，世界上很多实验室相继开展了 HWR 腔体的研究，尤其是在强流质子加速器低 β 段，该腔型发展迅速，已逐渐发展为高功率直线加速器中连接 RFQ 加速器和超导椭球腔之间的有效加速方案。

另一种低 β 超导加速腔是超导轮辐(spoke)腔，是一种基于较高射频频率用于加速低能质子束的加速结构，可以认为是一种特殊形态的 HWR，呈现了很好的应用前景。它的主要特点如下：场的对称性比 HWR 的更好；束流孔可以设计得比较大，有利于加速很高功率的质子束。尽管它主要是为质子直线加速器的低能端开发的，但也有可能将其扩展到中能区，采用多间隙设计可以与超导椭圆腔竞争。与常规的 DTL 比较，超导腔在低能端的应用可显著地降低射频功率消耗，这在高占空比或连续波加速器中是很有优势的，既可以降低整个加速器的造价，也可以降低加速器的运行费用。低β超导腔采用独立的射频功率源，这非常有利于在其中一个腔失效时可以通过邻近的腔进行能量、相位和聚焦的补偿，这一点在对加速器有非常高的可靠性要求时（如在ADS应用中）是极为重要的。超导腔的大束流孔径既对减小低能端的束流损失有利，也利于降低对加速器的安装误差要求。另外，超导HWR或spoke腔既可以在2 K条件下工作，也可以在4.2 K条件下工作，对低温系统的设计比较有利。

低能端的超导加速结构（即低β结构）因为腔单元的纵向尺寸非常小，结构设计非常困难，需要降低射频频率并采用特殊的H型结构设计，这大大增加了超导腔加工、焊接和表面处理的难度。同时，束流动力学也限制了高加速电压的使用，传输时间因子太小也导致低β腔的加速效率低。

（2）中β超导加速结构。

中β超导加速结构是用于加速中能质子束的，通常指能量区间为150～3 GeV。在较高能量的情况下，加速过程对粒子速度的影响较小，而且可以采用更高的射频频率，因此对基于电子直线加速器发展的多单元椭圆腔可以获得很高的加速效率，而且一种腔型可以覆盖较宽的能量范围。国际上在20世纪90年代末开始考虑发展该加速结构并将之用到终端能量约为1 GeV的连续波型直线加速器，用于核废料嬗变。

（3）高β超导加速结构。

对于能量高于2 GeV的质子直线加速器，这类加速器的应用目前还比较少。这一能区的加速可以继续沿用中β的5单元或6单元超导椭圆腔。高β超导腔通常追求很高的加速效率，且在脉冲模式下工作，低温损耗问题相对次要一些，腔型的设计应以得到尽可能高的加速梯度为目标，以减小加速器的长度和造价。

3.2.4 回旋加速器基本原理

早期的加速器只能使带电粒子在高压电场中加速一次，因而粒子所能达到的能量受到高压技术的限制。为此，一些加速器的先驱者在20世纪20年代就探索利用同一电压多次加速带电粒子，并成功地研制了用同一高频电压使钠和钾离子加速二次的直线装置，并指出重复利用这种方式，原则上可加速离子达到任意高的能量（实际上由于受到狭义相对论影响，只能加速到25～

30 MeV)。但由于受到高频技术的限制,这样的装置太大,也太昂贵,不适用于加速轻离子如质子、氘核等进行原子核研究,结果未能得到发展应用。

1930年,劳伦斯率先提出回旋加速器的基本加速原理。到1932年,成功研制出首台回旋加速器[1-3]。它的主要结构是在磁极间的真空室内有两个半圆形的金属扁盒(D形盒)隔开相对放置,在D形盒上加交变电压,其间隙处产生交变电场。置于中心的粒子源产生带电粒子,带电粒子射出,受到电场加速,在D形盒内不受电场力,仅受磁极间磁场的洛伦兹力,在垂直磁场的平面内做圆周运动。绕行半圈的时间为$\pi m/qB$,其中q是粒子电荷,m是粒子的质量,B是磁场的磁感应强度。如果D形盒上所加的交变电压的频率恰好等于粒子在磁场中做圆周运动的频率,则粒子绕行半圈后正赶上D形盒上电压方向转变,粒子仍处于加速状态。由于上述粒子绕行半圈的时间与粒子的速度无关,因此粒子每绕行半圈便会加速,绕行半径增大。经过很多次加速,粒子沿螺旋形轨道从D形盒边缘引出,能量可达几十兆电子伏特。回旋加速器的能量受制于随粒子速度增大的相对论效应,粒子的质量增大,粒子绕行周期变长,从而逐渐偏离了交变电场的加速状态。但由于相对论效应所引起的矛盾和限制,经典回旋加速器的能量难以超过每核子二十多兆电子伏特的能量范围。

后来,人们基于1938年托马斯(Thomas)提出的建议,发展了新型的回旋加速器。科学家们在1945年研制同步回旋加速器的过程中,通过改变加速电压的频率,解决了相对论效应的影响。利用该加速器可使被加速粒子的能量达到700 MeV。使用可变的频率,回旋加速器不需要长时间使用高电压,几个周期后也同样可获得最大的能量。在同步回旋加速器中最典型的加速电压是10 kV,并且,可通过改变加速室的大小(如半径、磁场)来限制粒子的最大能量。

20世纪70年代以来,为了适应重离子物理研究的需要,科学家们成功地研制了能加速周期表上全部元素的全离子、可变能量的等时性回旋加速器,使每台加速器的使用效益大大提高。此外,还发展了超导磁体的等时性回旋加速器。超导技术的应用在减小加速器的尺寸、扩展能量范围和降低运行费用等方面为加速器的发展开辟新的领域。同步加速器可以产生笔尖型的细小束流,其离子的能量可以达到天然辐射能的100 000倍。

1995年,中国原子能科学研究院与比利时IBA公司共同研制的cyc-30型回旋加速器投入使用,可生产各种医用同位素。2006年6月23日,中国首台西门子eclipse HP/RD医用回旋加速器在位于原广州军区总医院内的正电子药物研发中心正式投入临床运营。eclipse HP/RD采用了深谷、靶体及靶系统、完全自屏蔽等多项前沿技术，具有高性能、低消耗、高稳定性的优点。回旋加速器是产生正电子放射性药物的装置，该药物作为示踪剂注入人体后，医生即可通过 PET/CT 显像观察到患者脑、心、全身其他器官及肿瘤组织的生理和病理的功能及代谢情况。所以 PET/CT 可依靠回旋加速器生产的不同种显像药物对各种肿瘤进行特异性显像，实现对疾病的早期监测与预防。

3.3 ADS用加速器技术特性

先进核能嬗变 ADS 系统用于核废料处理，即利用高功率质子加速器驱动次临界系统，堆里的燃料有一部分是其他常规反应堆中产生的核废料，通过高功率质子束在堆里与靶材料发生散裂反应而为反应堆提供足够的中子，使反应堆持续运行，同时高能量的中子将那些长寿命的核废料同位素转变为短寿命的同位素，既能产生能量，也可大大减小核废料的体积和种类，从而使核废料的储存问题得到极大的缓解。另外，ADS 系统也可以用作洁净核能源，其原理同样是利用高功率质子束与靶材料作用提供临界所需要的中子能量，但反应堆里填放的不是经过处理的核废料，而是燃烧值较低的燃料(如钍)，临界系数较接近于 1，该类型的反应堆不仅更安全，而且可以燃烧的原料种类更多，同时产生的核废料也少得多。

进行核废料处理大约需要 40 MW 或更高的质子束功率，一般认为反应堆的运行需要连续波束流或重复频率很高的脉冲束流，而从目前加速器技术的发展水平来看，只有连续波的直线加速器才能满足这个要求。近年来的研究结果认为 10 MW 以上的质子束功率已经可以达到核废料嬗变的工业化要求。至于作为洁净核能源的驱动器，一般认为质子束功率应该大于 10 MW，除连续波的直线加速器外，回旋加速器的进一步发展也有希望满足其要求。尽管包括 ADS、中微子物理和放射束核物理等在内的不同应用方向都提出了高功率连续波的超导直线加速器的发展需求，近年来这方面也取得了较大的进展，但其涉及的技术问题和物理问题还需要有进一步的发展，才能满足 ADS 应用的要求。当然，除了当前的加速器技术距离工业应用水平 ADS 的要求还有一定的距离外，包含散裂靶的次临界反应堆技术本身也需进一步的研究和开发[12-13]。

ADS 强流质子直线加速器有别于其他高束流功率质子加速器的方面主要在于它极高的束流功率和极高的可靠性要求，这些要求都显著超出了目前国际上已达到的水平。为了深入理解ADS级高功率质子加速器的技术特性与设计，本节将首先概述ADS对加速器技术的特别要求，着重讲述中国ADS先导专项里C-ADS以及CiADS质子直线加速器设计方案，最后讲述近年来国内外ADS用加速器的设计方案。

3.3.1　ADS对加速器技术的要求

为了驱动次临界反应堆维持链式反应和嬗变核废料，需要获得较高的中子产额，质子能量最好在0.5～1.5 GeV范围内。

对于1.5 GeV的质子，其轰击重金属散裂反应后产生约42个中子，那么加速器每产生一个中子消耗的平均能量约为35 MeV。单次裂变反应释放的能量为190 MeV。如果堆内40%的中子用来进行裂变反应，剩余的中子被增殖和吸收，则整个ADS系统的能量增益因子G为

$$G=\frac{P}{EI}=\frac{190}{35}\times 0.4\times \frac{1}{1-k_{\mathrm{eff}}} \tag{3-27}$$

式中，P为反应堆包层释放的能量(单位为W)，E为加速器的质子能量(单位为eV)，I为加速器的束流流强(单位为A)。当k_{eff}介于0.95和0.98之间时，能量增益因子G为43～108。如果反应堆包层的能量P为1 GW，则对加速器束流功率的要求为23～9 MW，流强I为15～6 mA。

满足以上要求的ADS级加速器属于兆瓦量级的高功率质子加速器。国际上平均功率较高的质子加速器有美国散裂中子源的超导直线加速器和瑞士国家实验室PSI的回旋加速器，SNS的平均功率为1.4 MW，PSI为1.3 MW。

为了获得较高的平均束流功率，比如达到100 kW以上量级，当前几种主要的ADS级高能加速器方案如下：① 较高能量的独立直线加速器(能量范围为0.8～2 GeV)，高重复频率或连续波的几十兆瓦级束流功率用于ADS系统；② 能量在1 GeV、流强为10 mA的10 MW级连续波束流的回旋加速器用于ADS系统。

高峰值流强、高占空比、高重复频率是高功率质子加速器的主要特征，占空比一般都在1%以上，环的重复频率都在10 Hz以上。表3-3给出了目前在建、正在运行和计划中的高功率直线加速器的主要参数，表3-4则给出了高功率环形加速器的主要参数[14-15]①。近几十年来，国际上主要发达国家或

① 数据来自中科院高能所唐靖宇教授的中国科学院大学研究生课程讲义。

组织相继启动了 ADS 发展计划并提出了各自的加速器设计方案，其束流指标如表 3－5 所示。

表 3－3　大部分在建、正在运行和计划中的高功率直线加速器

项　目	离子	能量 /GeV	重复频率 /Hz	占空比 /%	平均流强 /mA	功率 /MW	状态
LANSCE	H^+/H^-	0.8	100/20	6.2/1.2	1.0/0.1	0.8/0.08	运行中
SNS	H^-	1	60	6	1.4	1.4	运行中
FNAL	H^-	0.4	15	0.04	0.018	0.007	运行中
J－PARC(I)	H^-	0.18～0.4	50/25	2.5	0.7	0.28/0.14	运行中
J－PARC(II)	H^-	0.6	25	1.25	0.35	0.21	计划中
CERN SPL	H^-	5	50	4/2	20/40	4	设计中
ESS－S	H^+	2.5	14	4	2	5	建设中
Project－X	H^-	3/8	Chopped	10/2.5	1/0.25	3/2	设计中
PIP－II	H^-	0.8	—	2.5	10	0.2	设计中
TRASCO	H^-	1	连续波	100	30	30	设计中
IFMIF	D^+	0.04	连续波	100	2×125	10	建设中
CiADS	H^+	0.5	连续波	100	5	2.5	设计中
EFIT	H^+	0.8	连续波	100	20	16	设计中

表 3－4　大部分在建、正在运行和计划中的高功率环形加速器

项　目	类型	能量 /GeV	注入能量 /GeV	频率 /Hz	平均流强 /mA	功率 /MW	状态
ISIS	RCS	0.8	0.07	50	0.3	0.24	运行中
IPNS	RCS	0.45	0.05	30	0.167	0.007 5	关闭
BSIS－Upgrade	RCS	0.8	0.18	50	0.625	0.5	设计中

（续表）

项　目	类型	能量/GeV	注入能量/GeV	频率/Hz	平均流强/mA	功率/MW	状态
PSR-Ⅰ	AR	0.8	0.8	20	0.1	0.08	运行中
PSR-Ⅱ	AR	0.8	0.8	30	0.2	0.16	设计中
SNS	AR	1	1	60	1.4	1.4	运行中
J-PARC/RCS	RCS	3	0.4	25	0.333	1	运行中
J-PARC/MR	Synch.	50	3	0.3	0.015	0.75	运行中
FNAL/Booster	RCS	8	0.4	15	0.014	0.112	运行中
BNL/Booster	RCS	1.5	0.2	7.5	0.018	0.027	运行中
CSNS-I	RCS	1.6	0.8	25	0.065	0.1	建设中
IIISNS	RCS	1.6	0.25	25	0.313	0.5	设计中
CERN/SPS NF	AR	1	1	50	0.3～0.4	0.3～0.4	设计中
Project-X PSI	RCS	3	0.2	50	0.4	1.2	设计中
	Synch.	8	8	15/60	0.5	4	设计中
	Cyc.	0.59	0.07～0.072	cw	2.2	1.3	运行中

表 3-5　国际上 ADS 加速器设计主要指标

项　目		能量/MeV	流强/mA	功率/MW
韩国	HYPER	1 000	10～16	10～16
日本	JAERI-ADS	1 500	18	27
美国	ATW	1	45	45
欧盟	MYRRHA	600	3	2.4
	EFIT	800	20	16

（续表）

项目		能量/MeV	流强/mA	功率/MW
欧盟	XT-ADS-A	600	3/6	1.8/3.6
	XT-ADS-B	350	5	1.75
	CINR	500	10	0.15
俄罗斯	NWB	380	10	3
	CSMSR	1 000	10	10
印度	I-ADS	1 000	30	30
中国	CiADS	500	5	2.5

如前文所述，ADS加速器面临如下三大挑战：严格的失束次数要求、高可用性要求和苛刻的束损要求。这主要是因为高功率质子加速器的空间电荷效应的影响很大、束流的集体不稳定性较为突出。前者是束团内部粒子之间的直接库仑作用，后者是束团与加速器的真空盒、高频腔等环境的相互作用。这些作用都可能导致束流的整体损失或品质变差。而更高的束流功率意味着更加严格的束流损失率控制，即微小比例的束流损失也可能造成机器设备寿命的下降和对机器的维护无法进行。下面简要概述ADS用加速器的性能要求。

1）ADS用加速器对失束次数的要求

加速器失束会对靶和堆产生瞬态热力学冲击，进而影响并网发电时的安全运行，因此需要严格控制加速器的失束频率。表3-6给出了ADS加速器的失束次数要求，表3-7则给出了假设一年运行250天ADS最大可容忍的失束水平[14]。

表3-6　ADS加速器对失束次数要求

	研究装置	工业示范装置	工业应用装置
束流功率/MW	1～2	10～75	10～75
失束时间 t	失束次数/(次/年)	失束次数/(次/年)	失束次数/(次/年)

（续表）

	研究装置	工业示范装置	工业应用装置
$t<1$ s	无要求	小于25 000	小于25 000
1 s$<t<$10 s	小于2 500	小于2 500	小于2 500
10 s$<t<$5 min	小于2 500	小于2 500	小于250
$t>$5 min	小于50	小于50	小于3

表3-7　ADS加速器可容忍的失束水平

失束持续时间 t	次数/天
$t<1$ s	100
1 s$<t<$10 s	10
10 s$<t<$5 min	10
$t>$5 min	0.1

安全停束的可能、最大束流功率的限制、束流流强变化的速率、流强变化的闭环控制以及可控的秒量级到分钟量级的束流功率变化，都会影响ADS系统的安全运行。而直线加速器的大部分失束和故障来源于前端系统，为了增加加速器的平均无故障时间，ADS加速器在设计时一般在低能的前端部分进行双注入器冗余备份。

CiADS加速器是输出能量500 MeV、束流峰值流强为5 mA的连续波型超导质子直线加速器，加速器运行时束团粒子间具有的库仑相互作用较强，这种相互作用将引起明显的空间电荷效应，导致束流的不稳定。若无法有效地控制空间电荷效应必将产生严重的束损。而CiADS加速器作为一个超导直线加速器，大量使用了超导腔和超导磁铁，在极低的温度与极高的真空状态下，很小的束流损失产生的热量都极有可能导致超导腔与超导磁铁的失超，进一步导致加速器无法正常工作，甚至对加速器系统造成不可逆的损坏。CiADS的设计束流功率为2.5 MW，是国际上在运行的最高功率加速器的功率值的两倍。在国际上，辐射防护对加速器辐射剂量提出了严格的要求，停机 4 h 以后，距离束流管道 0.3 m 的位置，剩余辐射剂量率小于 100 mrem/h。这一要求对应到束流损失上，要求束流损失必须小于 1 W/m。这一标准保证了在加速器出现问题时，维修人员可以在 4 h 的时限外安全及时地处理问题。CiADS 具有 2.5 MW 的超高功率，必须将束流损失控制在极小的比例以内，这对于 CiADS 一类的高功率质子加速器在束流损失控制方面提出了极高的要求[14]。在现有的研究基础之上，根据目前的技术情况，中国科学院近代物理研究所对 CiADS 加速器提出了失束次数的要求，如表 3-8 所示。

表 3-8　CiADS 加速器对失束次数要求

失束时间	每年失束次数
<10 s	无要求
10 s～5 min	2 500
>5 min	300

2）ADS 用加速器对可用性的要求

中国科学院近代物理研究所对 C-ADS 25 MeV 超导直线加速器做了稳定性实验，实验结果如下：其可用性为 57%，高频系统和控制系统是可靠性最低的两大系统。为了保证安全稳定有效运行，ADS 白皮书披露的 ADS 对可用性要求如表 3-9 所示[14]。

表 3-9　ADS 对可用性要求

装置类型	研究装置	工业示范装置	工业应用装置
束流功率/MW	1～2	10～75	10～75
可用性/%	>50	>70	>85

3）ADS 用加速器束流损失

高功率质子直线加速器随着能量的提高，纵向运动和横向运动的耦合作用，包括参数共振和耦合共振；空间电荷效应引起的各种共振，包括粒子-束核共振；非线性力特别是非线性空间电荷力引起的相空间丝化；各种误差导致的发射度增长，如元件安装误差、射频场动态误差、设置误差、束流与剩余气体的碰撞作用等机理作用，会给加速器带来更多的束晕问题。束晕是指占束流分布最外围的、密度很小的那些粒子，其具有的分支比发射度较大。在低能加速器中，往往可以忽略该问题；在高功率质子加速器中，束晕在粒子分布中所占的比重尽管很小，但它是束流损失的重要的来源。束晕是沿着加速器中的加速过程或路径逐渐增长的，一部分束晕粒子会超出加速器的束流孔径而丢失掉，它们对加速器的安全运行和维护有很大的影响，越是高能量部分，束流损失所造成的影响越大，对其的控制要求也就更严格。在实际的加速器运行中，加速器参数的设置通常是有误差的，这会加剧不同加速段之间的失配误差；通过在关键位置上的束流测量则可以有效地帮助减小失配误差和它们所带来的发射度增长。

3.3.2 ADS用质子直线加速器发展趋势

在20世纪70年代，当时世界上只建成了1台高能量质子直线加速器LAMPF以及若干台中等能量的直线加速器，采用如图3-4所示的直线加速器结构是公认的合理选择。其中低能端采用了高压倍加速器，加速脉冲型但无微脉冲结构的束流（近似直流束）通过聚束器进行束团化，从而与后面紧接着的DTL进行纵向匹配。DTL是当时主要的加速结构，可以把束流能量加速到约200 MeV。而对于更高能量的直线加速器，从100 MeV开始，采用CCL加速结构。当时，大多数DTL均采用200 MHz左右的RF频率，用陶瓷四极管型射频功率源驱动，LAMPF的CCL则采用了4倍频，即805 MHz。

图3-4 1970年代的质子直线加速器结构

21世纪初，RFQ加速器的技术已经逐渐成熟，新建的直线加速器均引入RFQ加速结构，以提高运行效率和运行流强。尽管DTL仍然是中低能端的主力加速结构，但采用更高的RF频率如324 MHz或350 MHz甚至402 MHz成为主流；另外，在稍高的能量（如20 MeV以上）采用加速效率更高的CCDTL或SDTL也是很好的选择。

随着新的加速结构出现，特别是超导直线加速器技术的发展，用较低的造价建造强流、高能量的直线加速器的目标在逐渐实现。超导加速结构一方面可以提高加速梯度以减小加速器的总长度，另一方面可以显著地降低腔体本身的功率损耗，这对节省造价非常高的功率源是非常有效的，而且它的大孔径也有利于减小加速器中的束流损失率。对于高占空比或连续波运行的直线加速器，采用超导腔具有很大的优势，可以解决加速器中的水冷困难和高频功率要求非常高的问题。在低能段用来代替 DTL 结构的有超导 spoke 型、超导 HWR 等。在中高能量段，如 200 MeV 以上，超导椭圆腔结构被认为具有很大的优势。ADS 用直线加速器对束流的匹配包括纵向匹配和横向匹配都更加重视，以减小束流传输过程中的发射度增长和束流损失，因此，在离子源和 RFQ 加速器之间设计了较为复杂的低能传输段(low energy beam transport，LEBT)，在 RFQ 加速器和 DTL 之间设计了中能传输段(medium energy beam transport，MEBT)。现代 ADS 用质子直线加速器的结构如图 3-5 所示。

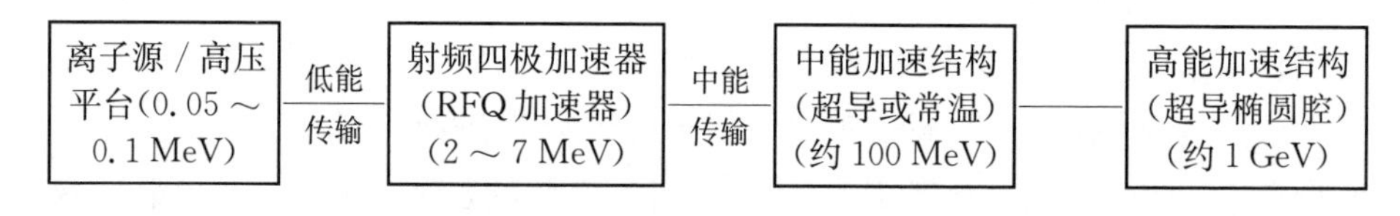

图 3-5　现代质子直线加速器结构

质子加速器在 ADS 嬗变系统中的作用是产生连续、稳定的高能强流质子束。由于超导直线加速器的高流强优点，其射频微波功率具有高利用率、低运行成本、高束流稳定度等优点，加上超导可以降低高能高功率加速器的功耗和冷却等问题的难度，国际上普遍认为连续波模式的超导直线加速器是 ADS 嬗变系统质子加速器的最佳选择。

3.3.3　高功率加速器典型实例

鉴于 ADS 系统被国际公认为核废料处理的最有效手段，世界各国(组织)相继提出了 ADS 系统加速器装置设计，如美国的 ATW、韩国的 KOMAC、意大利的 TRASCO、法国的 IPHI-ASH、欧盟的 MYRRHA 等项目。国际上的 ADS 研究已进入物理过程、关键技术和核心部件的研究阶段以及核能系统集成的概念研究阶段。但到目前为止，并无现成的装置可供参考。这些 ADS 项目中加速器的设计能量从 380 MeV 至 1.5 GeV 不等，流强从 4 mA 至 18 mA 不等。尽管这些加速器的设计需求不同，但均是束流功率达到兆瓦级的强流质子加速器。下面简要介绍几个高功率加速器的设计方案。

1) C-ADS 超导直线加速器

针对我国裂变核能可持续发展中“核废料安全处置”的瓶颈问题，中国科学院利用自身的综合优势，争取了“未来先进核裂变能-ADS 嬗变系统”战略科技先导专项，即 C-ADS 项目，并组织跨单位、跨学科的协同攻关。该项长期的研究项目开展了先进核裂变能前瞻性基础研究，并为实现我国核科技水平和自主创新能力的跨越式发展做出了重大贡献[13]。该项目中的高功率质子加速器主要由中国科学院近代物理研究所和中国科学院高能物理研究所承担，如图 3-6 所示[16-18]。

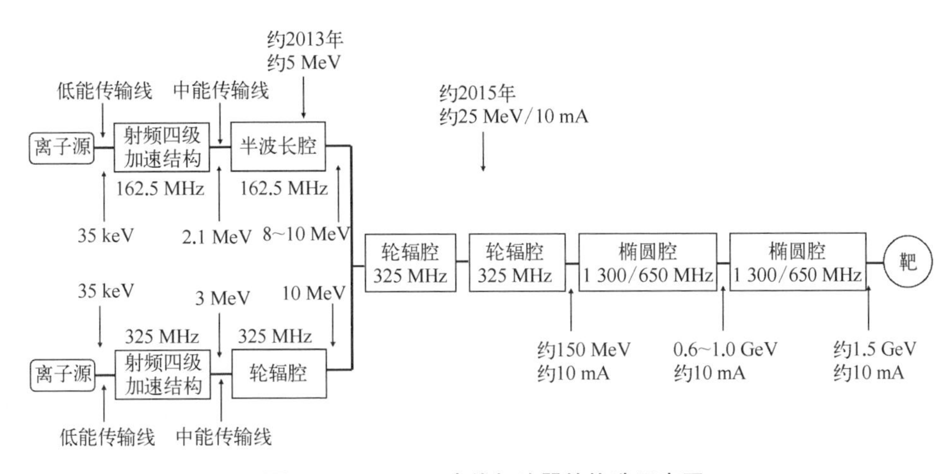

图 3-6　C-ADS 直线加速器的构造示意图

C-ADS 第一阶段计划建造 10 mA、50 MeV 的连续波运行的超导质子直线加速器。它的低能注入段选择了两种不同频率的注入器方案以进行技术可行性研究。

2) CiADS 超导直线加速器

在 C-ADS 项目预研成果基础上，2015 年，CiADS 由国家发展改革委批准立项。CiADS 采用“超导直线加速器＋高功率散裂靶＋次临界反应堆”组合的技术路线如图 3-7 所示。

CiADS 加速器设计方案[19-21]当前主要包括低能传输段、常温加速器前端、中能传输段、超导加速段、高能传输段（high energy beam transport,

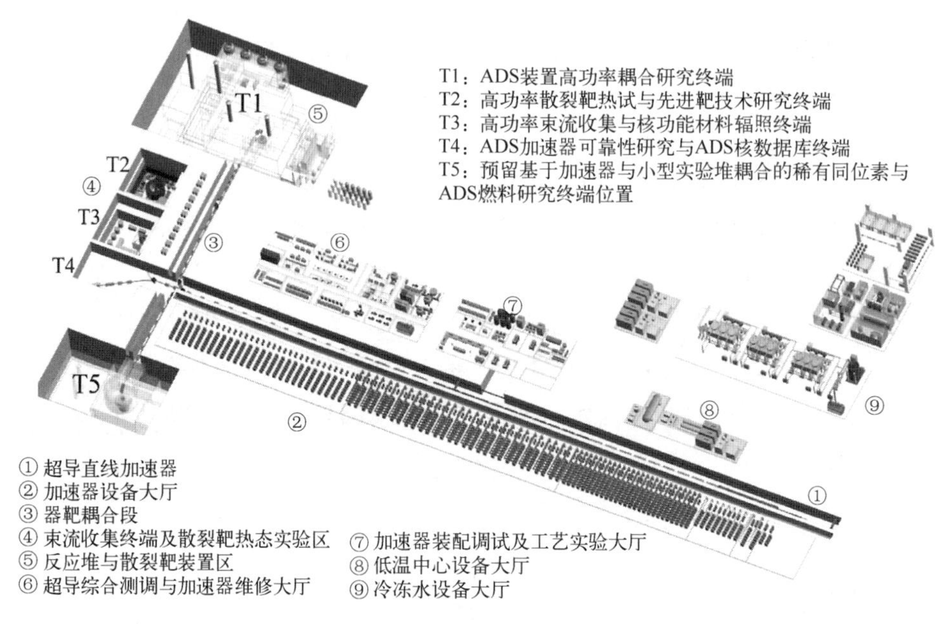

图 3-7　CiADS 结构布局

HEBT)。强流质子束流由离子源产生,经过低能传输段和射频四极加速器完成横纵向束流的成形和预加速。中能传输段将束流匹配到超导加速段,然后经过一系列的超导腔体加速到 500 MeV。束流经过高能传输段的调制匹配和均匀化,入射到重金属散裂靶产生高通量中子。CiADS 超导质子加速器输出能量为 500 MeV,束流流强为 5 mA,设计综合考虑了 CiADS 运行的高稳定性、高可用性以及散裂靶的安全输入要求。

CiADS 超导直线加速器与 C-ADS 直线加速器采用的是连续波运行模式的强流质子直线加速器,为避免常温加速结构因热沉积引起的冷却困难和射频功率损耗过大等问题,除了低能段的 RFQ 加速器为常温加速结构以外,整个加速器均采用超导加速器结构。其设计参数如表 3-10 所示。

表 3-10　CiADS 加速器总体参数

参　数	数　值
加速离子	质子
能量/MeV	500

（续表）

参 数	数 值
流强/mA	5
功率/MW	2.5
总长/m	367.52
束流占空比/%	100

CiADS各段能量范围如表3-11所示，电子回旋共振离子源（electron cyclotron resonance ion source，ECRIS）产生的质子通过LEBT能量达到35 KeV，经RFQ将能量加速到2.12 MeV，再经过一系列超导腔将能量提高到500 MeV。由此可见超导段能量增益的贡献最大。

表3-11 CiADS高频参数汇总

加速段	LEBT	RFQ	MEBT	超导段	HEBT
长度/m	2.9	4.2	3.8	222.09	147
出口能量/MeV	0.035	2.1	2.1	500	500
束流频率/MHz	DC	162.5	162.5	162.5	—
高频频率/MHz	—	162.5	162.5	162.5/325/650	—
P	0.008 6	0.067	0.067	0.76	0.76
腔体数	—	1	3	155	—
CM数	—	—	—	29	—
运行温度/K	300	300	300	2	300

根据束流能量和超导腔体类型的不同，CiADS超导加速器系统划分为超导HWR010段、HWR019段、Spoke042段、Ellip062段以及Ellip082段。超导腔体整体参数及数量如表3-12所示。

表 3-12 CiADS 直线加速器各类超导腔一览表

腔 型	f/MHz	P	孔径/(mm)	Epeak/(MV/m)	Bpeak/mT	能段/MeV	cavity/CM	U_{max}/MV
HWR010	162.5	0.10	40	28	56.75	2.1～8.0	14/2	1.06
HWR019	162.5	0.19	40	35	63.7	8.0～44	28/4	2.8
Spoke042	325	0.42	50	35	65.9	44～180	54/9	6.7
Ellip062	650	0.62	80	35	67.3	180～375	44/11	13
Ellip082	650	0.82	100	35	68.3	375～500	15/3	20

3) ESS 直线加速器

欧洲散裂中子源(European spallation source，ESS)超导直线加速器用于加速流强 50 mA、脉宽 2.86 ms、重复频率 14 Hz 的长脉冲质子束流，平均束流功率可达 5 MW[22]，如图 3-8 所示。其加速单元采用射频频率为 352.21 MHz 与 704.42 MHz 的超导腔，射频功率源采用速调管功率放大器。其加速器束流动力学研究对幅度、相位稳定度要求分别为 0.5% 与 0.5°。

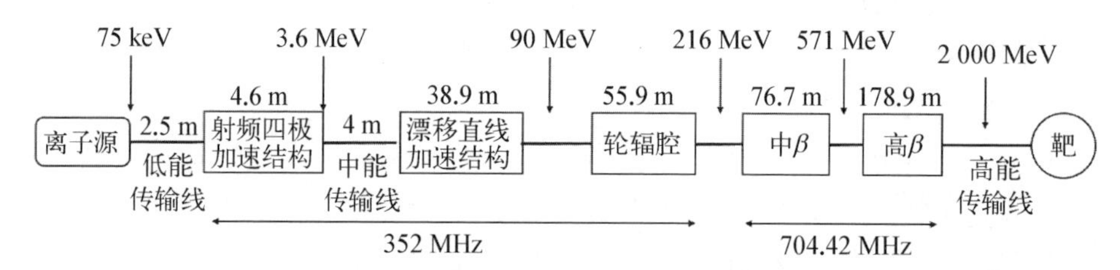

图 3-8 ESS 超导直线加速器结构示意图

4) J-PACR 直线加速器

J-PACR 是 JAERI 与日本高能加速器研究机构合作建造的大型质子加速器研究装置。由 600 MeV 的直线加速器、能量为 3 GeV 的快循环同步加速器、能量为 50 GeV 的同步加速器和相关的束流传输线组成。当束流能量达到 400 MeV 时，一部分束流注入快循环同步加速器，另一部分束流由超导直线加速器加速到 600 MeV，用于洁净核能研究等目的。其直线加速器结构布局如图 3-9 所示[23]。

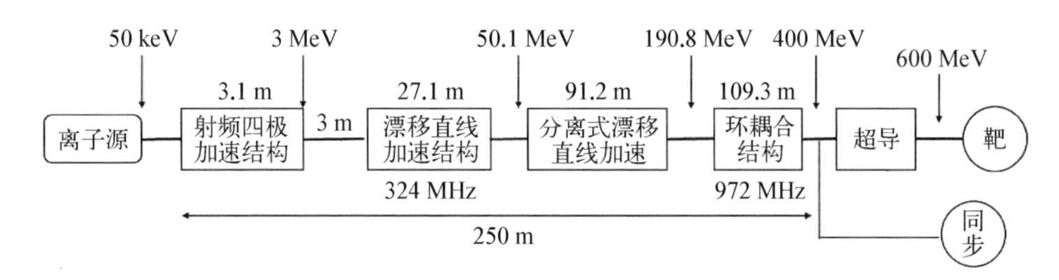

图 3-9　J-PACR 直线加速器结构示意图

5）MYRRHA 直线加速器

比利时 MYRRHA 是可扩展至商用的大型 ADS 研究装置，其连续波高功率超导直线加速器可将 2.4～4 mA 的质子束加速到 600 MeV[24]。加速器采用的加速单元的工作频率为 176.1 MHz、352.2 MHz 与 704.4 MHz。MYRRHA 的平均故障间隔时间要求不低于 250 h，对束流能量稳定性要求为 ±1%，流强稳定性要求为 ±2%，其结构如图 3-10 所示。

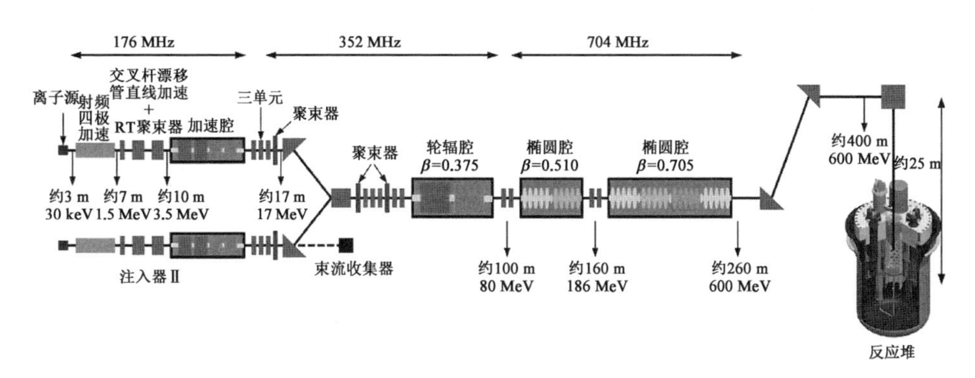

图 3-10　MYRRHA 直线加速器结构示意图

6）IFMIF 直线加速器

法国 CEA-Saclay 实验室主持设计了国际合作项目 IFMIF[25]。图 3-11 是 IFMIF 直线加速器以及示范装置的布局图。该装置加速粒子为 D，设计流强为 125 mA，能量为 40 MeV。其 RFQ 加速器为四翼型，工作频率为

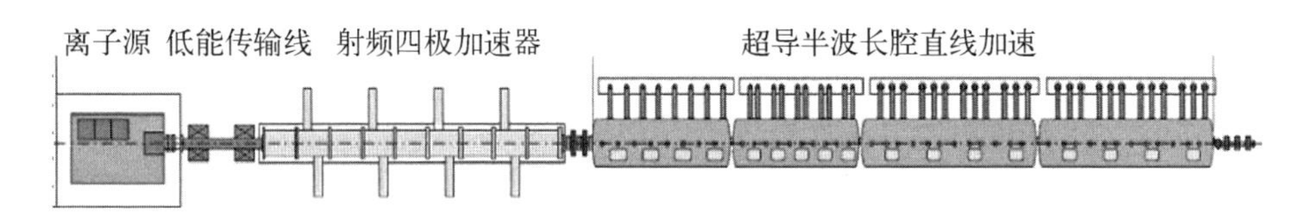

图 3-11　IFMIF 直线加速器分布示意图

175 MHz,输出能量为 5 MeV。5～40 MeV 段全部采用射频超导加速技术,选用频率为 175 MHz 的超导 HWR。

7) Project - X 直线加速器

美国费米国家实验室主持设计了计划项目 Project - X(见图 3 - 12)。该装置加速粒子为负氢离子,超导注入器的总能量为 8 GeV[25]。其中 0～3 GeV 段为连续波运行,平均流强为 1 mA,低能段流强设计为 5 mA。其 RFQ 加速器为四翼型,工作频率为 162.5 MHz,输出能量为 2.1 MeV。2.1～10.4 MeV 段采用频率为 162.5 MHz 的超导 HWR,10.4～167 MeV 段采用频率为 325 MHz 的超导 spoke 腔,167 MeV～3 GeV 段采用频率为 650 MHz 的超导椭球腔,3～8 Gev 段采用频率为 1 300 MHz 的超导椭球腔(此段仍在设计阶段,图中未画出)。

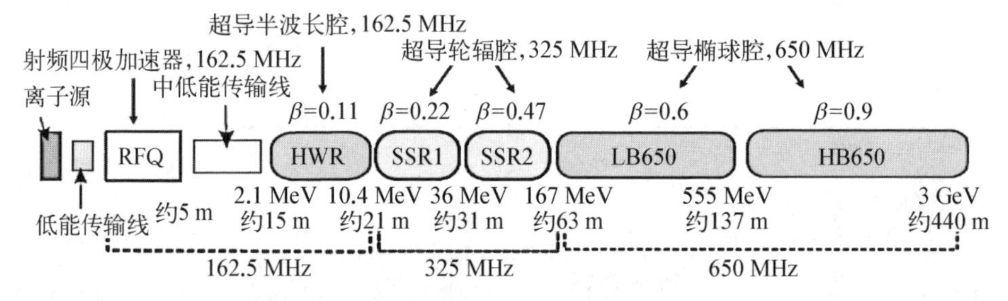

图 3 - 12 Project - X 直线加速器分布

参考文献

[1] 陈佳洱. 加速器物理基础[M]. 北京: 北京大学出版社,2012.

[2] 赵籍九,尹兆升. 粒子加速器技术[M]. 北京: 高等教育出版社,2006.

[3] Scharf W. Particle accelerators and their uses[M]. Amsterdam: Harwood Academic Publishing, 1986.

[4] 何涛. 双束漂移管直线加速器研究[D]. 兰州: 中国科学院大学(中国科学院近代物理研究所),2020.

[5] Lee S Y. Accelerator physics[M]. Singapore: World Scientific Publishing, 2004.

[6] 魏开煜. 带电束流传输理论[M]. 北京: 科学出版社,1986.

[7] Thomas P, Wangler. RF linear accelerators[M]. NewYork: Wiley-VCH, 2008.

[8] Meplan O, David S, Nifenecker H. Accelerator driven subcritical reactors[M]. London: IOP Publishing Ltd, 2003.

[9] 王书鸿,周清一. 北京质子直线加速器的性能改进及其应用[J]. 高能物理与核物理, 1991,8: 680 - 688.

[10] Stokes R H, Wangler T P, Crandall K R. The radio-frequency quadrupole-a new

linear accelerator[J]. IEEE Transactions on Nuclear Science, 2007, 28(3): 1999 - 2003.

[11] Stokes R H, Crandall K R, Stovall J E, et al. RF Quadrupole beam dynamics[J]. IEEE Transactions on Nuclear Ence, 2007, NS - 26(3): 3469 - 3471.

[12] OECD. Accelerator and spallation target technologies for ADS applications: a status report[J]. OECD Papers, 2005, 5(7): 24.

[13] 詹文龙,徐瑚珊. 未来先进核裂变能: ADS 嬗变系统[J]. 中国科学院院刊,2012, 27(03): 375 - 381.

[14] 贾欢. 中国 ADS 注入器样机Ⅱ束流传输线的设计与调试[D]. 兰州: 中国科学院研究生院(近代物理研究所),2015.

[15] Henderson S D. Spallation neutron sources and accelerator-driven systems[J]. Reviews of Accelerator Science & Technology, 2013, 6: 59 - 83.

[16] 张磊,王锋锋,刘鲁北,等. C - ADS 强流质子直线加速器调谐系统测试分析[J]. 强激光与粒子束,2018,30(12): 96 - 102.

[17] 王志军,何源,刘勇,等. The design simulation of the superconducting section in the ADS injector Ⅱ[J]. 中国物理 C,2012,36(03): 256 - 260.

[18] 罗焕丽. 驱动离子束 FFAG 加速器与 C - ADS 输运中若干物理问题的探索研究[D]. 合肥: 中国科学技术大学,2013.

[19] 秦元帅. 高功率质子加速器腔体失效与高能传输线关键问题研究[D]. 兰州: 中国科学院大学(中国科学院近代物理研究所),2020.

[20] 贾永智. CiADS 超导直线加速器的超导腔失效补偿[D]. 兰州: 中国科学院大学(中国科学院近代物理研究所),2018.

[21] 高鹏辉. CiADS 固态功率源的可用性设计与分析[D]. 兰州: 中国科学院大学(中国科学院近代物理研究所),2018.

[22] 陈奇. ADS 超导直线加速器射频系统关键问题研究[D]. 兰州: 中国科学院大学(中国科学院近代物理研究所),2020.

[23] 王志军. 优化方法在直线加速器设计中的应用[D]. 兰州: 兰州大学,2013.

[24] Engelen J, Abderrahim H A, Baeten P, et al. MYRRHA: preliminary front-end engi-neering design[J]. International Journal of Hydrogen Energy, 2015, 40(44): 15137 - 15147.

[25] 贺守波. ADS 强流质子加速器低 β 超导 HWR 腔结构稳定性分析与调谐研究[D]. 兰州: 中国科学院研究生院(近代物理研究所),2014.

第 4 章
ADS 用散裂靶

在原子核物理及其应用百余年的发展史中，中子的发现是一个重要的里程碑。如果说发现质子为我们开启了认识原子核内部世界的大门，那么，以发现中子为重要标志，人类对原子核的认知以及从原子与原子核尺度上对物质世界的探索则进入了一个全新的时代。中子作为探针在物质结构研究中的广泛应用，不仅让原子核物理学家对原子核的研究有了质的飞跃，也促进了一系列交叉学科的发展。此外，人类对核裂变能的掌握，包括影响世界格局的原子弹以及深远影响着社会和经济发展的核电，本质上都是从人类对中子诱发核裂变反应的掌握开始的。

由于自然界中不存在自由中子，中子的获得需要通过核反应使原子核的激发能大于中子的核结合能，从而让中子释放。事实上，由于中子不带电，也无法直接对其加速获得中子束流。利用核反应产生中子的装置称为中子源，常用的中子源包括放射性核素中子源、反应堆中子源和加速器中子源。散裂中子源作为加速器中子源的一种，其原理是利用能量几百兆电子伏特或吉电子伏特量级的轻带电粒子轰击重核，发生散裂反应从而释放出中子。不同于放射性核素中子源和反应堆中子源，散裂中子源不仅能产生高强度、方向性强、伴生 γ 本底低的中子束，还能提供脉冲可调的中子束。相较于同样属于加速器白光中子源的电子直线加速器中子源和离子加速器中子源，散裂中子源最大的优点是中子产额高而且产生一个中子沉积的平均能量最低。因此，在需要高流强中子束的应用中，散裂中子源是最理想的选择。

散裂中子源自诞生以来，广泛应用于高能物理、中子物理、凝聚态物理、中微子物理、μ 介子物理等基础研究中。随着功率的不断提高，散裂中子源在辐射损伤研究、洁净核能开发、长寿命高放射性核废料嬗变处理、聚变材料性质研究、同位素生产等应用方面也将发挥重大作用。正是由于对高强度中子束的巨大需求，散裂中子源从最早的几千瓦束流功率，经过几十年不断发展，现在已经提高到兆瓦量级水平。在ADS中，加速器产生的高能质子束流轰击散裂靶进而发生散裂反应产生外源中子驱动次临界反应堆的稳定运行。所以散裂靶作为ADS系统中的关键耦合部件，不仅起着将外源中子耦合到反应堆内的重要作用，也决定着整体系统的功率水平，维持着ADS系统的安全性与稳定性。因此在ADS系统的研究中，重金属散裂靶是一个重要的研究课题。目前针对ADS散裂靶的研究主要包括两个方面：一是散裂靶的中子性能研究，靶材料必须是能够发生散裂反应并且具有高能中子产额和广谱中子分布的材料，通常是重金属材料，如铀、钨、钽、汞、铅、LBE等；二是散裂靶的传热性能研究，高能质子作用到散裂靶中发生散裂反应的同时也会产生大量的沉积热量，这就要求散裂靶必须具有良好的热移除能力，以便不被高温破坏。本章将从散裂反应的作用机理出发，讨论和分析有关ADS系统散裂靶的关键技术特性、中子学等相关问题，并介绍国内外主要ADS系统的概念和工程设计方案。

4.1 散裂靶物理学基础

散裂中子源是利用束流打靶产生中子的装置，而散裂靶计算中最重要的过程就是散裂反应过程。散裂反应是指具有相对论运动能量的轻入射粒子轰击高质量数原子核，通过一系列核内强相互作用过程及退激发过程，最终发射出大量强子(主要是中子、质子和π介子)、轻核并可能伴随产生裂变碎片的一种核反应过程。一般地，散裂反应可以分核内级联(intra-nuclear cascade, INC)过程和余核退激过程两个阶段来描述[1](见图4-1)。

4.1.1 核内级联过程

核内级联是散裂反应过程的第一阶段。在核内级联阶段，由于入射粒子的约化德布罗意波长小于原子核内核子间的平均距离(～GeV核子波长约为0.1 fm，原子核内核子平均距离约为1 fm)，因此入射粒子可以直接与靶核内单个核子进行准自由碰撞，将能量部分或全部传递给核内其他核子，获得能量的核子继续与其他核内核子发生同样的碰撞，直到能量损失到核内结合能的水平。该过程因此称为核内级联过程。在核内级联碰撞过程中，每一次碰撞都有可能打出强子(n、p、π)。由于核内级联过程是核子-核子直接碰撞过程，其渡越时间极

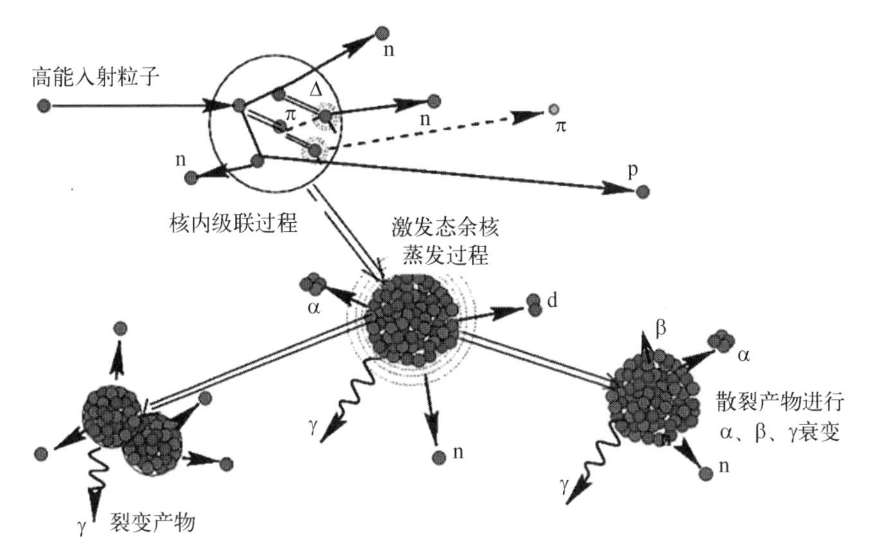

图 4 - 1　散裂反应过程示意图

短,为 $1\times10^{-23}\sim1\times10^{-22}$ s。核内级联过程中释放出的强子能量较高(大部分为 20 MeV 以上直至入射粒子的能量),同时这部分出射粒子带有较大的前冲动量。

图 4 - 2 和图 4 - 3 给出了 Bonner、Amian 和 Leduox 等分别测量的 800 MeV 质子轰击铅靶实验的中子双微分能谱数据。从图 4 - 2 可以看出,高

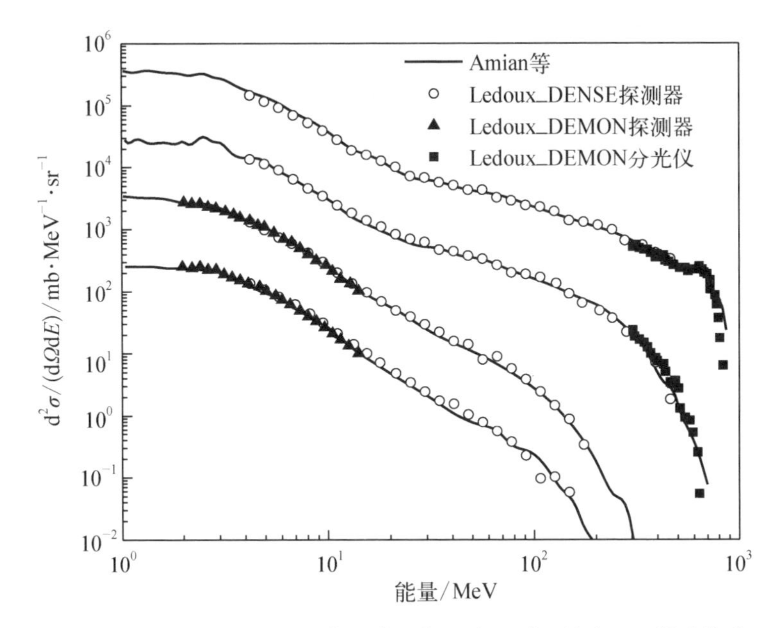

图 4 - 2　800 MeV 质子打铅靶 25°、55°、130°、160°处的中子双微分能谱

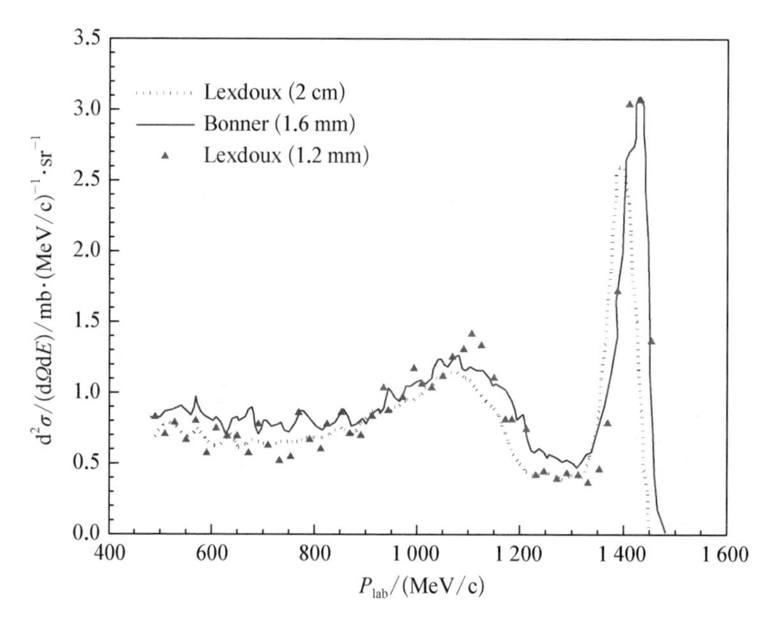

图 4-3　800 MeV 质子打铅靶 0°处的中子双微分能谱

能量出射中子前冲性非常明显,特别是与入射动能相近的中子,主要集中在 0°附近,图 4-3 中这个特征更加明显。

4.1.2　退激发过程

相对于核内级联过程,余核退激过程要慢得多,为 $10^{-18}\sim10^{-16}$ s。当级联过程结束后,核内核子的动能均匀化,剩余核整体处于激发态。在退激发阶段,余核通过不断"蒸发"出各向同性低能(主要为 10 MeV 以下,最高可达核势阱深度能量,约 40 MeV)强子及 d、t 等轻带电粒子,进行退激。对于高质量数剩余核,蒸发出^{3}He、α 粒子甚至更重轻核的可能性更大。余核通过蒸发进行退激是一个持续的过程,当激发能降低到一定水平以后,不再蒸发强子或轻核,而是通过发射 γ 射线继续释放剩余能量。当然,如果蒸发过程结束后剩余产物是偏离 β 稳定线的放射性核,还会进行 α、β、γ 衰变,但该过程严格来说已不属于散裂反应范畴。

在蒸发过程以外,如果余核是锕系元素,还有可能通过裂变进行退激发,而裂变碎片可能继续通过蒸发进行退激。从图 4-2 可以看出,10 MeV 以下的出射中子是各向同性的,而这部分中子正是通过蒸发过程产生的。

除了级联过程和退激发过程外,一般认为两个过程中间还存在一个预平衡过程。通过该过程,高激发态余核通过发射能量略高(相较蒸发粒子)的中子或轻带电粒子变成平衡态复合核,随后进行退激发过程。从模型计算的角度,很多情况下并不对预平衡过程进行单独的模型调用,这主要是由于很多 INC 模型实际上已经实现了该过程。

4.1.3　散裂反应计算模型

自 1947 年发现散裂反应现象以来,核物理学家对散裂反应机制进行了大量的研究和理论解释。随着散裂中子源的发展,散裂反应过程的模型描述和计算越来越受到重视,特别是描述级联过程的计算模型[2]。

用于计算核内级联反应的微观蒙特卡罗输运模型一般称为 INC 模型。INC 模型最早由 Serber 于 1947 年提出,其核心观点就是当入射粒子的德布罗意波长与核内核子间平均距离相当或更小的时候,入射粒子-原子核的碰撞过程可以用粒子-核子相互作用来描述。1958 年,Metropolis 最早对 INC 过程进行了计算机模拟。1963 年,Bertini 建立了 INC 模型标准方法,也就是最早的 INC 模型——Bertini 模型。INC 模型在散裂反应计算中得到了广泛的应用。目前,常见的 INC 模型除了 Bertini 外,还包括 CEM、Isabel、BIC 和 INCL 等。INC 模型的核内输运方法分为 space-like 和 time-like 两类。常见的 INC 模型中,Bertini、CEM 和 BIC 采用 space-like 方法,Isabel 和 INCL 采用的是 time-like 模拟。space-like 是指在核内蒙特卡罗输运模拟过程中,同一时间段内只记录一个级联核子的行踪,跟踪核子直到其能量低于某一能量而留在核内或者核子逃出靶核为止,然后跟踪下一个保存的核子或一个新的入射核子开始的级联过程。time-like 则是同一时间段内同时记录多个级联核子的行踪,实时对原子核内部状态进行演化。time-like 的优点是可以模拟两个费米面以上核子之间的碰撞,可以考虑碰撞后核密度的变化,更符合实际反应过程;缺点是逻辑复杂,计算量大,模拟运行时间远远大于 space-like 模型。

除了输运方法上的区别之外,不同 INC 模型的基本假设大体一致,即采用费米气体核子模型,遵循泡利不相容原理;采用相对论的核内运动计算;核内截面采用基于实验值的参数化公式等。在常见的 INC 模型中,INCL 模型经过不断发展和完善,特别是通过引进动态泡利阻塞机制,采用弥散原子核表面以得到更真实的核密度分布,采用最新的强子及介子反应数据并改进截面参数化公式等,已经成为最精细和复杂的 INC 模型,也是使用最多和准确度最高的散裂反应计算模型之一。

剩余的核进入激发平衡态之后，其激发能为所有核子所共享。剩余核的特征仅用质量、电荷及激发能来描述，其形成过程没有留下任何信息。剩余核蒸发过程的描述灵感其实来源于液体分子的蒸发过程。1940 年，Weisskopf 和 Ewing 建立了复合核衰变统计理论。目前常见的蒸发模型包括 ABLA、Gemini、GEM、Dresner 等均是基于该理论基础发展起来的。除了蒸发模型之外，高能裂变过程一般用 RAL 或 ORNL 等模型进行模拟。对于 Gemini 和 ABLA 等已经集成了蒸发和裂变过程计算的模型，在调用退激发程序的时候，无须再考虑裂变模型的调用问题。

在众多退激发模型中，ABLA 是最常用的模型之一。大量的计算研究表明使用 INCL 结合 ABLA 模拟散裂反应过程能够很好地复现实验数据。特别是 ABLA 经过不断发展，在散裂产物计算上已经具备了相对较高的准确度(见图 4－4)。

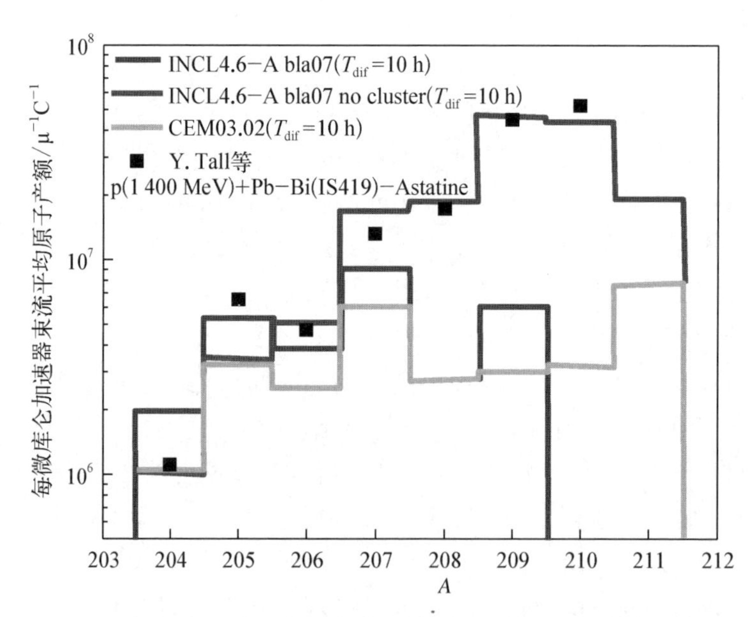

图 4－4　1.4 GeV 质子轰击铅铋合金产生的砹元素实验结果与模型计算对比

4.1.4　散裂靶核数据

ADS 散裂靶装置的设计从研究内容来看，涉及核物理、热工水力、材料学及辐射防护等多个学科领域。在核物理方面，主要是如前文所述的高能质子引起的散裂反应及其反应产物诱发的复杂的相互作用过程。而与这些核物理相关的散裂反应和质子与物质相互作用的核数据是 ADS 散裂靶装置工程设计、理论计算及蒙特卡罗模拟必需的基础数据。在过去，核物理学家们为了满足裂变反应堆、聚变反应装置等核工程设计相关核数据的需求，在 20 MeV 以下中子能区范围内做了大量的实验测量和评价工作，并有了相对完善的中子评价数据库。经研究表明，ADS 系统相关工程设计中需要的核数据不仅有中子数据，还有质子及其他带电粒子数据。根据当前 ADS 散裂靶系统设计，核数据库仍需要补充或提高测量精度的核素或元素(见表 4-1)，需要测量的物理量主要有反应总截面及微分截面、中子俘获辐射截面、裂变截面、中子引起的原子位移和气体产生截面等，主要测量的核数据有如下几种[3]：

(1) 中子产额、通量、能谱及空间分布。中子产额大小决定次临界堆的核废料嬗变率和能量增益系数；中子能谱和空间分布影响靶的设计、决定次临界堆的运行特性，如活性区的燃耗分布、裂变能分布及倒料频率等。

(2) 轻带电粒子产额、角分布。次级带电粒子与靶材料或结构材料发生反应所产生的中子，会影响次临界堆的中子学参数。

(3) 散裂产物质量分布及电荷分布。由散裂反应或裂变反应产生的靶质量以下的产物中，大多数具有放射性，使散裂靶变成了毒性大的放射源。

(4) 带电粒子在材料中的能量沉积。带电粒子在物质的输运过程中通过电磁相互作用损失能量，增加散裂靶装置的热量。而散热问题是散裂靶设计中最难解决的问题之一。

(5) 中子及带电粒子对材料的辐照损伤、气体产生等。

表 4-1　核数据库需要补充或提高测量精度的核素及元素

用　途	核素/元素
靶材料	Pb、Bi、W、Ta 及其同位素，Zr、Sn、Hg、U、Pu、F、Cl、Na、Fe、Al
Po 产生	$^{209}Bi(p,xn)^{207,208,209}Po$、$^{209}Bi(n,\gamma)^{210}Bi \rightarrow ^{210}Po$
结构材料	Zn、Cu、Ni、Co、Fe、Mn、Cr、Ti、Ca、Ar、Al、Mg、Na、O、N、C、B、Be、He
屏蔽材料	O、Si、P、Ca、Ti、Fe

4.2 散裂靶的关键技术特性

加速器驱动次临界系统由高功率质子加速器、重金属散裂靶和次临界反应堆组成。其中散裂靶作为耦合加速器和反应堆的关键部件，不仅需要承受着加速器高能量束流的持续轰击，而且也受到次临界反应堆内严苛环境的影响，因此散裂靶性能的好坏直接决定了 ADS 系统的成败。对散裂靶服役性能的认识需要从 ADS 系统总体出发，分析散裂靶在工程应用中的关键技术特性并开展针对性的研究。

4.2.1 加速器束流

质子加速器通常用在散裂中子源装置中，如建在美国橡树岭国家实验室的 SNS；日本强流质子加速器装置 J-PARC；瑞士保罗谢尔研究所用在瑞士散裂中子源(Swiss Spallation Neutron Source，SINQ)中的质子加速器，束流能量为 3.8 GeV，束流功率为 2 MW；英国散裂中子 μ 子源 ISIS(UK's long-lived Spallation Neutron and Muon Source)的质子加速器；欧洲散裂中子源的质子加速器。我国主要有中国科学院高能物理研究所在广东东莞建设的中国散裂中子源第一期工程，质子束流能量为 1.6 GeV，功率为 0.1 MW，第二期工程束流能量为 1.6 GeV，功率为 0.5 MW[4]。

第 3 章详细介绍了加速器的基本原理和工程应用，但是对于 ADS 系统来说，并不是所有的加速器都能够很好地兼容或匹配系统的运行要求。工业级的加速器驱动嬗变装置要求加速器的束流功率以几十兆瓦的连续波稳定运行，这一点对现有的加速器性能带来了很大的挑战。从技术来说，加速器可分成直线加速器、同步加速器、回旋加速器等，直线加速器和回旋加速器的束流功率都可以达 5～10 MW 的高功率，但是只有超导射频直线加速器的束流功率可以超过 10 MW。CiADS 质子加速器使用的就是超导射频直线加速器技术，为了耦合散裂靶并分析其服役期间的关键技术特性，下面简单回顾一下 CiADS 超导直线加速器的组成，具体参数见第 3 章相关内容。

CiADS 超导直线加速器主要由 ECR 质子源、低能传输段、RFQ 加速器、中能传输段、超导加速段、高能传输段和束流收集终端构成。超导直线加速器总长为 367.52 m，束流能量为 500 MeV，设计流强为 10 mA，束流平均功率达

2.5 MW，基础频率选择在162.5 MHz。

1）离子源

CiADS采用的离子源是共振频率为2.45 GHz的ECR型质子源，质子引出能量选择为35 keV。该离子源需要满足连续和脉冲两种工作模式，其最大引出电流为20 mA，引出能量选择为35 keV。

2）低能传输段

低能传输段具有双重作用，其一是对束流进行刮除，使进入RFQ的束流具有更好的品质；其二是用chopper截断束流，在离子源输出稳定前阻止束流进入RFQ。

3）RFQ加速器

RFQ加速器利用带调制变化的四根电极可同时产生横向聚焦分量和纵向加速分量。CiADS的RFQ加速器具有连续波运行功能，流强可达10 mA，需要通过有效手段尽量降低RFQ腔体内和高能段的束流损失。RFQ加速器的注入能量为35 keV，引出能量为2.1 MeV，其腔体频率采用162.5 MHz，极间电压为65 kV，射频采用四翼型结构。

4）中能传输段

中能传输段主要有四个功能：用于将RFQ引出的束流匹配至超导加速段；配置一套束测仪器与设备，用于束流横向纵向相空间信息、束流能量、束流强度等信息的监测；准直横向粒子分布；安装吸附杂质气体的冷阱。CiADS项目的中能传输段由3个162.5 MHz的聚束腔体和9个四级透镜组成。

5）超导加速段

超导加速段将质子从2.1 MeV加速到500 MeV，整个加速过程采用三种类型的超导腔体。第一阶段采用162.5 MHz的半波长超导腔体将束流加速到44 MeV；第二阶段采用325 MHz的轮辐型加速腔体再次将束流加速至180 MeV；第三阶段采用650 MHz的五间隙椭球腔体将束流加速至500 MeV。在整个加速过程中，束流的横向聚束采用的是超导螺线管和常温四级透镜，通过选择合适的参数，能够有效降低束流损失。

6）高能传输段

高能传输线将从超导加速器引出的束流输送到固体颗粒流靶上。其主要功能如下：对超导加速器引出的束流进行横向纵向发射度、束流能量、束流强度等信息的测量；对最终形成的高功率质子束流进行实时的监测和保护；将束流均匀化，以降低束流收集器上的峰值功率；满足束流调试和束流收集器的需求。CiADS项目的高能传输段和束流收集终端由四级透镜和偏转铁组成。

4.2.2 散裂靶设计

散裂靶的特点是可以在较小的体积内产生很高的中子通量，所以靶内的局部空间功率密度非常高，可以达到反应堆堆芯的数十倍至数百倍，所以其核心难点和制约因素很大一部分在于当束流功率不断增加时的热移除等问题。近20年来，欧美国家的ADS系统预研和散裂中子源的建设，为ADS系统散裂靶提供了很多可借鉴的经验。目前PSI运行的固体靶可以达到接近1 MW的束流功率，而美国SNS的液态靶可以达到1.4 MW的运行功率。未来欧洲散裂中子源ESS考虑了液态金属靶设计和旋转固体靶的设计，其中旋转固体靶利用了固体靶的移动去带走沉积的热量，这一设计可以使束流功率达到5 MW。这些运行和设计经验表明，液态靶和移动固体靶均可作为未来ADS散列靶的选择方案。

从散裂靶的物理原理来分析，靶中的质子通过与靶材料的相互作用产生驱动次临界堆系统运行所需的中子，在此过程中又存在着质子、中子输运以及宏观物质输运和热输运等的相互耦合过程。要实现散裂靶的功能就需要考虑这一过程中的各种耦合作用。反之，对各种耦合过程理解的深度也影响着散裂靶的物理设计，这使得多物理场的耦合输运成为ADS散裂靶研究的关键科学问题之一。在ADS散裂靶的多物理场耦合输运中，辐照场(质子、中子)、温度场、应力应变场和流体场的相互耦合，决定了散裂靶的运行状态。更高的束流耦合功率是ADS散裂靶改进的目标。耦合问题的研究一直是散裂靶乃至整个ADS研究中的关键问题之一，针对耦合问题人们提出了许多方案，并在理论、模拟和实验等多方面展开研究，其中的一些方案借鉴了在其他领域已经运行的装置。早期的耦合方案是利用束流直接轰击固态靶，用液体或气体将束流耦合所产生的热量带出耦合区。在这种概念下，系统可能耦合的质子平均流强不宜大于10 $\mu A/cm^2$。固体旋转靶的设计使得束斑得以扩大，可以在很大程度上提高总的耦合束流强度，但是在ADS堆芯中布置旋转装置却非常困难。之后，提出了多孔介质类固体靶的设想，包括球床靶、微孔道靶等，这种方案可以有效提高冷却流体(液体或气体)对靶体热量的输运能力，质子平均流强可以提高到20 $\mu A/cm^2$ 左右。近十年来，提出了液态靶的概念，主要考虑的靶材料是液态金属和熔盐。理论、模拟研究和现有装置的运行经验表明，耦合的质子平均流强可以达到 50 μA/cm^2。最新的研究方向是流体化的固体靶,例如欧洲已经进行了研究的气固粉末流动靶和我国 ADS 战略先导专项提出的流化固体颗粒靶,质子平均流强有望超过 100 μA/cm^2。从总束流功率的角度看,现阶段在世界范围内,存在稳定运行在 1.4 MW 束流功率的有窗液态金属散裂靶,而对于未来商用 ADS 所需要的数十兆瓦以上的散裂靶装置,还没有成熟的设计和建造经验,其中很多科学与技术问题还处于探索阶段。在 ADS 散裂靶的多物理场耦合输运中,辐照场(质子、中子)、温度场、应力应变场和流体场相互耦合,散裂靶装置将在高温、高热流密度、高流速、强辐照及腐蚀等环境下工作,存在着各种各样的传热和传质问题。传热问题需要考虑如辐照场下固体部件的传热:散裂靶中辐照场会在固体部件(如靶窗)中沉积大量热量,当辐照场强度较大时,这些固体部件的传热问题还涉及多物理场的强耦合。辐照场在固体中沉积的能量有可能导致固体形变;当辐照场足够强时,还可能在固体中形成冲击波,产生热冲击问题;流体场与辐照场相耦合会产生大量热量,其中涉及湍流传热及两相流传热等问题;流固耦合热输运问题包括流体冷却剂与靶中固体之间的换热等。辐照场下流固耦合热输运问题是流体与固体两者之间的相互作用产生的,其研究对象是固体在流场作用下的各种行为以及固体变形或运动对流场的影响。流固耦合的重要特征是两相介质之间的相互作用:固体在流体动载荷的作用下产生变形或运动,而固体的变形或运动反过来又会影响流场,从而改变流场的分布,在此基础上还需要与辐照下的温度场相互耦合。这样一个复杂得多的物理场传热过程需要人们进行深入的研究。传质问题主要涉及辐照场下流体部件的传质与传热:辐照场会在流体工质中沉积大量热量,流体工质中的传热与传质就紧密地耦合在一起,其中流体工质的运动特性是首先需要研究的问题。由于 ADS 中流体工质多可能出现两相的状态,所以需要对两相流的特性进行了解,而两相流中湍流、两相间的热耦合等问题都还是存在挑战的研究领域。液态工质两相界面的形状以及流场稳定性的关系都有待详细研究,特别是与界面相关的各种物理过程和液态工质的热输运过程息息相关。

总之,多物理场耦合问题(即束流、应力应变场、电磁场、温度场和流场之间的耦合)是力学与其他学科的交叉前沿热点,也是 ADS 散裂靶需要研究的关键科学问题之一。在多物理场耦合分析中,数值模拟扮演着与众不同的角色,未来实现真正的多物理场耦合计算,在大规模并行平台下实现真正的、实时的多物理场耦合分析是发展的趋势。而大规模 GPU 并行计算适于这种高密集度的计算需求，将可能会在这一问题的解决中发挥极为重要的作用。

4.2.3 散裂靶分类

散裂靶作为ADS装置里加速器和反应堆耦合最为关键的一部分，靶材料的选取需要考虑中子特性，即能使单个质子轰击散裂靶产生的中子数达到最大值。从散裂反应中子产额来看，钨、铅、铋、汞等是比较理想的散裂靶材料。另外，质子束流轰击散裂靶会产生巨大的热量，为了带走这些热量，这些靶材料又必须充当起冷却剂的作用。为了得到尽可能多的散裂中子，常用的散裂材料为重金属，目前国际研究散裂中子源机构采用的材料从形态上看主要分为两种：液体靶与固体靶，其中液体靶选用的材料有液态铅铋、液态铅、汞，固体靶主要是钨、贫铀等。如果仅仅从产生中子的角度考虑，相同质子能量入射时铀靶的产额最高，但是固体靶在强流粒子辐照下较易损坏，根据ISIS的经验，损坏的主要原因是辐照损伤与热负荷过高，而对液体而言，辐照损伤问题不存在于靶体(只存在于结构材料)，冷却也不仅仅依赖于靶体与冷却剂之间的热传导，还可以依赖对流，则这两个问题可以更好地解决。因此一般认为辐照源的功率在1 MW以下时可以使用固体靶，而在1 MW以上时使用液体靶更有优越性。1 000 MW热功率的ADS系统对质子源的需求如下：能量在1 GeV附近，流强在数十毫安量级，因此功率在数十兆瓦，应当选用液态靶，可选择的材料有LBE、铅与汞。LBE(质量比为45%铅、55%铋)常压下的熔点在130 ℃附近，沸点在1 670 ℃附近；铅的熔点为327 ℃，沸点在1 750 ℃附近；汞的熔点为−38.87 ℃，沸点在356.6 ℃附近，常温下易挥发。从液态靶的存在形式尽可能稳定以保证既不会出现大量蒸发而产生高压，又不会出现凝结而阻塞流道的角度考虑，要求工作温度(约为数百摄氏度)应明显高于熔点，同时明显低于沸点，这样的话，LBE应该最符合要求，因此在大多数的ADS系统概念和工业应用中多选用LBE作为靶材料。

从物质形态上看，散裂靶有固体靶、液体靶之分。固体靶采用固体物质(W、U、Ta等高熔点金属)作为靶材料，用液体(D_2O等)或气体(He等)作为冷却介质，是ADS最先开始探究的靶型。根据靶材形态及状态，固体靶有静态固体靶、转动固体靶等类型。可以说，固体靶方案因为它的稳定性及工程可达性一直备受关注。但是，传统的静态固体靶难以大幅提高热量移出效率，这使得固体靶的功率大大受限。为了解决这个问题，国际上的研究机构又提出了液体靶。液体靶使用液态金属（Hg、Pb、LBE 等低熔点金属或合金）作为介质，利用液态金属的流动性，使其既可以作为产生散裂中子的靶材料，又可以作为传导沉积热量的冷却介质，是 ADS 更为先进的散裂靶方案。近年来又有另外一种新型的固体靶方案，即颗粒流靶，使用高熔点球形固体颗粒作为靶材料，使固体流态化，利用类似于液体的流动性，以提高散裂靶传热性能。液态金属散裂靶可以进一步分为有窗靶和无窗靶。有窗靶使用靶窗（束窗），将加速器束流传输腔与液态金属靶材料隔离，以保证加速器运行的高真空环境。自提出液体靶以来，国际上对有窗靶的研究一直在进行，并且作为散裂中子源实现了工程应用，如 SNS、JSNS、MEGAPIE。有窗靶的优势是，靶件内液态金属的流动状态不会影响加速器运行状态，但是，由于靶窗持续不断地受到高能质子束流的辐照和液态重金属的冲刷腐蚀，现有的结构材料不能满足期望的使用寿命，这成为制约有窗靶的一大瓶颈。无窗靶不使用靶窗结构，它与加速器直接相连，通过液态金属流动形成的稳定自由液面来维持加速器出口处的真空状态。由于液态金属具有较低的饱和蒸气压，避免了液态金属的挥发，确保加速器束流传输腔内真空状态的稳定。同时，流动的液态重金属还将高能质子束流轰击所产生的热量移出，可以提高束流功率。因此，无窗靶是具有更大应用前景的散裂靶方案。

无窗靶的优点可以概括如下：第一，液态金属流动性好，输热能力强，可以适用于更高能量的束流，提升散裂靶功率；第二，无窗靶没有靶窗结构，液态金属直接接受质子束辐照，减少了窗口材料损伤对靶件造成的影响，提高了靶件使用寿命；第三，液态金属散裂靶和液态金属反应堆可使用相同的工质，技术集成度高，兼容性和耦合程度高，工程上更易实现，后续维护和更换也更加方便。但是，目前对于无窗靶的研究还不成熟，需要攻克以下几个难题：第一，无窗靶通过自由液面与束流真空腔对接，在运行时需要保持极其稳定的状态，以保证稳定的散裂中子产额和能谱分布，自由液面形成机理和控制方法必须明确，要避免液面飞溅及蒸发对加速器真空环境的污染，要避免液态表面真空化对自由液面稳定性的影响；第二，散裂反应区域沉积热量高，而这一区域位于自由液面下方，在维持自由液面稳定的同时还必须提高该区域流动传热能力；第三，当散裂靶与次临界堆芯经过一定时间的耦合运行后，靶件受辐照、高温、流动腐蚀等影响而达到预期使用寿命，必须更换新的靶件，要保证靶件具有方便可靠的更换方式；第四，使用 LBE 作为介质会对结构材料产生腐蚀、磨蚀等不利影响，经中子辐照后还会生成剧毒放射性物质 ^{210}Po，需要解决 LBE

相关的工艺技术，如氧控、钋后处理、LBE 废物处理等，这同时也是铅铋反应堆必须解决的技术问题。

4.3 中子学分析

ADS 散裂靶中子学性能直接关系到 ADS 的产能与嬗变效果。为了满足嬗变需求，散裂靶必须向次临界堆芯提供足够强度的中子源（$10^{17} \sim 10^{18}$/s 量级），因此也要求轰击散裂靶的质子束流具有足够高的能量和强度。这一方面对加速器技术提出了很高的要求；另一方面在堆芯功率固定的情况下，加速器的功率升高会导致 ADS 系统能量的放大倍数降低，不利于产能。为了在保证堆芯所需中子源强的条件下尽可能节约加速器的功率并降低对加速器的影响，需要针对散裂靶的中子学特征和性能进行优化设计[5]。

4.3.1 散裂靶中子学性能

对散裂靶设计来说，获得高中子产额无疑是最重要的原则。散裂靶的中子产额分布及能谱主要取决于束流种类、束流能量、靶材料以及靶尺寸。

从图 4-5 可以看到能量为 1～10 MeV 的中子所占比例最大，为 57.7%，

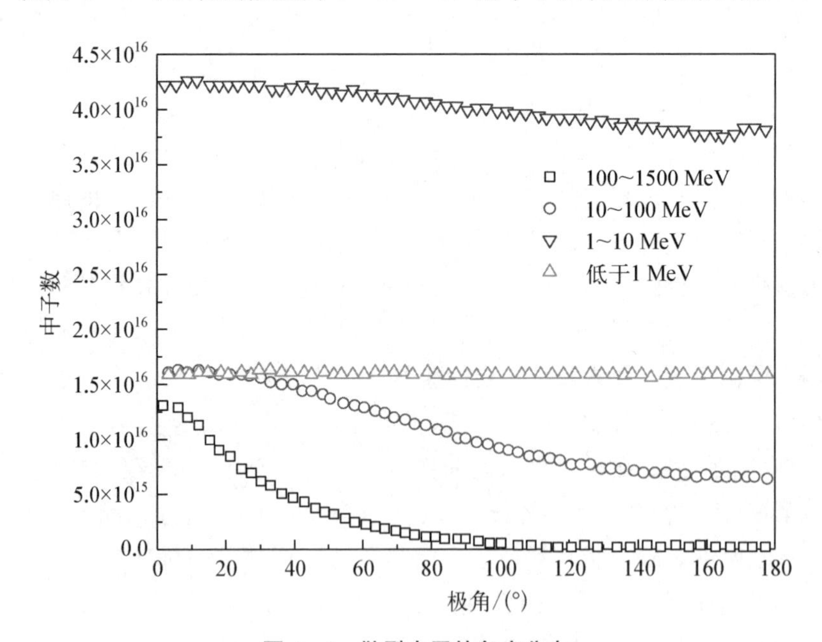

图 4-5　散裂中子的角度分布

且具有向前分布的趋势，但是并不明显；1 MeV 以下的散裂中子所占比例次之，为 23.1%，不具有方向性，为各向同性分布；10～100 MeV 的散裂中子所占比例为 15.4%，具有比较明显的方向性；100～1 500 MeV 的中子所占比例为 3.8%，具有非常明显的方向性，只有与质子入射相同的方向上有中子分布，基本上没有中子分布在与质子入射相反的方向。这也与核内级联、预平衡与蒸发模型等物理机制相一致。由于具有明显方向性的中子占总量的接近 20%且能量较高(10 MeV 以上的中子)，因此在进行堆芯计算时将中子源设置成各向同性可能是不合适的。

图 4－6 则直观地描述了对堆芯更有意义的从散裂靶侧面泄漏的中子随高度的分布情况：在液面以下约 25 cm 的地方有一个明显的主峰，在液面以上约 10 cm 的地方也有一个低一些的峰值，这是因为背向散射的中子多是各向同性的。因而在垂直于入射面的位置会有一个较低的峰值。根据图 4－6，对于高约 100 cm 的堆芯活性区，为了能尽可能多地接收到散裂中子，应当布置在＋30～－70 cm 的位置，此时可以接收到占总量约 85%的中子。图 4－7 是中子通量密度的分布情况，散裂靶内中子通量密度峰在入射面(即 LBE 液面)以下大约 20 cm 的地方。

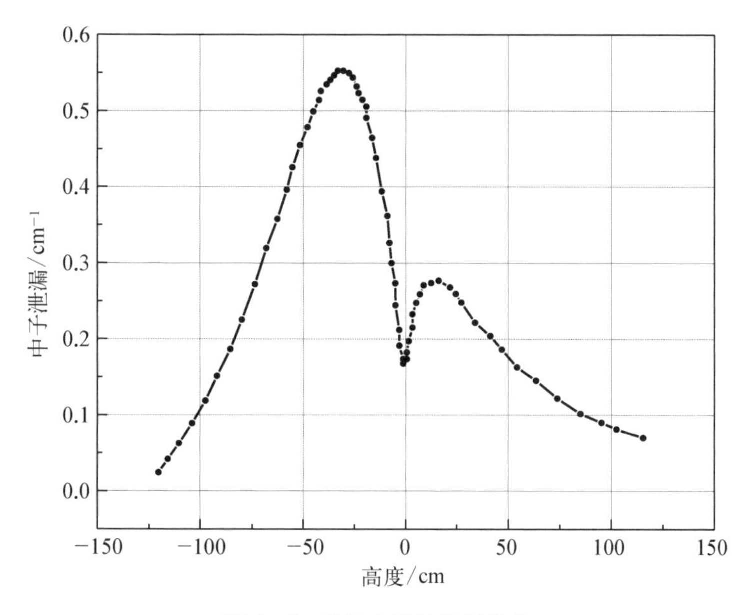

图 4－6　泄漏中子的空间分布

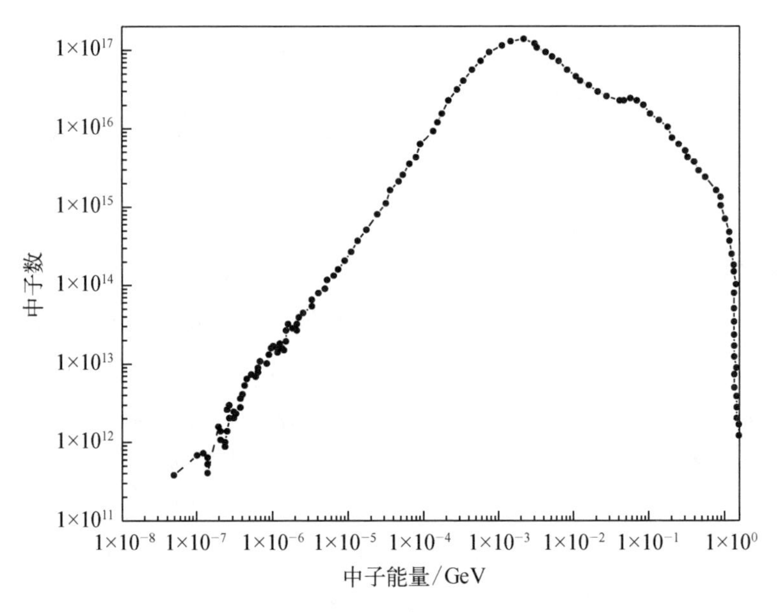

图 4-7 散裂中子谱

4.3.2 靶堆耦合动力学

由于对散裂中子源强度的需求取决于系统的功率、次临界堆芯等参数，为此需先设定这些相关参数作为研究和分析的基准。

(1) 功率。

在 ADS 系统中次临界反应堆的反应率应当足够高以保证获得更高嬗变效果和能量增益，国际上功率较高的 ADS 设计方案包括美国的 ATW 计划与日本的 ADS 计划，热功率分别是 840 MW 与 820 MW，说明热功率在 1 000 MW 附近的工业级 ADS 嬗变装置是可能实现的。故堆芯的热功率选择为 1 000 MW。

(2) k_{eff}。

因为 ADS 的主要用途是嬗变核废料 MA，在堆内 MA 与核燃料不断地吸收中子裂变或嬗变成其他核素，k_{eff} 理所当然地会出现变化。另外，在反应堆正常运行过程中常常会出现温度变化、冷却剂密度变化等，反应性波动随之而来，体现为温度系数、多普勒系数、密度系数等动态参数，普通快堆的反应性反馈带来数十个 pcm 的反应性变化非常常见，为了防止反应堆功率随之出现较大的波动，需要量化 k_{eff} 对功率的影响并选择合适的数值。可以从中子动力学

的角度研究 k_{eff} 取不同的值(0.95～0.99)时堆芯功率对反应性跃变的反馈情况并给出建议的 k_{eff} 值，具体如下：

首先以中子密度为变量列出 ADS 系统的点堆中子动力学方程：

$$\frac{dn}{dt}=k_{eff}\left[\frac{k_{eff}-1}{k_{eff}}+\rho(t)-\beta\right]\frac{n}{l_{pr}}+\sum_{i=1}^{6}\lambda_i C_i+Q \tag{4-1}$$

$$\frac{dC_i}{dt}=k_{eff}\frac{\beta_i}{l_{pr}}n-\lambda_i C_i \tag{4-2}$$

式中，n 为中子密度，ρ 为引入的反应性，Q 为外源中子，C_i 为六组缓发中子先驱核密度，对 ADS 快堆而言，β 约为 350 pcm，l_{pr} 为瞬发中子寿命，约为 10^{-7} s。式(4-1)右边第一大项描述的是引入反应性之后瞬发中子在极短时间内的变化情况，括号内第一项是中子密度经过一代之后减少的情况，第二项就是反应性引入对中子密度的影响，第三项是考虑由于缓发中子先驱核吸收了中子但并不立即放出中子的情况而做的修正。第二大项是缓发中子先驱核的衰变对中子密度的影响，可以看到缓发中子不受新引入的反应性的影响。第三大项为外源中子项，自然也不受反应性变化的影响。式(4-2)描述缓发中子先驱核随时间的变化情况，等式右边第一项是每一代瞬发中子反应增加的缓发中子先驱核，第二项是衰变项。

下面来关注引入反应性 ρ_0 或者改变源强 Q 为 Q_{new} 之后的情况。先来考虑瞬发中子的影响：由于瞬发中子的快速响应特征，中子密度与功率会在引入反应性或者改变源强之后在极短的时间内就有一个迅速的变化(prompt jump)，此时缓发中子几乎来不及对中子密度有任何影响，因此可以令式(4-2)左边为零，由于缓发中子份额相对瞬发中子小很多，对中子密度的影响速度也慢很多，所以可以近似地认为在 prompt jump 瞬发中子响应完毕之后有 $\frac{dn}{dt}\approx 0$，这样 prompt jump 之后的方程组与稳态的方程组区别仅仅在于 $\rho\neq 0$ 与 $Q\rightarrow Q_{new}$，解得 n_{pr}，进而得到在引入瞬变反应性 ρ_0 与瞬时外源 Q_{new} 时堆芯功率的变化 P_{pr} 与原功率 P_0 的比值为

$$\frac{P_{pr}}{P_0}=\frac{\{\beta+[(1-k_{eff})/k_{eff}](Q_{new}/Q_0)\}}{\{\beta-\rho_0+[(1-k_{eff})/k_{eff}]\}} \tag{4-3}$$

可见在瞬时反应性引入与中子外源变化的条件下，功率的变化不仅与有效缓发中子、反应性引入和源相关，还与系统有明显的关系。再来看系统功率

经过较长时间反应后的渐进情况，先看中子源强度变化对功率的影响：令式(4-3)中 $\rho=0$，同时因为 $\beta \ll (1-k_{\mathrm{eff}})/k_{\mathrm{eff}}$ 且 Q_{new}/Q 的数量级应该在1附近，所以可以近似地将 β 忽略不计，这样就有

$$\frac{P_{\mathrm{asymp}}}{P_0}=\frac{Q_{\mathrm{new}}}{Q_0} \tag{4-4}$$

再来看反应性引入对功率的影响：令 $Q_{\mathrm{new}}/Q_0=1$，同样忽略 β，则有

$$\frac{P_{\mathrm{asymp}}}{P_0}=\frac{1}{1-\rho_0[k_{\mathrm{eff}}/(1-k_{\mathrm{eff}})]} \tag{4-5}$$

这样就是分别考虑了反应性引入与中子源变化对功率的影响，可见外源变化对功率渐进行为的影响与 k_{eff} 无关，只有反应性的引入对功率的渐进行为影响才与 k_{eff} 有关。然而在实际情况下，一般中子源变化在带来功率变化的同时也会带来温度的变化，随之就会有反应性反馈 $\rho_{\mathrm{feedbacks}}$，所以由中子源变化带来的对功率渐进行为的影响应该是式(4-4)与式(4-5)两者之积

$$\frac{P_{\mathrm{asymp}}}{P_0}=\frac{Q_{\mathrm{new}}/Q_0}{1-\rho_{\mathrm{feedbacks}}[k_{\mathrm{eff}}/(1-k_{\mathrm{eff}})]} \tag{4-6}$$

进一步可以得到当 $\frac{Q_{\mathrm{new}}}{P_0}=1-\rho\left(\frac{k_{\mathrm{eff}}}{1-k_{\mathrm{eff}}}\right)$ 时有由中子源变化与反应性引入对堆芯功率的影响相同。

由图4-8可知，两倍的中子源强导致堆芯功率趋于加倍，同时当 k_{eff} 较高时(0.995 2)堆芯功率响应较慢，而当 k_{eff} 较低时(0.95)功率响应较快，这也很容易理解：k_{eff} 较低表示外源中子所占比例较大，因此外源中子对堆芯功率的影响较大，因此功率随外源变化的响应就较快，如 k_{eff} 为0.95时外源中子比例约为5%，而 k_{eff} 为0.995时外源中子比例仅为0.5%。

由图4-9(a)可见，当引入相同的正反应性时，次临界堆的功率响应都比较平稳，临界堆转化为超临界状态，功率持续增加。而图4-9(b)对次临界堆的研究更有意义：当引入的反应性造成了1.51倍的瞬发功率响应之后(尽管此时在 k_{eff} 为0.95的情况下引入的反应性最大，超过2 000 pcm，而在 k_{eff} 为0.999的情况下引入的反应性最小，仅254 pcm)，k_{eff} 较低时(如0.95或0.97)，堆芯功率在瞬变之后会迅速趋于稳定，在1.5倍功率附近；而在 k_{eff} 更高的情况下(如0.995或者0.999)，堆芯功率则会在相当长的时间内持续增

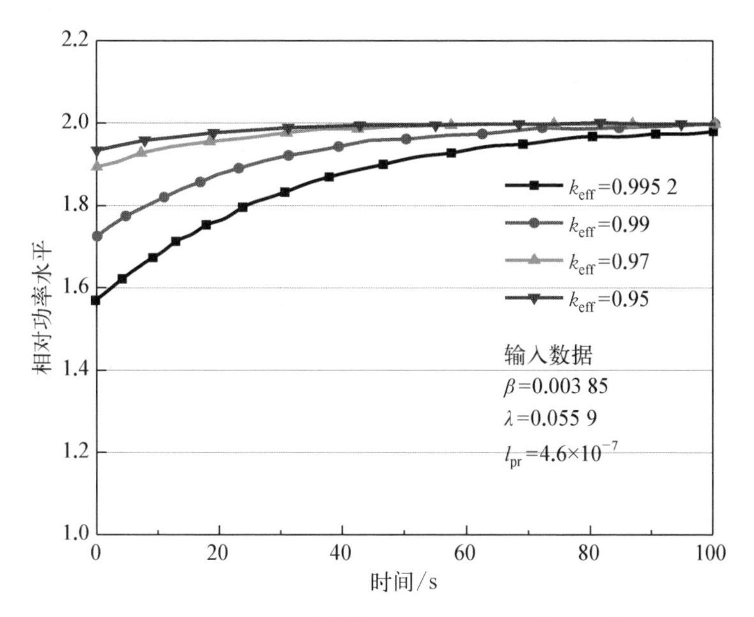

图 4 - 8　中子源强度加倍时不同 k_{eff} 堆芯功率的变化

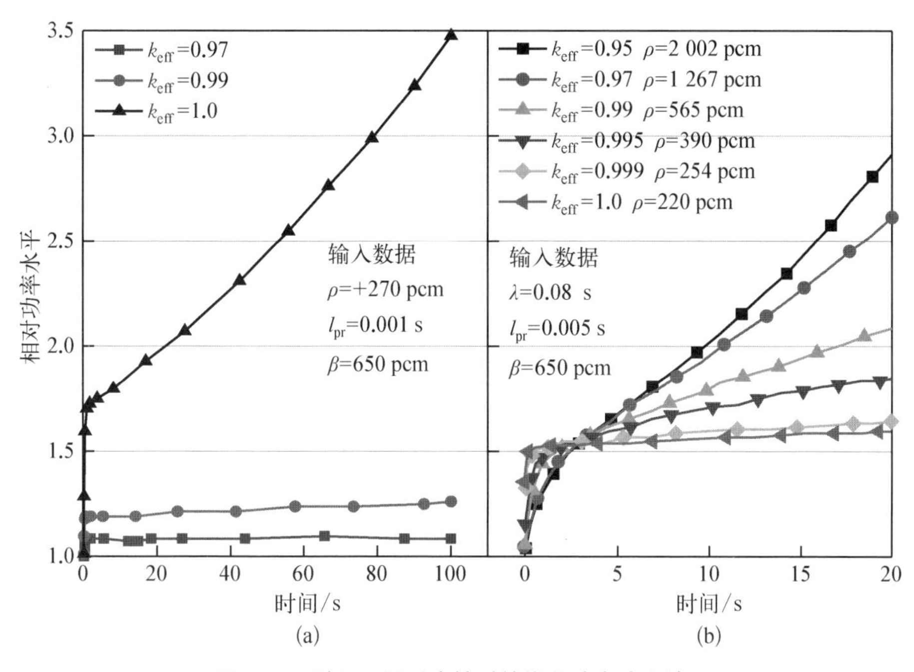

图 4 - 9　引入不同反应性时的堆芯功率响应情况

(a) 引入固定 220 pcm 反应性时；(b) 引入的反应性造成 1.51 倍功率突变时

加,在 20 s 以内达到接近 3 倍的功率。而如果正反应性的引入使得 $k_{eff}>1$,则效果与临界堆超临界效果一致。这个结果可以解释为缓发中子对功率的正反馈效应:瞬发中子增加,导致缓发中子随后增加,然后导致瞬发中子增加,再导致缓发中子增加。事实上缓发中子份额相当小,本不应当对功率造成大的影响,但当次临界度非常小的时候,中子源强不变,k_{eff} 的微小增加就会带来中子密度与功率的明显增加,从式(4-2)也可以简单地发现这个规律。

图 4-10 为关闭中子源(而无其他手段停堆)时的堆芯功率相应情况,不考虑反应性反馈。在极短的时间内功率都有明显的降低(prompt jump),而之后将进入一个缓慢降低的阶段,在 k_{eff} 较低(0.95 或 0.97)的情况下,功率会迅速降低到 10%附近;而在 k_{eff} 为 0.99 和 0.995 的情况下,经历 prompt jump 之后依然保持 40%和 60%的功率水平,尽管在此后的数十秒内会逐渐降低,但如果停堆的原因是冷却系统故障(如失流或失冷),这样水平的功率响应依然会造成温度的明显变化,因而显得较为不安全,还需要额外的停堆系统来解决。

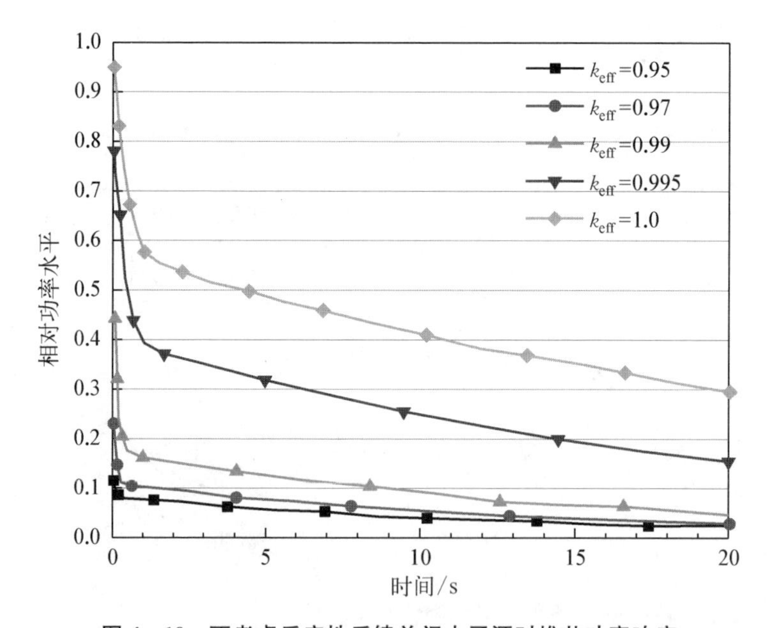

图 4-10　不考虑反应性反馈关闭中子源时堆芯功率响应

图 4-11 为考虑的温度反馈之后关闭中子源时堆芯的功率响应,与图 4-10 相比,在 k_{eff} 较高的情况下堆芯功率在 prompt jump 之后还有一个小幅度的上升,且在其后基本维持在一个相对稳定的状态;在 k_{eff} 较低的时候有无温度反馈的情况基本一样。这种现象可以解释如下:

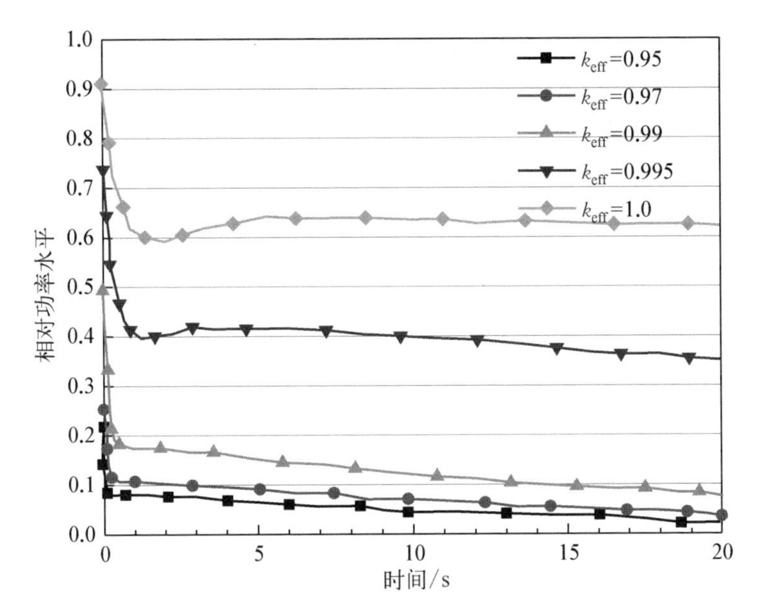

图 4-11　考虑反应性反馈关闭中子源时堆芯功率响应

在 k_{eff} 为 0.99 或更高的情况下,外中子源的所占比例很低(1%以下),因此关闭外源对堆芯功率的影响远远小于 k_{eff} 较低的情况。而且在 k_{eff} 为 0.99 的情况下,只要有 1 000 pcm 的正反应性反馈就可以再次达到临界状态,而这并不难达到:为了反应堆运行时的安全,一般在设计时都要求燃料与冷却剂的多普勒系数为负,如对铀钍燃料在 400 ℃时约为 3 pcm/℃再乘以 300 ℃温降,就有 900 pcm 的正反应性系数补充,剩下的 100 pcm 反应性很容易被冷却剂的多普勒效应补充。综上所述,可以得到如果设置反应堆的 k_{eff} 在 0.99 附近,想要停堆,仅靠停止中子源是不够的,还必须加入额外的停堆保护,如控制棒或者硼注入系统等。

4.4　典型设计方案

目前关于 ADS 系统散裂靶的概念设计主要有三种类型:有窗靶、无窗靶和颗粒流靶。一般来说,有窗靶的束窗位于质子束管的末端,在真空区(束管)和靶区之间形成边界。束流窗面临压力差会引起机械应力,加速器侧与反应堆侧的温度梯度会引起热应力,注入束流剖面会引起温度分布以及高能粒子辐射损伤和冷却剂流的腐蚀侵蚀等严峻问题。为了避免这些技术上的困难,无窗靶应运而生。在无窗靶中，去除束窗后液态金属靶的自由表面可形成边界。但是在无窗型的情况下，自由表面的形状和位置的控制、高强度光束注入引起的液态金属飞溅、挥发性物质的去除以保持真空状态等问题也随之出现。因此，考虑到上述液态靶所存在的问题，并结合国内外项目的进展，在此基础上针对现有液态金属靶放射性产物毒性高、高温-材料腐蚀效应严重等缺陷，中国科学院近代物理研究所提出的新型流态固体颗粒靶兼顾了固态靶与液态靶两者的优点。下面将对上述靶型展开叙述。

4.4.1 有窗靶

1) 欧盟 MEGAPIE 项目

为了验证 1 MW 束流功率水平下作为散裂设施的液态铅铋靶的可行性，法国、德国和瑞士等国联合发起了兆瓦级先导试验散裂靶(megawatt pilot experiment，MEGAPIE)项目，其目的是将加速器驱动系统应用于放射性废料的嬗变。瑞士散裂中子源 SINQ 可以显著增加热中子通量，从而可用于中子散射，并能够为相关实验和理论研究提供良好平台。下面简单介绍实验的基本特点和实验对象的技术概念。

MEGAPIE 项目基于瑞士 PSI 现有的散裂中子源 SINQ，研究和论证 1 MW 束流能量下液态铅铋散裂靶的可行性。铅铋共晶合金具有熔点低、沸点高、载热能力强的优良热物理性能，因此选择铅铋共晶合金作为散裂靶材料，MEGAPIE 项目的主要目标是将寿命较长的放射性核素转化为寿命较短的核素，以缓解放射性废物的长期储存和最终处置问题。实验的目的是探索该 ADS 系统获得许可的条件，积累液态铅铋靶的设计数据库，并获得在当前加速器性能条件下操作该系统的经验。此外，MEGAPIE 项目将开展广泛的辐照研发计划，以最大限度提高散裂靶的安全性，并优化其布局。

瑞士保罗谢尔研究所(PSI)目前拥有三个串联式加速器，能够提供 590 MeV、1.8 mA 流强的质子束流。SINQ 中子源被设计用于研究提取热中子束和冷中子束，但同时也拥有同位素生产和中子活化分析的设施。除了从物质中释放中子的不同过程外，它对大多数用户来说非常类似于一个中等通量的研究反应堆，其中子束从靶周围直径为 2 m 的重水经过慢化从下方注入 SINQ，而辐照样品目标从顶部插入，并悬挂在散裂靶屏蔽块的上边缘。束流窗上质子束的相互作用区域只有 30 cm 长，但目标的样品靶为 4 m 长，下面 2 m 的分段直径为 20 cm，上半部变宽到 40 cm。MEGAPIE 中经受辐照的样品也必须采用这些尺寸。目前的样品材料是一系列由重水在交叉流动中冷却的固体棒。穿过这个靶区和部分质子束线的垂直剖面如图 4－12 所示。

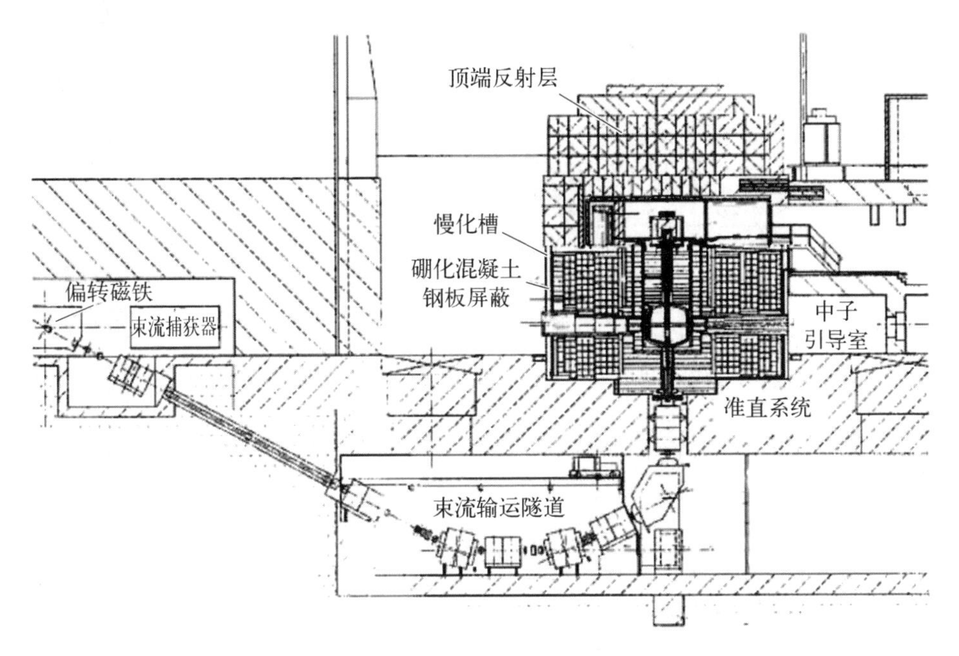

图 4－12　MEGAPIE 项目装置

质子束从下面进入靶模块，通过准直器系统，一方面防止质子束击中中心管，另一方面限制蒸发中子的强度和角度散度从而避免从散裂靶回流到束流传输系统。除此以外，位于最后一个弯曲磁铁下方的收集装置可以收集掉下来的靶碎片。图 4－13 为 MEGAPIE 靶的技术路线。

MEGAPIE 项目将是证明高功率加速器、散裂靶和次临界装置耦合可行性的重要环节。它能解决的最关键问题之一是展示在实际条件下液态金属靶复杂的动力学行为，为计算程序的基准测试提供有价值的数据，并为安全处理辐照组件提供重要经验和参考。此外，多个欧洲实验室也正在进行相关的支撑性研究和合作。这个实验项目中获得的结果也将有助于 PSI 决定是否要继续开发一个散裂中子源常规使用的液态金属靶。

2）日本 ADS 散裂靶项目

为了实现 MA 的有效转化，用钠冷却剂形成的快中子场是最有希望的选择之一。对于液态钠冷却的 ADS 系统，重金属散裂靶是必不可少的。而固体钨与液态金属冷却剂具有良好的相容性，并具有良好的服役性能。为了展平

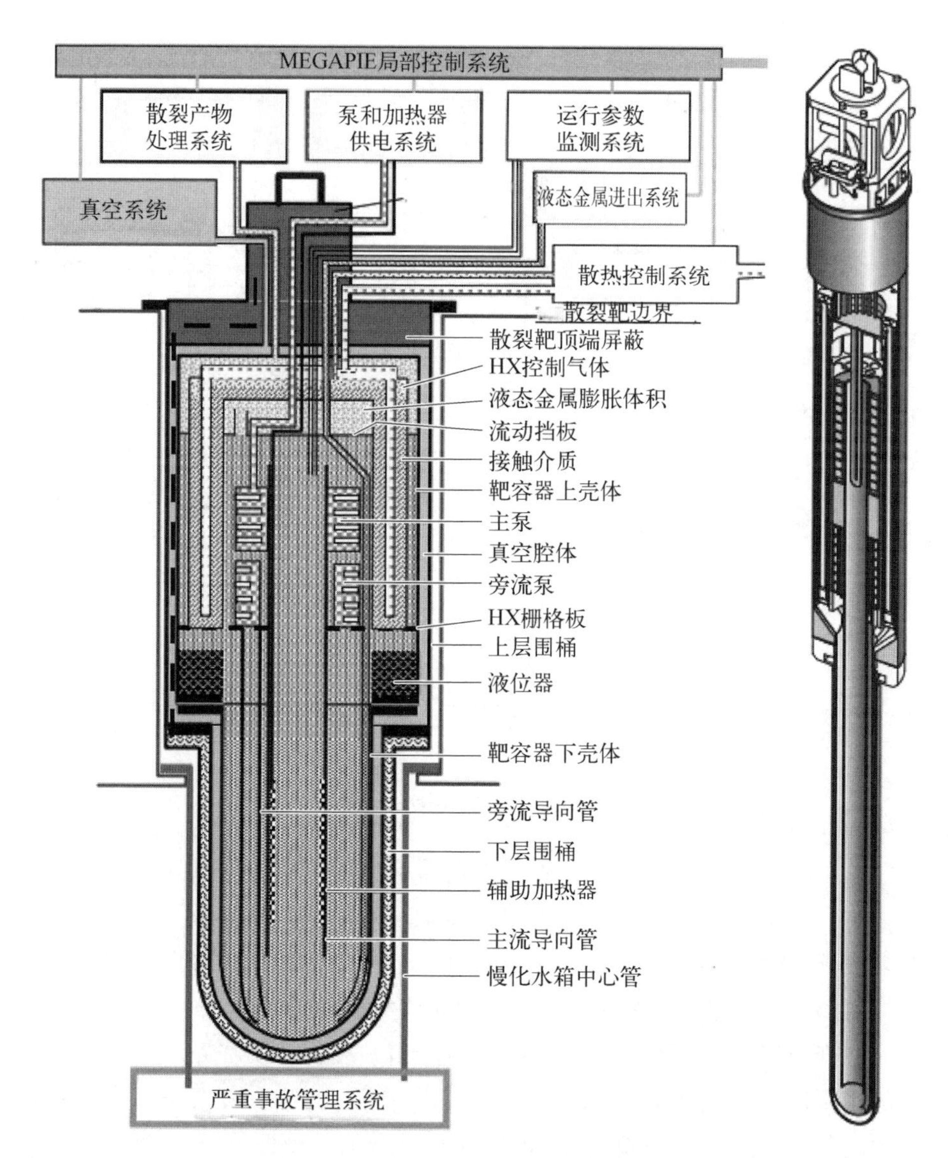

图 4-13　MEGAPIE 项目 SINQ 靶示意图

燃料功率分布，ADS 的散裂靶需要均匀的散裂中子分布。除此以外，根据反应堆发展的经验，钨在中子通量场中与液态钠具有良好的相容性。因此散裂靶采用多层钨盘，每个靶盘都有几个冷却液流动孔，这些孔一层一层交错地定位以抑制高能粒子的流动。对于具有 800 MW 热输出的钠冷 ADS 系统而言，靶的有效直径和长度分别为 50 cm 和 85 cm。其中靶的直径由光束窗的允许电流密度决定，而长度由质子束功率的停止长度决定。为了确定靶盘布局的详细配置，假设入射质子束的能量为 1.5 GeV，束斑与靶的半径相同，并具有平面分布。基于靶盘的最佳配置，靶组件的结构如图 4－14 所示。图中冷却液从右侧流向左侧（反应堆容器向上），质子束从左侧注入。圆盘根据束的方向加厚，以抑制束注入部分较高的中子产率并防止质子从目标底部泄漏。

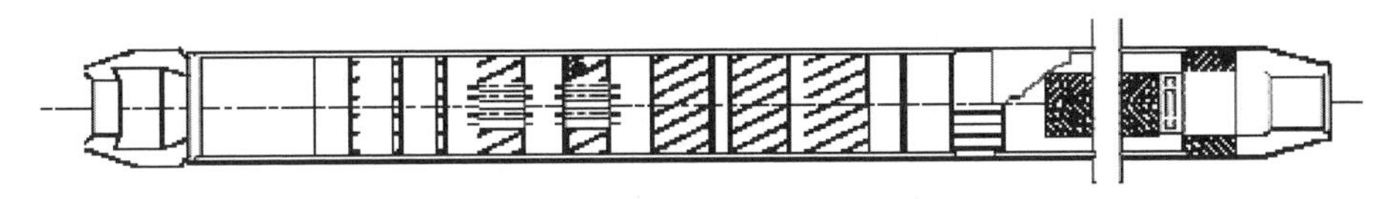

图 4－14　日本 ADS 散裂靶方案

J－PARC 项目 ADS 散裂靶测试装置（ADS target test facility，TEF－T）中的 200 kW 液态铅铋散裂靶计划用以实现以下目标：流动环境质子-中子辐照条件下结构材料的机械试验以及铅铋双向液体散裂靶系统的工程试验；验证 2 m/s 最大速度和 450 ℃最高温度条件下铅铋流的可行性，以及 316 型不锈钢作为靶容器结构材料的可靠性。其中靶容器是一个密封的双环形圆柱形管，液态铅铋由与靶管完全分离的电磁泵进行循环。通过使用这个新设计的靶，可以从热交换器、电磁流量计和电磁泵中向上提取靶管来快速且容易地替换靶件。操作需要一些电子测量设备，如热电偶，并可以通过远程控制设备断开。新的靶管维护将在接入单元中进行，该单元可以清理残余的铅铋共晶合金，以减少散裂产物的暴露剂量，并使用远程处理装置拾取受辐射材料试件。根据对液态铅铋靶中子学的初步分析，浸入 400 ℃液态铅铋靶的 316 型不锈钢样品的辐射损伤每年大于 10 DPA（每原子位移）。

4.4.2　无窗靶

XT－ADS 散裂靶的设计是在欧洲一体化项目 EUROTRAN 中采用的，该项目于 2005 年 4 月开始。由于 XT－ADS 与 SCK・CEN 早期开发的原始 MYRRHA 概念之间的功能相似，因此选择后者的散裂靶标设计作为 XT－ADS 开发靶标环的起点。首先，堆芯中有限的空间和高能量的质子束流导致散裂靶中的能量密度非常高，在期望的服役寿期内（不低于 1 年），没有结构材料能够承受这么高的温度，因此，散裂靶的设计在靶区和射束线真空之间没有热窗结构。在无窗靶的设计中，高能量的质子束流与液态金属的相互作用区域是自由液体的表面，而自由液体表面必须通过仔细设计来规范液态铅铋的稳定流形。如前文所述，有限的空间决定了选择垂直合流作为目标自由表面

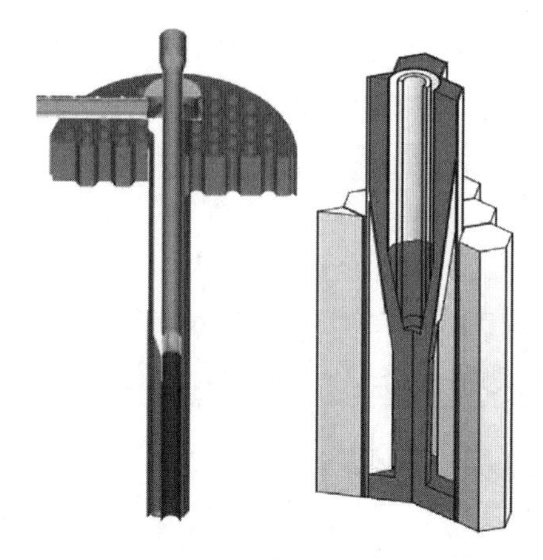

图 4-15　XT-ADS 项目无窗靶示意图

的形成机制(见图 4-15)。液态铅铋通过一个垂直的三瓣环形管进入目标喷嘴,以优化堆芯的可用空间。目标喷嘴本身的设计是为了确保稳定的自由表面流动。XT-ADS 的紧凑核心只允许 LBE 目标材料从上到下单方向通过。馈线从铁芯上方通过,回线从铁芯下方通过,从而将铁芯互连。在这种配置中,散裂目标回路的所有活动组件都具有离轴外壳。为了从主容器中移除散裂环,需要有一个分离的核心底板。散裂环的离轴设计使得亚临界堆芯的顶部和底部便于燃料操作和辐照实验的安装。此外,散裂环的主要部分被移出高辐射区,这有利于延长其使用寿命。

4.4.3　中国颗粒流靶项目

中国科学院近代物理研究所在国内外高功率散裂中子源及 ADS 研究成果的基础上,原创性地提出了一种颗粒流散裂靶设计,并作为 CiADS 散裂靶的优选方案之一,如图 4-16 和图 4-17 所示。

CiADS 颗粒流靶[6-7]相关的主要参数如表 4-2 所示,散裂靶系统包括固体颗粒球体驱动装置、散裂靶靶体、换热器、颗粒纯化系统、真空氦气回路和相关辅助系统。正常运行情况下,钨合金颗粒球体经驱动装置提升到一定的高度后,靠自身重力开始沿着靶回路装置管道流动下落,先后经过靶段、换热系统、颗粒纯化系统以及一些测量设备后回流到下端容器,再由驱动装置提升,进而形成回路。在颗粒球体正常循环运行的同时,高能强流质子束流通过束流管道进入靶体,轰击

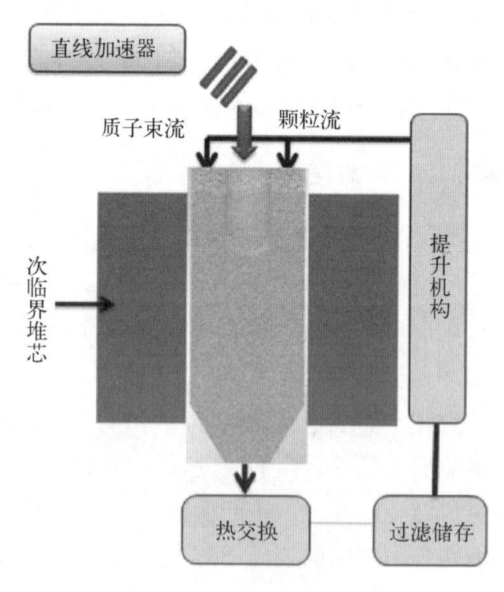

图 4-16　ADS 项目原理图

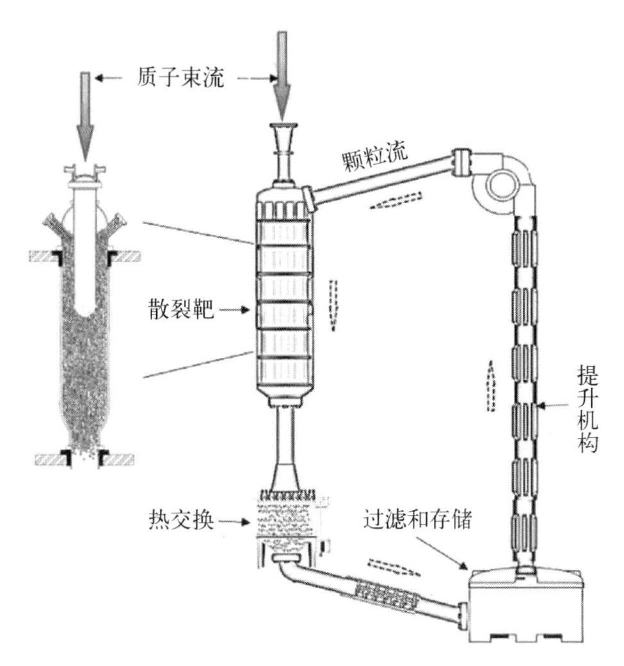

图 4-17　固体颗粒流靶示意图

钨金属颗粒，进而产生大量中子来驱动反应堆的稳定运行，而靶体内所沉积的热量由钨金属颗粒流动带走，经过换热系统冷却降温，再进入在线筛选系统除去破损及变形的颗粒后，通过驱动系统驱动重新回到靶体，从而形成回路以保证散裂靶的正常运行。此外系统还包含储料罐、应急料罐、辅助提升机等部件，可以实现靶材颗粒的填充、回收、筛选、应急处理等辅助功能。真空与氦气系统保证散裂靶体系内部的气氛环境，保护颗粒靶材料及支持换热。

表 4-2　CiADS 颗粒流靶主要设计参数

名　称	内　容
束流种类	质子
束流能量/MeV	250
最高束流能量/mA	10
靶颗粒材料	钨基合金

（续表）

名　称	内　容
靶颗粒直径/mm	约 1
入口平均温度/℃	250
出口平均温度/℃	低于 290
平均流速/(m/s)	低于 0.5
散裂区结构材料	耐高温硬质合金、陶瓷
回路结构材料	316L/TZM/SIMP
泄漏中子平均能量/MeV	约 2.5
侧壁泄漏中子产额/(n/p)	约 2
氦气压力/bar	低于 0.5
换热功率/MW	约 2.5
钨颗粒流量/(kg/s)	低于 400
钨颗粒驱动功率/MW	低于 2
提升高度/m	约 40
提升速度/(m/s)	低于 0.5
氦气总泄漏率/(Pa·m^3/s)	低于 10^{-5}

参考文献

[1] 蔡汉杰. 流化固体颗粒散裂靶中子学计算方法及设计研究[D]. 兰州：中国科学院大学(中国科学院近代物理研究所)，2016.

[2] Nifenecker H, Meplan O, David S. Accelerator driven subcritical reactors[M]. London: IOP Publishing, 2003.

[3] 张苏雅拉吐. ADS 散裂靶相关核数据测量装置的建立及钨评价中子核数据的基准检验[D]. 兰州：中国科学院大学(中国科学院近代物理研究所)，2015.

[4] Tahar M H. High power ring methods and accelerator driven subcritical reactor application[D]. France: Université Grenoble Alpes, 2017.

[5] 赵子甲. ADS 散裂靶中子学分析与设计优化[D]. 合肥：中国科学技术大学，2014.

[6] 刘洋. 颗粒流散裂靶流动及传热性能的实验模拟研究[D]. 兰州：中国科学院大学(中国科学院近代物理研究所),2017.
[7] 赵强. ADS 高功率散裂靶温度和中子监测系统的设计[D]. 兰州：中国科学院大学(中国科学院近代物理研究所),2017.

第 5 章
ADS 次临界反应堆

ADS 由加速器打靶产生的外源中子驱动引发核燃料裂变并维持反应堆运行的方式与常见的临界反应堆显然是有所不同的，它具有次临界、含外源、散裂中子能量较高及中子通量密度分布不均匀等特点，这势必会带来一些新的问题和现象，由此产生了研究 ADS 次临界中子学的热潮，也成为反应堆物理学研究的前沿课题之一。本章将着重讨论与 ADS 次临界反应堆相关的物理问题。

5.1　ADS 次临界反应堆嬗变性能

从核燃料转换的角度来看反应堆嬗变性能，转换比 CR 是消耗一个易裂变核所生成新的易裂变核的数目。在反应堆中核燃料的转换过程主要有两类，一类是将^{238}U转换成^{239}Pu，其反应过程是

$$^{238}U(n,\ \gamma)^{239}U \xrightarrow{\beta} {}^{239}Np \xrightarrow{\beta} {}^{239}Pu \tag{5-1}$$

另一类是将^{232}Th转换成^{233}U，其反应过程为

$$^{238}Th(n,\ \gamma)^{233}Th \xrightarrow{\beta} {}^{233}Pa \xrightarrow{\beta} {}^{233}U \tag{5-2}$$

转换比 CR 是反应堆的一个重要参数，它表征的是铀核素或钍核素在反应堆内被利用的程度。对 CR=1 的情况，意味着反应堆产出的核燃料可自给自足；当 CR>1 时称为增殖比 BR，通常定义的增殖比 $BR=\eta-(1+L)$，与中子经济学的基本关系对应为 $BR=N_c+CR$。当 CR>1 时就意味着反应堆可产出越来越多的易裂变的核燃料，以供给反应堆使用。在这种情况下，天然铀中的^{238}U理论上可全部转换成^{239}Pu，与单烧^{235}U相比，可增加一百倍以上的铀

核素利用率，如考虑到核燃料循环中的物料损失，也有六七十倍；当 CR＞1 时，也可扩大铀的利用率。例如 CR＝0.6（相应于低富集铀的反应堆，压水堆核电厂用的都是低富集铀）；现代天然铀反应堆的 CR 约为 0.8，假设有 N_0 个易裂变核消耗掉，根据 CR 的定义，则会产生 N_0CR 个新的裂变核，新的裂变核又将参与转换而产生 $N_0\text{CR}^2$ 个新的裂变核，总的易裂变核为

$$N_0 + N_0\text{CR}^1 + N_0\text{CR}^2 + \cdots = \frac{N_0}{1-\text{CR}} = \frac{N_0}{1-0.6} = 2.5N_0 \qquad (5-3)$$

这就意味着最终被利用的易裂变核是原来的 2.5 倍。这就是乏燃料进行后处理后，分离出的 U 和 Pu 制作成 MOX 元件，被反应堆再次利用的依据。

充分利用可裂变的核资源，将 ^{238}U 转化为易裂变的 ^{239}Pu，或者开发利用钍资源。在 ADS 的不同能量的中子场中，可嬗变不同的长寿命核废物，减少放射性废物的储量及降低放射性废物毒性，而 ADS 本身在产能的过程中，产生的核废物相对较少，基本上是一种清洁能源。ADS 反应堆是一个次临界系统，它具有的固有安全性可从根本上杜绝临界事故的发生。因此，次临界堆包含多方面的功能，比如嬗变、增殖、产氚、制氢。次临界反应堆设计可采用碳化物燃料、氧化物陶瓷燃料、氮化物燃料以及金属燃料。对 ADS 系统而言，其功率控制以调节加速器质子束流为主要方式，并配合控制棒系统。经过几年的研究，ADS 已经被科学界公认为解决大量放射性废物、降低深埋储藏风险的有效工具，而在技术上，也没有不可克服的困难。

在临界反应堆中，裂变中子承担着维持自持链式裂变的任务，同时还担负着使反应堆增殖核燃料的用途，而在临界堆中，裂变中子始终保持着数量平衡的关系，即产生的中子数等于消失的中子数。对于核裂变反应，根据入射中子的能量，易裂变核和每次裂变产生的中子平均数 ν 是一定的。由于并不是每次易裂变核吸收中子后都发生裂变，即存在着与裂变相竞争的辐射俘获，在中子物理学中，将易裂变核每吸收一个热中子所产生的裂变中子数称为有效裂变中子数 η：

$$\eta = \frac{\nu\sigma_f}{\sigma_f + \sigma_r} = \frac{\nu}{1+\alpha} \qquad (5-4)$$

式中，σ_f 为微观裂变截面；σ_r 为微观俘获截面；$\alpha = \sigma_r/\sigma_f$ 为俘获裂变比；ν 和 α 的大小都与易裂变核素的种类及入射中子的能量有关，因此有效裂变中子数 η 也与易裂变核素的种类及入射中子的能量有关。

如果按照一次裂变考虑中子的平衡关系，其基本关系为

$$N_c = \eta - C - L - 1 \geqslant 0 \tag{5-5}$$

式中，N_c 为临界反应堆内可能出现的中子余额；η 为易裂变核每吸收一个中子所产生的次级中子数；C 为使可裂变核转换成易裂变核所消耗的中子数；L 为在反应堆内消耗的中子数，包括从反应堆装置泄漏的和全部寄生吸收过程消耗的中子数；1 为维持反应堆能自持裂变链式所必需的中子数。

如果要求反应堆可以一比一地使可裂变核转换成易裂变核，则必须 $\eta>2$，此时意味着反应堆核材料不需要再补充新燃料就可以靠自己转换的易裂变核来维持运行，其中一部分为维持反应堆自持裂变所需的一个中子，多余部分是可使可裂变核转换成易裂变核所消耗的一个中子，C 和 L 用来抵消反应堆内消耗的中子数。从三种易裂变核的 η 随入射中子的能量关系可知，在热中子能区，只有 ^{233}U 满足 $\eta>2$ 的条件，也就是说热中子堆只有以 ^{233}U 为核燃料、以 ^{232}Th 为可转换材料才能达到核燃料增殖。^{239}Pu 在中子能量大于 10 keV 时可满足 $\eta>2$ 的条件，这就是以 ^{239}Pu 和 ^{235}U 作为核燃料的热中子堆不能作为核燃料增殖而是以它们的快中子堆作为核燃料增殖的原因。实际上，对于热中子，^{235}U 的 η 最大为 2.28；对于快中子，^{239}Pu 的 η 最大为 2.9，因此采用 ^{233}U 为易裂变核燃料，以 ^{232}Th 为转换材料和采用 ^{239}Pu 为易裂变核燃料的热中子堆，是以 ^{238}U 为转换材料的快中子堆中最好的增殖堆型。至于 ^{235}U 在增殖堆型中起过渡作用，^{233}U 和 ^{239}Pu 最初都是由 ^{235}U 产生的。

核电厂的远期风险取决于长寿命高放废物，其中主要是 MA 中的 ^{237}Np、^{241}Am、^{243}Am、^{245}Cm 和 LLFP 中的 ^{99}Tc 和 ^{129}I。这些长寿命核废物要衰变数百万年才能降到与天然铀相当的放射毒性水平。目前国际上针对长寿命 MA 的嬗变主要有两种技术方案，一种是加速器驱动的次临界系统，另一种是快堆。能量高于 0.5 MeV 的快中子可以使所有的锕系核素裂变，但由于常规快堆受临界堆固有特性的影响，MA 核素的装载量不应超过 5%，这就限制了其嬗变核废物的能力；而 ADS 次临界快中子反应堆中 MA 的装载量几乎不受限制。虽然两种方案都还处在开发研究阶段，但综合考虑技术难度、嬗变效率、安全性和经济性等因素，结论是中能强流质子加速器驱动的快中子次临界堆是目前嬗变 MA 最为理想的方案之一。已经公认 ADS 可作为嬗变大量放射性废物和降低深埋地质存储风险的有效工具。经合组织/核能机构(Organization for Economic Cooperation and Development/Nuclear Energy

Agency，OECD/NEA）经研究和评估，提交报告指出ADS具有较硬的中子能谱、更高的中子余额，ADS比快堆嬗变核废料的能力强，焚烧长寿命废物更彻底。

MA与快中子发生裂变反应的阈值能量约为几兆电子伏特，超过裂变阈能的快中子可直接与MA核素发生裂变反应，变成轻核并放出中子，与较高的热中子通量密度（大于10^{16} cm^{-2} s^{-1}）的中子进行反应促使MA嬗变过程向有利方向发展。以^{237}Np为例，它俘获一个中子后形成^{238}Np，生成的^{238}Np为易裂变核素，其热中子截面高达2 100 b，而它的半衰期只有2.15 d，经β衰变成为^{238}Pu，所以裂变与衰变之间存在竞争。如果中子场的热中子通量密度高，则裂变为主要反应，可使其以裂变形式烧掉^{238}Np以减小衰变为^{238}Pu的份额，因此改善了中子经济性，提高了嬗变MA的效率。

5.2 次临界反应堆中子物理特性

对于反应堆堆芯系统，判断系统维持自持裂变的参数为有效中子增殖因数k_{eff}，而k_{eff}的值是中子输运方程的特征值，与系统材料吸收、泄漏和裂变有关，即由反应堆本身的材料成分、几何结构和边界条件决定，与外中子源的位置、能谱和源强无关。ADS次临界反应堆与常规临界反应堆的中子物理问题有所差别，ADS系统是在一定次临界度下由外源中子驱动的，ADS次临界反应堆相比临界堆具有三个特点：是一个具有外源中子的次临界系统；由于外中子源的存在且集中在一个小体积靶区内，造成堆芯中子通量密度梯度大，各向异性严重；散裂中子源具有很高的能量。

反应堆在一定的裂变功率水平下输出能量、嬗变核废料或转换核燃料，都需要一定的中子数来进行。在临界反应堆和ADS次临界反应堆中，除了在一定功率水平下维持运行的中子外，我们需要尽可能多的中子补偿反应堆中材料的吸收和泄漏，而其余的中子才可以用于嬗变核废料或转换核燃料。

5.2.1 次临界度

ADS系统设计过程中一个重要的问题是固有的次临界度。

无外源反应堆临界的条件为$k_{eff}=1$，其中k_{eff}表示有效增殖因子，其关系可以从稳态无外中子源系统的中子输运方程的共轭方程导出：

$$A^{*}\Phi^{*}=\frac{1}{k_{\mathrm{eff}}}M^{*}\Phi^{*} \tag{5-6}$$

式中，A 为输运算子，M 为增殖算子，Φ 为中子通量密度。

若反应堆临界，则系统内的中子产生率等于中子消失率，在系统内进行的链式裂变反应将以恒定的速度不断进行下去，也就是链式裂变反应处于稳定状态，此时系统称为临界系统。若有效增殖因子小于1，此时系统内的中子数目将随时间不断地衰减，链式裂变反应是非自持的，此时系统称为次临界系统。

$$\rho=\frac{k_{\mathrm{eff}}-1}{k_{\mathrm{eff}}} \tag{5-7}$$

式中，ρ 称为反应性，对于临界反应堆，$\rho=0$；对于次临界反应堆，$\rho<0$。$|\rho|$ 的大小表示反应堆偏离临界状态的程度。当系统处于次临界状态时，$|\rho|$ 也称为次临界度。

在次临界状态运行可以使反应堆避免临界事故，并且可以大大简化在临界反应堆中为防止临界事故而设计的多重保护措施。因此，次临界反应堆的固有安全性相比传统临界反应堆更高。从核能可持续发展的角度来看，在加速器驱动下，次临界堆具有较高中子通量密度和较高能量的中子，可嬗变核废物并且使核燃料增殖。

5.2.2　缓发中子有效份额

中子是反应堆内的主角，一方面，中子能引起易裂变核的自持裂变反应；另一方面，中子能引起核素中毒，造成堆内中子通量减少。反应堆的一切围绕中子进行，寿命较长的缓发中子使得反应堆存在可控性。对中子的探测以及控制等过程都与时间有关。反应堆在各个过程中的特征时间不同，其中有两个特征时间，分别是瞬发中子特征时间和缓发中子特征时间，两者的量级分别是 10^{-17} s 和 10^{-1} s。在反应堆动态分析中着重讨论 10^{-8} s～10 h 范围内的动力学行为。事实上，涉及小时量级的氙钐中毒的时间行为，在一定功率运行的堆上才能显现出来，对于零功率反应堆的中子学实验是不存在的。

缓发中子有效份额 β_{eff} 既是反应堆中子学的主要动态参数之一，也与平均中子寿命、中子代时间以及反应性等中子学动态参数有关。缓发中子有效份额 β_{eff} 的定义为

$$\beta_{\mathrm{eff}}=a\Lambda \tag{5-8}$$

式中，a 为中子衰减常数，Λ 为平均中子代时间。通常在反应堆实验中，反应堆的次临界度或控制棒价值给出的是以 β_{eff} 为单位的反应性 ρ/β_{eff}。同时缓发中子的存在使得中子平均寿命延长。尽管缓发中子只占总裂变中子的不到1%，但是由于缓发中子的能量较低，使得它对裂变的价值与瞬发中子不一样，因此引入缓发中子有效份额以测量缓发中子有效份额是反应堆物理非常重要的工作之一。

反应堆状态随时间变化的特点和产生这些特点的内在物理原因，归根结底是中子在反应堆内随时间变化的行为，包括中子的产生、慢化、扩散、泄漏和吸收等过程。这些过程是中子在堆内输运中与各种材料的原子核所进行的碰撞和各种核反应。堆内中子参与裂变反应产生核能并维持链式裂变反应，这就构成了反应堆动力学的基础。核素裂变时分裂为两个裂变碎片，可以同时瞬时发射出中子(约 10^{-17} s)和 γ 射线(约 10^{-14} s)，而某些不稳定的裂变碎片核素可以通过 β 衰变成为稳定的核，还可以通过放射中子成为稳定的核。裂变碎片核素发射的中子在时间上要比易裂变核素裂变时发射的中子延后许多，中子的先驱核半衰期最长可达几天。我们称裂变时瞬时发射出的中子为瞬发中子，由裂变碎片先驱核发射的中子为缓发中子，前者约占总中子数的99%以上，后者不到1%。正是这不到1%的缓发中子，对临界反应堆的可控制性起着至关重要的决定作用。也就是说，临界堆的动态行为一般取决于缓发中子和它的时间常数，缓发中子除了参与链式裂变反应外，还由于它的时间常数使临界反应堆内的核反应能够有效控制，但对于 ADS 次临界反应堆，缓发中子与瞬发中子相比较，缓发中子对于反应堆的控制就不那么重要(但在安全分析中可以看到由于在 ADS 的次临界反应堆内加入锕系核素，使得缓发中子有效份额大大减小、安全性能变差，这一点在安全上是重要的)。它在次临界反应堆的中子有效倍增因子和解动力学方程时起作用，也就是说在研究 ADS 动态行为时它主要与瞬发中子的行为以及受外源的时间常数影响有关。

锕系核素的缓发中子有效份额值小，加上它们的裂变截面在 1 MeV 之下显著降低，所以以锕系核素作为燃料的反应堆的 β_{eff} 比常规氧化物快堆的更小。而根据 JAERI 的 M-ABR 和 P-ABR 的测量结果，在中子通量密度高、能谱硬的情况下，如果 MA 装量高，则 β_{eff} 值非常小，而且 MA 的热中子吸收截面大，中子代时间也会显著减小，而临界堆出于临界安全考虑，MA 的装量有所限制。

5.2.3 次临界堆中子能谱

中子能谱是描述单位能量间隔内的中子数目(或中子通量密度)随中子能量变化的分布。中子能谱对于ADS次临界反应堆核工程的设计具有重要的意义。设计和运行ADS次临界核反应堆时,反应堆内发生的各种核过程,如堆内材料对中子的吸收、裂变、散射以及中子的泄漏等,都与中子的能谱有关,知道了核反应堆内不同区域的中子能谱才能对各种核过程有所了解,才能知道嬗变最有效的位置,并能对ADS的物理特性有深入的了解。

从嬗变的角度看,多余的中子可以嬗变次锕系核素和长寿命裂变产物,在ADS次临界堆中,某一核素的等效衰变率表示为

$$\lambda = \lambda_0 + \sigma_R \phi \tag{5-9}$$

式中,λ_0为本征衰变率,σ_R为反应截面,ϕ为辐照的中子通量密度。核素的等效衰变率与本征衰变率λ_0有关,反应截面σ_R与中子通量密度ϕ有关。由于外源散裂中子的平均能量高于裂变中子,因此可通过慢化剂的选择及结构材料的调节或辐照位置的选择,得到ADS系统内的中子能量使反应截面σ_R为一个较大值,从而有利于嬗变与反应截面σ_R所对应的元素。例如,当中子能量大于700 keV时,^{237}Np和^{241}Am等核素的裂变截面相当大,它们能吸收中子后裂变,为ADS系统提供附加的能量,既嬗变了这些次锕系核素,又使它们变为易裂变核素。而为了嬗变长寿命裂变产物,则可将它们放在热中子能谱区或共振中子能区。

在ADS嬗变研究领域,准确地测得堆芯内不同位置的中子能谱有利于准确估计MA和LLFP的嬗变。与传统的反应堆相同,ADS系统可以运行在不同的中子能谱模式下。对于嬗变次锕系元素和长寿命裂变产物来说,热中子截面大于快中子截面,所以在反应堆中这些高放废物大体上存量应减少。然后,这些通过嬗变得到的元素的热中子截面也非常高,很快就会在堆芯内产生这些子体同位素,这些子体同位素必须尽快去除掉,否则中子将会通过发生中子俘获反应被这些毒物浪费掉。裂变材料和结构材料对于快中子的俘获很小,从中子经济性的角度来看,快中子堆要比热中子堆好。

5.2.4 有源次临界中子增殖因数

在ADS系统中,无法只靠一个k_{eff}参数描述物理特性,还需要引入某些与

中子源相关的参数，求解有外源的中子输运方程，因而引入有源次临界中子增殖因数，描述有源次临界情况下的中子增殖特性，对于有外源情况下的中子输运方程的矩阵表示为

$$\boldsymbol{A\Phi}_1=\boldsymbol{M\Phi}_1+\boldsymbol{S} \tag{5-10}$$

式中，$\boldsymbol{S}$ 为外中子源

$$\boldsymbol{S}=\boldsymbol{S}_0\xi(r,\ E,\ \Omega) \tag{5-11}$$

式中，$\boldsymbol{S}_0$ 为源强，$\xi(r,\ E,\ \Omega)$ 为外源的空间、能谱分布。$\xi(r,\ E,\ \Omega)$ 满足归一化条件

$$\iiint\xi(r,\ E,\ \Omega)\mathrm{d}r\mathrm{d}E\mathrm{d}\Omega=1 \tag{5-12}$$

为了表示该系统的增殖特性，引入有源次临界中子增殖因数 k_{s}，定义为

$$k_{\mathrm{s}}=\frac{\langle\boldsymbol{M\Phi}_1\rangle}{\langle\boldsymbol{M\Phi}_1\rangle+\langle\boldsymbol{S}\rangle} \tag{5-13}$$

它表示裂变中子与总中子(裂变中子和外源中子)之比。由此可得

$$k_{\mathrm{s}}=\frac{\langle\boldsymbol{M\Phi}_1\rangle}{\langle\boldsymbol{M\Phi}_1\rangle+\langle\boldsymbol{S}\rangle}=1+\frac{\langle\boldsymbol{S}\rangle}{\langle\boldsymbol{M\Phi}_1\rangle}=1+\frac{S_0}{\omega\nu} \tag{5-14}$$

式中，ω 为单位时间内有源次临界系统内发生的裂变次数即裂变率，ν 为每次裂变产生的平均中子数。由上式可以看出，有源次临界有效中子增殖因数 k_{s} 显然不同于 k_{eff}，k_{s} 不仅与系统的增殖特性有关，而且与外源 $\boldsymbol{S}=S_0\xi(r,\ E,\ \Omega)$ 有关，即与外源的空间、能谱有关[1]。

由上文可知，表征 ADS 次临界系统的中子学参数有两个，分别是 k_{eff} 和 k_{s}，前者与安全有关，后者与外源中子的有效利用有关。外源中子与堆内中子的平均价值相等时，$k_{\mathrm{eff}}=k_{\mathrm{s}}$。实际上，对于临界堆，中子价值是指堆内平均一个中子(包括瞬发中子和缓发中子)对反应堆稳定功率做出的贡献，能量越高的中子逃离反应堆的概率越大，平均对反应堆稳定功率所做的贡献概率越小。但是对于 ADS 反应堆，堆芯还有大量易裂变物质，例如 ^{238}U 和少量锕系核素等，在中子能量超过它们的阈值时，将引发(n, xn)反应，使中子参与倍增，能量越高的中子对链式反应的贡献越大，中子价值越大。

用有源中子输运方程中的中子通量密度 Φ_1 与上式相乘可得

$$\frac{1}{k_{\mathrm{eff}}}=\frac{(\boldsymbol{A}^{*}\Phi^{*})}{(\boldsymbol{M}^{*}\Phi^{*})}=\frac{(\boldsymbol{A}^{*}\Phi_{1}\Phi^{*})}{(\boldsymbol{M}^{*}\Phi_{1}\Phi^{*})}=\frac{(\boldsymbol{A}\Phi_{1}\Phi^{*})}{(\boldsymbol{M}\Phi_{1}\Phi^{*})}=1+\frac{S_{0}\Phi_{\mathrm{s}}^{*}}{\omega\upsilon\Phi_{\mathrm{f}}^{*}}=1+\frac{S_{0}}{\omega\upsilon}\varphi^{*} \tag{5-15}$$

进一步推导可以得到

$$\varphi^{*}=\frac{\Phi_{\mathrm{s}}^{*}}{\Phi_{\mathrm{f}}^{*}}=\frac{1-\dfrac{1}{k_{\mathrm{eff}}}}{1-\dfrac{1}{k_{\mathrm{s}}}} \tag{5-16}$$

这就给出了有源次临界中子增殖因数 k_{s} 与中子有效增殖因数 k_{eff} 之间的关系。φ^{*} 称为外源中子有效因子，表示一个外源中子相当于 φ^{*} 个裂变中子，而该参数由外源的性质及 ADS 次临界堆芯性质共同决定。k_{eff} 是无外中子源核系统临界方程的特征值或中子有效增殖因数，主要取决于增殖系统的特性，并与系统的安全分析有关。k_{s} 除取决于增殖系统的特性外还与外中子源的特性(强度、位置及中子能谱等)有关，还涉及外中子源的利用问题。若考虑有外中子源的 ADS 次临界系统并应用 k_{eff} 的概念，则要借助于 φ^{*} 来联系。

在 ADS 中，将源强为 S 的中子注入一个次临界系统，次临界系统的有效增殖因数为 k_{eff} 时，系统中子数将按 $k_{\mathrm{eff}}<1$ 倍增并最后趋于稳定，即

$$N=\frac{S_{0}l}{1-k_{\mathrm{eff}}} \tag{5-17}$$

在 ADS 中，外源 S 即为质子与靶发生散裂反应产生的中子外源。以下将 S 作为单个质子在散裂靶中的散裂反应所产生的中子，并且按每次裂变的归一中子数来考虑，其中 $N_{\mathrm{s}}-S$ 为由次临界系统中裂变提供的中子数，这些中子除去维持功率运行及材料的吸收和泄漏外，余下的中子可以用于嬗变核废料或转换核燃料。

在临界堆内，初始一个中子被燃料吸收产生 ν 个中子，该 ν 个中子除维持反应堆在一定功率水平运行所需要的中子数外，余下的为临界堆的中子余额 N_{c}，即

$$N_{\mathrm{c}}=\nu-1-N_{\text{消耗}}=\nu-1-C-L \tag{5-18}$$

在次临界堆中初始取一个中子，但它还有 S 个外源中子，它们在次临界系统中，$1+S$ 个中子增殖后可维持一个中子运行，即 $1+S$ 个中子增殖为

$k_{\text{eff}}(1+S)=1$，则

$$S=1/k_{\text{eff}}-1=(1-k_{\text{eff}})/k_{\text{eff}} \tag{5-19}$$

所以次临界系统按照一个中子考虑时，初始就有 $1+S=1/k_{\text{eff}}$ 个中子，这些中子被燃料吸收产生 ν/k_{eff} 个中子，产生的中子除去功率运行及材料消耗的中子数外，余下的为次临界堆的中子余额，记为 N_{k}，即

$$N_{\text{k}}=\nu/k_{\text{eff}}-1-N_{\text{消耗}} \tag{5-20}$$

假设在次临界堆和临界堆中所消耗的中子数 $N_{\text{消耗}}$ 是相同的，则

$$N_{\text{k}}=\nu/k_{\text{eff}}-1-N_{\text{消耗}}=N_{\text{k}}+\nu(1-k_{\text{eff}})/k_{\text{eff}} \tag{5-21}$$

式(5-21)表示在外源驱动的次临界堆中，中子余额比同样条件下的临界堆要高，增量为 $\nu(1-k_{\text{eff}})/k_{\text{eff}}$，增量与 k_{eff} 有关，也与核燃料每次释放出的中子数 ν 有关。由式中可看出，k_{eff} 越小，中子的余额增量越大。从物理角度看，在深度次临界下，外中子源起的作用越大，如果为了产生裂变能量或嬗变核废料，在相同功率下，外源驱动的次临界堆则对加速器的要求越高，即外中子源的强度越大；但是从反应堆运行的功率展平及能量增益的角度，k_{eff} 存在下限值，k_{eff} 合理的变化范围为 0.85～0.98。

在合适的 k_{eff} 下，ADS 的次临界堆的中子余额要比临界堆的余额有显著的提高，这有利于增殖和嬗变。从增殖核燃料的角度看，增殖比 BR 的定义为

$$\text{BR}=\frac{\nu}{1+\alpha}-1-(C+L) \tag{5-22}$$

在一般的热中子堆内，由于铀-钚转换比为 0.6，因此热中子反应堆既不能使 ^{239}Pu 增殖，又不能使铀-钚燃料自持，而在 ADS 的次临界堆内，当 $k_{\text{eff}}=0.85$ 时，转换比为 1.1。原则上可以在反应堆内形成一个自持供应的 ^{239}Pu。在快堆内，增殖比约为 1.2；但是对于 ADS 的快中子次临界堆，当 $k_{\text{eff}}=0.85$ 时，铀-钚增殖比可高达 1.75，这就大大提高了铀-钚增殖比。同时也可利用这部分中子余额来嬗变核废料。如果在 ADS 次临界堆芯有一个合理的布置，ADS 不仅可用来提高铀-钚增殖比，而且也可处置核废料。

5.2.5 质子束流与堆功率的关系

ADS 系统中加速器输出的高能质子轰击散裂靶，高能质子与散裂靶发生

散裂反应，产生的散裂中子进入次临界堆芯。建立质子束流强度与堆功率的关系对后续反应堆功率控制至关重要。

ADS 的功率 P 可以写为

$$P = \frac{E_{\mathrm{f}}}{\nu} \cdot \frac{ISk\varphi^{*}}{1-k} \tag{5-23}$$

式中，E_{f} 为一次裂变所释放的能量，对于 $^{235}\mathrm{U}$，E_{f} 约为 3.21×10^{-11}（W·s/裂变）；I 为质子束流；S 为单位束流供给次临界系统的散裂中子数，考虑到散裂中子对裂变的贡献，它与散裂靶的位置和散裂中子的能量有关；还应引入一个外源中子有效因子 φ^{*}，其物理意义为一个散裂中子相当于 φ^{*} 个裂变中子，k 为有效增殖因子；ν 为一次裂变释放的中子数，约为 2.5。式（5-23）可以改写为

$$P = 1.3\times10^{-17}\,\frac{ISk\varphi^{*}}{1-k} \tag{5-24}$$

该式是 ADS 的基本公式，表示了质子加速器流强与次临界反应堆之间的耦合关系。ADS 的设计有 4 个基本参数目标，分别是 k_{eff}、P、I、$S\varphi^{*}$。其中 k_{eff} 取值在 0.95 左右，k_{eff} 太低就意味着系统一旦失去束流，功率水平将下降太快，会对结构材料造成热应力冲击，不利于安全；而 $k_{\mathrm{eff}} > 0.98$ 的系统太接近临界，不利于安全。

5.3　次临界反应堆的安全特性分析

反应堆基本的安全功能包括反应性控制、衰变热的排出、放射性物质的包容以及辐射防护等内容。前三项失效可能会造成大量放射性的产生并释放到环境中去，而第四项辐射防护涉及在通常和所预期的运行条件下的人员安全问题。

ADS 除了常规核电厂安全问题外，与典型快堆比较，ADS 安全问题按其特点还涉及 ADS 次临界反应堆的水平；在堆芯引入束流装置（包括靶、缓冲区、靶冷却剂等）导致的放射性的包容功能和防护功能的困难；铅铋冷却剂散裂产物的去除。

ADS 特有的引入束流装置放射性的包容功能和防护功能以及散裂靶的散裂产物的去除问题实际上是堆芯结构设计问题，不同的堆型采取不同的设计，

当然也就存在不同的安全问题，例如，涉及散裂靶的问题，可通过与次临界反应堆回路隔离的设计等措施来解决，这些都与 ADS 物理关系不大，当然它的布置也影响 ADS 物理问题。

与 ADS 物理关系紧密的问题是如何选取有效增殖因子，涉及 ADS 的堆芯设计物理，包括温度系数、多普勒系数、有效缓发中子份额等。原则上，如果合理选取有效增殖因子，反应堆是不会发生核临界事故的，这是 ADS 次临界反应堆与临界堆的主要差别，即反应性控制原则上在 ADS 中是不存在的，或者 ADS 的反应性控制不需要像临界反应堆那样要求具有多重手段、多种原理和庞大的机械结构等来控制。所以 ADS 除了选取合适的有效增殖因子以外，考虑到冷却剂失效事故以及其他严重事故，其所涉及的安全问题基本与临界堆是一样的。

本章对于 ADS 的安全问题除了考虑 ADS 安全特殊性外，还将 ADS 安全事故按临界堆中的相同类型事故来考虑，给出几种具体堆型的事故序列。具体堆型分别为固体燃料和液态金属（钠或铅及铅铋合金）冷却的快中子系统和热中子系统，以及采用熔盐、氧化铀浆液在管路中循环而重水为慢化剂的热中子系统。

涉及热工的事故，压力较低的快中子或热中子系统中可能发生的一般事故是冷却失效，原因可以是泵断电导致的一次流量快速衰减，即冷却剂失流事故（loss of flow，LOF），或者是排热回路泵断电或给水泵断电引起的热阱丧失事故（loss of heat sink，LOHS）。对气冷快堆而言，如果出现突然降压，则有可能发生冷却剂丧失事故（loss of coolant accident，LOCA）。对较低压力的反应堆系统来说，冷却剂丧失是低概率事故，而保护容器应确保冷却剂不能完全逸出。衰变热排出问题也可导致事故，比如，气冷系统中驱动风机的柴油机如不能启动就无法进行强制对流冷却。

至于一些设计者所提出的加速器功率突然加大并显著高于其正常值可能导致 ADS 的特定事故，这方面作者认为可不予考虑，这是由于在确定的次临界度下，ADS 功率由于加速器功率突然显著增加，即源强增加部分经次临界倍增，会使 ADS 功率在较高水平下运行，目前推荐的热态有效增殖因子的最大值为 0.98，加速器束流增加，ADS 功率将会在原有功率基础上增加，但由于负的功率系数，功率将不可能增加太大。另外，一般情况下，因为目前限制 ADS 功率的主要因素是加速器的功率，为了得到 ADS 最大功率，所使用的束流流强及质子能量基本上已达到极限，即 ADS 所用加速器外源源强已到极致或稍低于该值，因此不必考虑加速器功率突然显著增加可能造成的安全问题。

由于目前国际核能界普遍认为不管是为了产能，还是嬗变核废物，ADS 的次临界反应堆的堆型以采用快中子反应堆堆型为好，因此本节主要分析 ADS 的次临界快中子反应堆的堆型安全问题，当然也涉及目前某些其他堆型的安全问题。为了嬗变次锕系核素 MA 和降低长寿命裂变产物 LLFP 对于临界快中子反应堆的安全影响，本节重点讨论 ADS 的次临界反应堆有效增殖因子的选择及其他堆型的安全问题。

5.3.1 次临界反应堆的安全原则

任何核装置的安全目标都是相同的，都是要保护工作人员、公众、社会和环境不受损害，必须建立和保持对辐射损伤的有效防御；确保在装置范围内，所有运行状态下的辐射剂量尽可能得到合理的限制；采取所有合理的、切实可行的措施预防事故发生和减小事故的后果。对于经典的核电厂安全分析，保证最基本的安全功能、反应性的控制、衰变热的排出、放射性物质的包容、辐射防护。

ADS 在应对快速剧增的反应性引入事故方面具备明显优势，而这些事故对常规反应堆中的紧急停堆系统来说发生得要快得多。ADS 克服快反应性而具有的能力对减少功率剧增事故十分重要。

在 ADS 束流未关闭条件下的冷却失效事故中，即便是具有正空泡价值的堆芯，快速功率剧增也是不可能的。但是 ADS 堆的功率也不会因为负反馈而大幅下降。将功率降至衰变热水平的唯一方法是关闭加速器束流，否则在冷却失效事故中将发生堆芯熔化。因此必须将 ADS 安全应对措施的重点放在设计高度可靠的束流停闭系统上。如果 ADS 有低压冷却系统和防护容器，就可能不会发生 LOCA 冷却剂流失事故。对任何类型的反应堆及 ADS 而言，一个可靠的应急衰变热排出系统都具有普遍的安全意义，系统最好是非能动的。

ADS 应当具有特别可靠的部件，比如加速器关闭系统和衰变热排出系统。理想的 ADS 的设计是不能导致严重事故，或者事故发展要足够慢，以便有时间采取纠正行动，并且中子源的关闭对冷却失效事故而言意义重大。

5.3.2 次临界反应堆特有的安全问题

次临界反应堆虽然有较高的固有安全性，不易出现临界事故，但是也存在其特有的安全问题。反应堆事故研究中提到的 ADS 也可能发生反应性事故，热中子反应堆的反应性事故称为反应性诱发事故，快堆的则称为瞬态超功率事故(transient overpower accident，TOP)。有控制棒的各类 ADS 都可能经历控制棒的意外提出。在加压反应堆系统中，提出一组控制棒组件被认为是有可能的。当然，ADS 比临界堆使用较少的控制棒，这种反应性事故发生的概率要比临界反应堆的小。由于在快中子系统中存在意外引入慢化剂材料、在有燃料的系统中存在易裂变材料的积累，或者地震引起的堆芯扭曲等，因此还可以假定不同类型的反应性引入。有些钠冷次临界反应堆可能有正的空泡效应，如果钠过热沸腾就可能导致反应性剧增。如果快中子堆芯熔化，就可能出现堆芯坍塌而形成一个熔盐池，其中可能发生熔融燃料的晃动，这些燃料运动也可能引起反应性的迅速提升。

加速器功率是否可能突然超过它的正常值而有较大增加？目前对引起这种 ADS 特有事故的原因尚不明确，而作者在前面已经提到过，在一般情况下只从经济考虑，认为加速器基本运行在最佳状态，突然发生束流增加的概率较小，但还是应该研究加速器功率是否会有突然较大增加的可能性。

对临界堆而言，高质量的安全级部件、可检查性以及在整个反应堆寿期内的在役检查计划是必不可少的。而 ADS 次临界反应堆应当具有特别可靠的部件，即加速器关闭系统和衰变热排出系统。理想的 ADS 的设计应该是不会导致严重事故或者事故发展要足够慢，以便有时间采取纠正行动。因为中子源的关闭对冷却失效事故而言意义重大，下文将讨论此问题，并与临界堆的停堆系统进行比较。

首先讨论事故情况下 ADS 中子源如何关闭。ADS 次临界反应堆部分是一个带有外中子源的次临界中子增殖系统，如果关闭外部中子源，堆功率将减少到衰变功率水平。在确定的功率下，初始的次临界度越深，相应的外中子源强越大；当断掉外中子源后，次临界度越深，堆功率衰减的速度就越快。对于使用固体燃料的快中子系统而言，快速关闭中子源能避免堆芯熔化的中心问题。这是因为尽管堆中引入了一些负反馈，但正如在前文所述，反馈时间较长，还不如关闭中子源使 ADS 堆功率快速减少。ADS 中的反应性事故，即便是相当严重的事故，也只是经历一段时间后才有必要关闭中子源，以便防止有限的堆芯损坏。其原因也将在后文有关具有中子源的临界事故的章节中加以讨论。

第二种事故工况，即关闭 ADS 内中子源的效果，类似于在临界堆中快速插入控制棒而使其紧急停堆。对于冷却剂丧失不会引起很强的负反应性的反应堆，在满功率下会发生重大的冷却剂失效事故，紧急停堆是一项至关重要的安全要求。在 LOCA 或核电厂断电事故下，压水堆或沸水堆可自动停堆，但如果不启动紧急停堆，就不能建立起正常的余热冷却。唯一不用紧急停堆却能经受住重大冷却扰动的堆型是现已被美国放弃的金属燃料一体化快堆。

轻水堆或快堆由于控制棒在满功率下人为失误拔出、压水堆控制棒组件的弹出或者沸水堆这类控制棒的掉落所引入的反应性需要快速紧急停堆以避免堆芯损坏。在轻水堆中加入冷的不含硼的应急冷却水也能引发反应性引入事故，必须靠紧急停堆来终止。所有临界反应堆都有发生反应性事故的可能，而防止这些事故的主要措施就是紧急停堆。

ADS 不需要快速紧急停堆就能克服相当大的反应性引入，这正是该系统的独有特性。

反应堆紧急停堆和加速器束流关闭的比较如下：

(1) 时间上的比较。轻水堆从发出停堆信号到控制棒释放的延迟时间约为 0.5 s，这个延迟时间与启动 ADS 的束流关闭系统的差不多。但断开加速器电流的时间比机械方式插入控制棒的时间要少得多，后者对于轻水堆而言需要 1.5～3 s；快堆因为堆芯较小，所以用的时间要少一些。

(2) 冗余性和多样性的比较。当比较临界堆与 ADS 停堆系统和束流关闭系统的冗余性和多样性时，ADS 有一个不利因素，因为 ADS 只有一个束流可被关闭，而临界堆有较多数量的可插入控制棒，在轻水堆中还有注入含硼水这种替代停堆方式。但是，ADS 束流关闭的系统信号可以借鉴临界堆事故保护停堆信号。

由于 ADS 关闭束流对冷却失效事故来说非常重要，因此加速器的电流应与一回路泵、二回路泵的驱动电流连在一起，还要与补水泵的电流关联在一起。一个不同并且完全非能动的中子源关闭系统采用低熔点金属为散裂靶的支架，在发生冷却失效或慢的反应性事故时，支架因温度升高而熔化，从而使散裂靶倒塌落下。散裂靶也可用磁力来支撑，当磁铁达到居里温度时散裂靶落下。另一个关闭束流的系统可这样构成：通过位于堆芯出口的双金属装置切断磁镜的电流，磁镜去磁，使质子束发生偏转。

1) 次临界钠冷快堆的失流事故

大型次临界反应堆系统与相应的临界堆的事故相比：钠冷快堆在有源存在的情况下，会导致功率峰降低；ADS 中功率上升要快一些，因为多普勒效应、轴向膨胀和结构反馈引起的负反馈对功率的减少没有像临界系统那么多。在 ADS 中，钠起泡阶段持续的时间要长得多，但燃料细棒破损会较早发生。一旦燃料的扩散运动引起强烈的负反馈，ADS 功率的降低会比临界堆中的要少很多，因为中子源使 ADS 对正反馈和负反馈均不太敏感。

ADS 次临界度越深，上述说法越得到支持，即初始功率峰会更低，但在有很强的负反馈后，功率并不会降低很多。因此除非关闭中子源，否则将导致堆芯完全熔化。使用模拟束流关闭进行的两个计算表明，如果能在大量钠空泡发生前关闭束流，就可使 ADS 安全达到衰变功率水平。关闭得越晚，就越可能发生堆芯破损。如果关闭太迟，将会发生燃料崩塌引起的堆芯熔化，从而形成一个熔融燃料池。燃料晃动可以导致再临界和功率剧增，发生这种可能性的基本原因是快中子系统最初并未处于最佳临界分布状态。

总之，对于不考虑束流关闭或反应堆紧急停堆的 LOF 事故和可能的 LOHS 事故而言，钠冷 ADS 比临界快堆有优势。这主要是因为至少当 ADS 处于初始阶段时，是不可能发生快速功率剧增的。此外，仍很重要的是，在堆芯不同部位的钠沸腾和燃料细棒破损等现象会延续一段时间，因而很容易被探测到，足以有时间采取措施防止事故发生或蔓延。在 LOF 事故期间，ADS 束流关闭如同正常快堆紧急停堆一样是必要的。如果束流不关闭或紧急停堆不启动，则两种系统都可能发生再临界。对于常规衰变热的排除，两种系统都可依靠用液态钠进行非能动自然对流冷却。对于事故后排热，两种系统同样不确定的是堆容器内是否具有冷却能力，另外，两种系统都有可能发生钠燃烧和钠水反应。

2) ADS 气冷快堆的冷却失效事故

ADS 气冷快堆与钠冷快堆相比，优势是没有引起化学反应的冷却剂，而且也不会有由于冷却剂密度降低引起的正反应性效应。此外，在事故后的排热情况下，还可能采用水冷却，这需要设计一个用于避免再临界的容器内或容器外的堆芯熔融物补集器。

此外，如果加压主回路发生泄漏，就有可能发生 LOCA、LOF 和 LOHS 事故。在所有这些冷却失效事故中，及时关闭束流对避免堆芯熔化至关重要。如果发生堆芯熔化，可能引起再临界。ADS 气冷快堆一个显著的缺点是，常规的排除衰变热不能以非能动的自然对流方式来完成。在停电停堆状态下，强迫对流冷却需依赖柴油发电机。

3) ADS 铅冷快堆的冷却失效事故

ADS 铅冷快堆相对于钠冷快堆有很多安全优势。首先是铅的化学惰性，它不与空气和水发生化学反应，并且铅的慢化能力很弱，因此当冷却剂受热或沸腾起泡导致密度减小时，不会引起较大的能谱变化或正反应性效应。与气冷相比，铅冷堆的系统压力很低，因此不容易发生失铅事故。主回路泄漏只会引起低压力的冷却剂流入周围的保护容器中。

铅冷却剂不利的一点是熔点高，铅的熔点为 327 ℃，因此在堆启动时和很低的衰变功率水平下，都可能需要电加热。若电加热出现故障，就可能引起一些铅凝固并形成堵塞，从而可能阻碍冷却剂在堆芯的流动。此外，还应该研究对很低的功率状况而言传导冷却是否足够的问题。

在前面次临界反应堆事故研究中，鲁比亚(Rubbia)提出了关于能量放大器(即 ADS)获得干净核能的新概念。由于泵失效引起的 LOF 事故是不会发生的，因为它的设计正是基于自然对流冷却的，但仍然可以预料热阱丧失事故的可能性，比如在蒸汽发生器因为补水中断而烧干的情形下。对于 LOHS 事故或缓慢而持续较长时间的反应性引入，如果不中断质子束或关闭加速器，将会引起 ADS 堆部分或全部熔化。鲁比亚的设计包含一个非能动停堆装置，它是基于铅冷却剂温度升高引起冷却剂体积膨胀，冷却剂液面水平上升的情况。如前文所述，这将使铅溢出到作为质子束通道的容器内，从而形成反应堆顶部的一个新靶。这将快速降低反应堆功率，从而降低冷却剂的温度。

然而衰变热将再次使冷却剂温度缓慢上升。在鲁比亚的设计中，继续进行的更高层面的冷却剂体积膨胀将使铅溢流到主容器和保护容器间的较小空隙中，这将大大增加两个容器之间的传热，从而使保护容器外部空气形成自然对流冷却。这种衰变热排出方式是美国的先进液态金属反应堆(Advanced Liquid Metal Reactor，ALMR)计划提出的，缺点是包封必须有开口（紧急情况下可能关闭）。衰变热排出的一种替代方式是使用堆容器内的铅-空气热交换器。

4) 钠冷快 ADS 的瞬态超功率事故

如以相当慢的递增速率引入反应性，持续半分钟后，假定总反应性引入为 3＄，在计算的临界堆的 10 个通道中有 1 个将发生燃料细棒破损。燃料弥散所引起的负反馈使反应性低到足以阻止更多的破损发生。在相应的次临界度为－3＄的 ADS 系统中，也可能发生一个通道的破损，但要晚一些；对于次临界度为－5＄的情形，破损的发生则要更晚，而－10＄水平的次临界度则完全不会发生细棒破损。

对于以快速剧增方式引入反应性的情形，常规反应堆不能通过紧急停堆来及时抵消引入的反应性，而 ADS 的反应则是良性的。对反应性引入增速较慢的事故，如果加速器束流未关停，次临界度也不够深，则可能在稍晚的时候引起燃料破损和有限的堆芯损坏。不过，因为必须设有束流关闭系统来应对冷却失效事故，所以就无须将 ADS 降至较低次临界度以避免晚期时燃料细棒的破损。引入较慢增速的反应性虽然可能不会扩展到堆芯其他部位，但肯定会使没有紧急停堆的常规反应堆发生某些有限的堆芯破损。

5）其他 ADS 堆的 TOP 和反应性引入事故

气冷快中子次临界反应堆的 ADS 在遭遇快瞬态超功率时的表现同样是良性的。对于增速较慢的反应性引入和较晚的燃料细棒破损，在气冷系统中的燃料弥散分布可能更加有限，因而产生的负反馈较小，从而可能导致进一步的燃料棒破损。

从以上讨论可以看出，ADS 在应对快速剧增的反应性引入事故（reactivity initiated accident，RIA）方面具有明显优势，而这些事故对常规反应堆中的紧急停堆系统来说发生得要快得多。ADS 这种能克服快反应性引入的能力对避免切尔诺贝利式的功率剧增事故十分重要。

在 ADS 束流未关条件下的冷却失效事故中，即便是具有正空泡价值的堆芯，快速功率剧增也是不可能的。但是 ADS 堆的功率也不能因为负反馈而大幅下降。将功率降至衰变热水平的唯一方法是关闭加速器束流，否则在冷却失效事故中将发生堆芯熔化。因此必须将 ADS 安全应对措施的重点放在设计高度可靠的束流停闭系统上。如果 ADS 有低压冷却系统和防护容器，就可能不会发生 LOCA 冷却剂丧失事故。对任何类型的反应堆及 ADS 而言，一个可靠的应急衰变热排出系统都具有普遍的安全意义，该系统最好是非能动的。

固体燃料的快中子次临界反应堆的 ADS 与循环盐/燃料混合物的热中子次临界反应堆的 ADS 相比较，有几点是重要的。热系统在事故情况下有较长的响应时间，使得发生异常工况时探测较为容易。在严重事故情况下若束流未关闭，则燃料将会膨胀和沸腾并导致泄漏，而系统则可能熔化并可能引起再临界，从而导致功率激增。在盐/燃料系统中，泵和回路热交换器都具有放射性，因而难以检修。此外还有燃料和次锕系元素沉淀和累积的不确定性，从而导致温和的功率激增，另外反应性温度系数也具有不确定性。

ADS 次临界系统的主要安全优势是在加入该次临界度大小的正反应性时不会发生导致高功率水平的功率激增。现有快中子反应堆在起始阶段可能发生功率激增，是其安全方面的一大缺点。次临界系统在经历 LOF 或 LOHS

时仍然存在的重要问题是不能防止堆芯熔化，除非将散裂源关闭。在满功率发生任何事故时，如果散裂源不关闭，即使已加入相当大负反应性，功率下降也不会很快。

就总体趋势而言，已证实若在加速器驱动系统中加入相当的正反应性，其反应是良性的。另一方面，如果加速器束流不关闭，则大的冷却故障也会引起低功率下的堆芯熔化。因此对非能动方式关闭质子束的研究是很重要的。

5.4　次临界反应堆功率控制方式

加速器驱动次临界系统可用于发电、嬗变增殖燃料，在瞬态变化的工况下，需要实现功率的准确调节，以确保反应堆瞬态的安全性。ADS次临界反应堆可以借鉴传统临界反应堆使用控制棒系统控制反应堆功率升降。由于加速器驱动次临界系统由加速器、散裂靶和次临界反应堆三个系统耦合而成，ADS系统基本原理如下：加速器输出的高能质子轰击散裂靶，高能质子与散裂靶发生散裂反应，产生的散裂中子进入次临界堆芯，这些中子是次临界堆芯的外源中子，是维持次临界反应堆稳定运行的关键。在5.1.5节中介绍了加速器束流功率对反应堆功率的影响，因此堆功率也可以通过调节加速器的束流强度及质子能量进行调节，进而控制反应堆功率水平。因此，ADS反应堆可通过采取控制棒和加速器相互协调的方式控制堆芯功率。利用控制棒调节堆芯反应性大小，利用加速器控制外中子源强度，从而建立次临界反应堆耦合控制系统[1]。通过调节加速器外中子源强度或控制控制棒的棒位就可以实现ADS堆芯功率的控制。

ADS次临界反应堆堆芯中子学与传统的临界反应堆堆芯中子学相比有许多相同和不同的方面。与临界堆相比，次临界反应堆堆芯内允许装载较高数量的MA，因为次临界堆具有固有的临界安全性。ADS次临界反应堆的有效增殖因数小于1，外源中子慢化到所需的中子能量及空间分布、核燃料的增殖、核废物的嬗变都在其中发生，由于外源的驱动，其中子学行为有别于临界堆的。

控制棒调节是传统临界反应堆中调节反应性的常用手段，次临界反应堆可以借鉴此种方法并将其应用至次临界反应堆。控制棒用于补偿燃料消耗和调节反应速率，安全棒用于快速停止链式反应。吸收体是由强烈吸收中子的材料制成的，通常为硼、碳化硼、镉、银铟镉合金等，可以有效地控制反应堆的反应性。若将控制棒插入堆芯，可吸收中子，使链式裂变反应减缓、反应堆功率下降；反之，若将控制棒从活性区拉出，可使反应性和反应堆功率上升。

基于ADS反应堆的次临界特性，次临界反应堆不会出现超临界事故和短时间内功率倍增的情况，所以ADS系统的固有安全性高，并且传统临界堆控制棒系统的作用也会改变。未来的控制棒系统的设计不仅是出于安全的考虑，而且更多考虑的是调节中子经济性，而好的中子经济性对于ADS系统至关重要，因为这直接决定了反应堆的功率水平以及所需的加速器。通过调节加速器束流来调节反应堆功率的方法，实现了次临界反应堆的反应性以及功率调节。

5.5 次临界反应堆材料的选型

20世纪60年代末，人们逐渐认识到要建造一座有经济效益的快中子增殖堆，除了追求高增殖比外，还要更为现实地追求经济性，考虑易裂变材料的原始成本、燃料元件的加工费以及燃料元件在堆内被辐照之后进行的后处理费用，希望燃料元件在堆内停留的有效时间长，尽可能多地消耗易裂变材料，以达到较高的燃耗。早期的快中子增殖堆运行经验表明，金属型燃料抗肿胀性差，燃耗低，并且不能在高温下运行，同时还要考虑冷却剂的选择要减少中子吸收，获得更多的快中子实现燃料嬗变增殖，次临界堆需要寻找新的燃料以及冷却剂。

5.5.1 燃料选型

在20世纪60年代后期金属燃料的潜力还没有完全发挥之前，世界范围的兴趣转向了氧化物燃料，并且在氧化物燃料方面的研究上积累了丰富的经验，之后建造的快中子增殖堆绝大部分使用了氧化物燃料，且多数为铀-钚混合氧化物，而氧化物燃料可以达到较高的燃耗。与金属型燃料相比，氧化物燃料能运行在较高的温度下，并可用不锈钢材料为包壳，提高了热功转换的热力学效率和电功率输出。

当今世界上运行和计划建造的快中子增殖堆，几乎都采用铀-钚混合氧化物燃料，它的良好性能和燃料循环的各个阶段都已得到了证明。不过氧化物或混合氧化物燃料并不是完美的，它的主要不足之处如下：氧化物燃料中的氧原子能部分地起到慢化作用，使平均中子能量下降，从而降低了增殖比；它的导热性能差，燃料最高温度上限是熔化温度，这意味着燃料必须细长，这样带来了高的制造成本。为了克服这些缺点，人们开始了对铀-钚混合碳化物和铀-钚混合氮化物（称为先进型燃料）的研究，并做了辐照试验。这两种燃料有明显的优点，它们的导热性能好、重原子密度高、慢化作用小。但由于人们对这两种混合物燃料还不甚了解，尤其是后处理中的各个工艺可能发生的问题，所以除了印度的快堆使用混合了碳化物的燃料外，无一堆使用这两种燃料，不过它们仍然被公认为“未来的燃料”。也许将来某个时候碳化物燃料和氮化物燃料将会被广泛地使用。

目前，ADS 核燃料元件主要由包壳管和核燃料芯块组成，与目前核电站所用均质的 UO_2 芯块不同，ADS 燃料芯块可以是一种弥散核燃料，由核燃料颗粒弥散分布在基体中构成。经过多年的研究，两种弥散核燃料成为主要的选择：一种是将含 Pu、MA 的氧化物燃料颗粒弥散分布在 MgO 基体的 CERCER（ceramic-ceramic）燃料；另一种是将同样的燃料颗粒弥散分布在 Mo 基体的 CERMET（ceramic-metallic）燃料。它们在 ADS 系统中可以产生高的嬗变率，能够达到有效处理核废料的目标。人们已经采用上述两种核燃料完成了堆芯初步概念设计，通过采取合理的设计方案，两种堆芯能够产生几乎相同的嬗变效率[2]。由于 CERMET 芯具有更好的导热性，因此可以通过使用更粗的燃料棒设计方案，使其具有与 CERCER 芯相同的甚至更好的嬗变性能。CERCER 和 CERMET 燃料都满足安全要求。此外，CERMET 燃料比 CERCER 燃料具有更高的燃料安全系数。初步分析表明，在不超过燃料和包层温度限制的情况下，CERMET 总堆芯功率进一步至少可以提高 50%[3]。

5.5.2　冷却剂选型

考虑到要减少冷却剂堆中子的吸收和慢化作用，实现燃料的嬗变增殖，金属冷却剂是次临界反应堆的首选冷却剂类型，比如液态金属钠、铅以及铅铋合金。同时可以考虑气冷快堆作为新型次临界堆型。

钠冷快堆特点主要如下：嬗变长寿命高放废物，减少储存风险；增殖核燃料，有效利用核资源；功率密度高；运行于低压高温，获得高的热效率；一回路放射性钠系统与功率转换系统之间增加中间钠回路系统；钠具有优良的物理热工性能，但化学性质活泼，有钠火事故的风险；引入次锕系核素后，多普勒反馈减小、有效缓发中子份额减小、冷却剂空泡反应性趋正，不利于控制和安全。

钠冷快堆在核燃料增殖和高放废物嬗变方面具备独特技术优势，能够支撑核能大规模可持续发展。钠的热物性为将钠冷快堆设计成具有固有安全性系统提供了条件，与第四代核能系统国际论坛(Generation IV International Forum，GIF)提出的发展能够解决可持续性、经济性、安全性及可靠性、防止核扩散和实体防卫等问题的先进核能系统的目标高度契合，被列入六种最具发展前景的第四代候选先进核能系统之一。

钠冷快堆的发展历史久，建成和运行了一系列实验堆、原型堆以及示范堆。发展初期，通过设计建造小型实验堆来验证各种科学概念，如验证快中子堆的可运行性、可增殖性、安全性以及作为核电厂的可运行性。20 世纪 60 年代前，世界上建造的快中子堆属于第一代快中子反应堆，采用金属型燃料。随着快中子堆的发展目标从增殖转向经济，第一代金属型燃料快堆不能满足高燃耗和高出口温度的严重缺陷暴露出来。于是在日趋成熟的热中子反应堆技术的基础上，应用氧化物陶瓷燃料芯块、不锈钢包壳元件的第二代快堆便出现了。目前，钠冷快堆处于第二代快堆向第三代快堆电站发展的过渡阶段。钠冷快堆的下一发展阶段是推动第四代先进核能系统原型堆建造及运行，为商业化提供技术支撑。

气冷快堆中冷却剂氦气的化学稳定性好，对中子的吸收和慢化少；冷却剂与水有很好的化学相容性，可避免中间级的冷却剂循环；可以忽略冷却剂的活化效应；冷却剂的光学透明性简化了燃料混洗工序，并且便于堆芯检查；冷却剂在堆芯没有相变，避免了事故工况下反应性的引入；快中子可增殖燃料，并且可以将长寿命放射性废物的产量降到最低。氦气的出口温度高，因此能够获得较高的热效率(大于 45%)；相对于金属冷却堆芯，气冷堆芯的中子能谱更硬，反应堆的增殖能力更强，核燃料的利用率高。20 世纪 60 年代，研究人员将气冷快堆定位为实现燃料增殖和提高热效率的新型反应堆。为了满足热交换的需求，并且减小对中子的吸收和慢化，氦气、超临界水以及二氧化碳被选为快堆的气体冷却剂。

到目前为止，并没有真正意义上的气冷快堆实现临界。欧洲的 ALLEGRO 项目计划建成世界上第一个气冷快堆装置，该装置本预计于 2018 年完成设计(目前仍在设计中)并在斯洛文尼亚开始建造，在 2025 年进行调试并运行。

铅冷快堆冷却剂铅的慢化截面较小，具有快中子能谱，铅冷快堆(lead-cooled fast reactor，LFR)采用闭式循环的方式，可以作为铀-238、钍基材料的增殖堆、MA 的焚烧器和 LWR 中乏燃料的后处理装置；铅(铅铋)传热性能好，使堆芯更加紧凑；铅(铅铋)的沸点高，没有冷却剂沸腾和钠冷快堆正空泡反应性的问题，大大降低了堆芯熔化概率；铅的中子慢化截面较小，允许燃料棒间距加大，堆芯中冷却剂压降较小，有效降低了流动阻塞的风险；铅的密度大，允许燃料稀疏，有效防止了堆芯受到破坏；铅(铅铋)的化学活性低，与水和空气接触不会发生激烈反应，反应堆没有火灾的风险；一回路的冷却剂流道简单，堆芯压降较低，LFR 自然循环能力强，主系统中可以用自然对流冷却，在反应堆停堆后导热，具有很好的固有安全性和非能动特性；熔融铅允许主系统在常压下运行，由于铅较低的蒸气压力、高的俘获裂变产物能力和高的 γ 辐射防护，运行人员所受的剂量较小；LFR 省去了中间冷却回路，简单而紧凑的回路节约了 LFR 投入资金和建造时间，增加了 LFR 的经济性；LFR 功率大小设计灵活，利于匹配电网；铅(铅铋)具有较强的腐蚀性，特别是在高温条件下，且活化产生的钋具有极强的毒性。

LFR 具有优良的中子学、热工水力学、安全特性及防核扩散能力，是先进核能系统中最具发展潜力的堆型，据 GIF 报告，LFR 可以嬗变 MA，具有为偏远地区、孤立地区和并网发电厂提供电力的巨大潜力，而且 LFR 在海水淡化、区域供热和水电解制氢方面具有一些可能的发展空间。另外，铅储量丰富，LFR 系统因采用闭式循环，具有较大的可持续发展的空间，因使用长寿命的堆芯，LFR 的抗辐射扩散和物理防护特性较好。

现在主要有俄罗斯、欧盟、美国、日本、韩国和中国等国家(组织)投入了铅冷快堆的研究建设，其中俄罗斯是目前唯一具有铅冷堆建造经验的国家。根据 GIF 发布于 2014 年的第四代核反应堆的发展路线图，LFR 有望成为首个实现工业示范和商业应用的核能系统。LFR 系统的工业发展分两步走，第一步是 2025 年左右在冷却剂温度和功率水平适中的工况下运行；第二步是 2040 年左右在更高冷却剂温度和更高功率水平的工况下运行。

5.6　次临界反应堆物理实验

对于不同的反应堆，临界反应堆的中子学已经经过很多理论和实验的验证，而 ADS 堆芯在瞬态工况和事故工况下的抗阻能力必须通过实验验证。这样，在 ADS 试运行之前，除了所有需要的论证外，还必须确定每个部分的可靠性，包括加速器、散裂靶、燃料、材料、堆物理以及核数据等。对于堆芯设计，还需要验证所用到的计算工具和核数据，这就必须提出验证实验，完成计算工具和扩展数据库的验证，同时深入了解次临界反应堆堆芯的中子行为。因此通过不同的次临界反应堆实验装置在外中子源驱动下的实验，验证一些中子学参数所用到的计算工具以及核数据是至关重要的。

一般认为，ADS 次临界反应堆在整个寿期内，k_{eff} 的变化范围为 0.9～0.98，k_{eff} 的确定和监测是 ADS 工程运行之前必须解决的重大问题，反应堆功率表示如式(5－24)所示，其中 $1.3\times10^{-17}S\varphi^{*}$ 与散裂中子产额有关，取决于散裂靶材料、次临界堆结构和质子能量。通过简单的误差分析可以得到功率、质子束流与有效增殖因数之间的关系，表示如下：

$$\frac{\Delta P}{P}=\frac{\Delta I}{I}+\frac{1}{1-k}\cdot\frac{\Delta k}{k} \tag{5-25}$$

在 ADS 运行中，维持功率不变化，即保持 $\Delta P/P=0$，则可以得到质子束流与有效增殖因子之间的关系，这里取一个极端的情况，当 $k=0.98$ 时，在运行功率不变的情况下，式(5－25)变为

$$\frac{\Delta I}{I}=-50\,\frac{\Delta k}{k} \tag{5-26}$$

式(5－26)表明如果 k 减小 1%，则质子束流要增加 50%功率才能保持不变。根据动力反应堆输出功率起伏要求小于 10%，如果考虑质子束流不变化，则 $\Delta k/k$ 变化范围应小于 0.2%，通常程序模拟的精度为 0.5%，程序模拟得不到上述要求的精度。而影响精度的最大因素是核数据库的精度要求，结合 ADS 次临界反应堆的工程设计情况，必须开展有针对性的中子学实验。

对于 ADS 次临界堆芯模拟的装置，国内外一般都是在原有的临界实验装置上进行改造使之成为次临界研究装置，在其上进行外中子源驱动下的 ADS 次临界物理学研究。也有专门为研究 ADS 而建立的实验装置，如为了研究 ADS 由于散裂反应产生的高能中子在介质内的输运行为，CERN 建成的 TARC 装置[4]，中国原子能科学研究院为研究 ADS 次临界物理学而建成了“启明星一号”[5]和“启明星二号”[6]，这两个装置用于研究 ADS 中子学的静态及动态行为。在 CERN 建成了 TARC 实验装置，并在该装置上研究了散裂反应产生的高能中子在铅介质内的输运和嬗变。1995 年开始的 MUSE 实验计划是在法国 MASURCA 装置上进行的。首先用实验室通用的自发裂变的中子源 ^{252}Cf 放在 MASURCA 装置的中心，实验证明在临界堆芯用的实验技术也可用于次临界堆芯上[7]。MUSE－4 实验时间为 2000—2004 年，主要使用

GENEPI 中子发生器，由(D，D)和(D，T)反应产生两种不同已知强度和能量的中子，深入研究了反应性的测量方法[8]。

5.7　ADS 次临界反应堆概念设计

1) CiADS 堆芯

由于 ADS 次临界堆固有安全性高并且可以嬗变核废料，为促进核能的可持续发展，多个国家已开展 ADS 次临界堆的研究计划[9]。目前，我国正致力于建成世界首个 ADS 原理验证装置 CiADS。CiADS 总体设计参数如表 5-1 所示[10]。

表 5-1　CiADS 堆芯主要设计参数

参数名称	参数
总功率(含束流功率)/MW	10
核热功率(BOL/EOL)/MW	7.74/7.66
燃料组件中心距(冷态)/mm	126.5
活性段长度(冷态)/mm	1 000
燃料棒中心距(冷态)/mm	14.6
芯块直径/mm	11.5
堆芯入口平均温度/℃	280
堆芯出口平均温度/℃	380

CiADS 次临界反应堆堆芯由 30 盒六边形燃料组件和 78 盒六边形哑组件组成，堆芯中间留有圆形孔道，用于散裂靶管贯穿。CiADS 次临界反应堆堆芯的燃料组件采用外套管封装的结构，每盒燃料组件有 60 根燃料棒和 1 根不锈钢棒。燃料棒采用正三角形排列方式，整体上构成正六边形的排列布局。不锈钢棒位于组件中心位置，占据 1 个燃料棒的空间，用于驱动燃料组件与下栅格板的锁紧机构。燃料芯块采用 19.75%富集度的 UO_2 陶瓷燃料，这也是目前民用研究堆所能获取到的富集度最高的核燃料[10]。

2) MYRRHA[11]

比利时 MYRRHA 在许多方面都是独一无二的。其采用池式反应堆，由 7 800 t 铅铋共晶合金作为冷却剂，所有主系统都位于高 16 m、宽 10 m 的双层容器内。由于堆芯上方的结构所限，燃料（驱动 MOX 燃料组件和含 MA 燃料组件）组件和反射层组件必须从下面装载，由于浮力、燃料和反射层组件的存在，不需要锁紧装置将它们固定在堆芯支撑结构上。然而，为了避免在操作过程中堆芯内燃料组件出现任何微小的位置变化，利用一个堆芯约束系统固定燃料组件的径向位置，总体布置图如图 5-1 所示。默认情况下，MYRRHA 的设计是次临界的：它没有足够的易裂变材料来维持链式反应。出于安全原因，反应堆设计包括非能动冷却：在电气故障或当直线加速器关闭和反应堆突然停止时，反应堆的冷却是由 LBE 的自然循环保证的。MYRRHA 的最大输出功率为 100 MW。

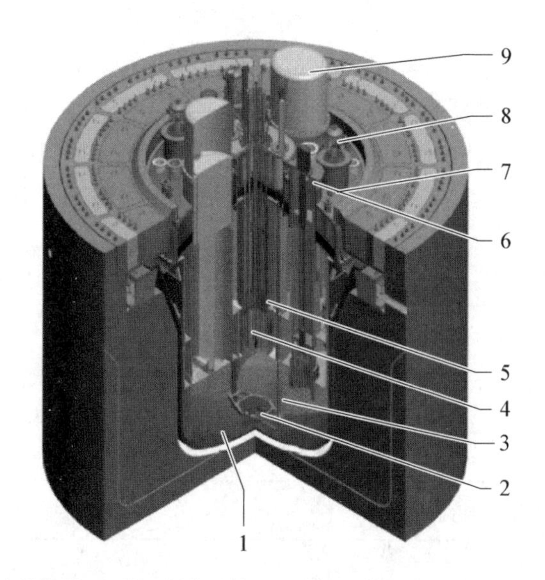

1—反应堆容器；2—堆芯限位系统；3—隔板；4—堆芯；5—堆芯围桶；6—主泵；7—顶盖；8—主换热器；9—换料机。

图 5-1　MYRRHA 总体图

MYRRHA 堆芯由 MOX“驱动”燃料组件组成，使用快堆典型的钚含量，即在 30%～35%范围内，此外堆芯可接受多达六个装载 MA 的燃料组件，这种含 MA 燃料类型适用于工业 ADS，它由 50% 钚、46% 镅、2% 镎和 2% 锔组成。由于实际原因，锔不包括在 MA 燃料中，堆芯布置如图 5-2 所示，包括靶、燃料组件、含 MA 燃料组件、控制棒组件、反射层组件及同位素生产孔道等部分。

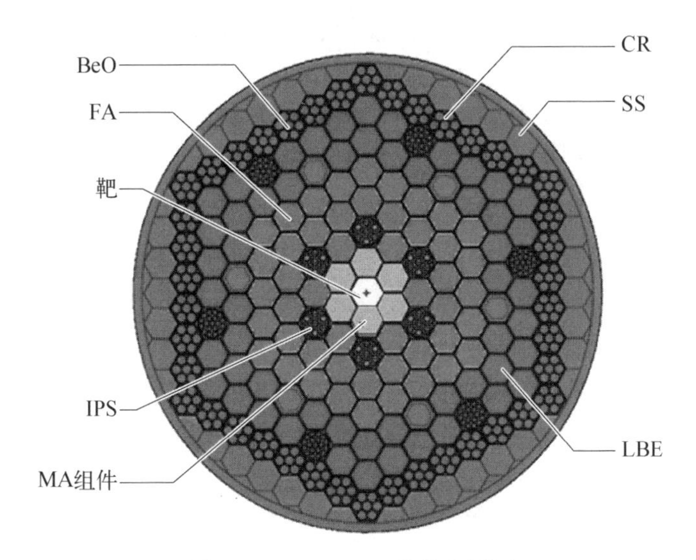

图 5 - 2　MYRRHA 堆芯布置图

参考文献

[1] 丁淑蓉，龚辛，赵云妹，等. 弥散核燃料燃烧演化过程中的关键力学问题[J]. 力学季刊，2018，39(01)：1 - 21.

[2] Chen X N, Rineiski A, Maschek W, et al. Comparative studies of CERCER and CERMET fuels for EFIT from the viewpoint of core performance and safety[J]. Progress in Nuclear Energy, 2011, 53(7): 855 - 861.

[3] 刘依诺，胡杨，李楚豪，等. ADS 次临界堆堆芯功率控制策略研究[J]. 核科学与工程，2021，41(2)：211 - 217.

[4] Savvidis E, Eleftheriadis C A, Kitis G. Mapping of the thermal neutron distribution in the lead block assembly of the PS - 211 experiment at CERN, using thermoluminescence and nuclear track detectors[J]. Radiation Protection Dosimetry, 2002, 101(1): 103 - 106.

[5] 曹健，史永谦，夏普，等. ADS"启明星 1 号"中子通量密度时空特性实验研究[J]. 核科学与工程，2007(4)：310 - 316.

[6] 梁淑红，朱庆福，史永谦，等. 跳源法测量 ADS 启明星 Ⅱ 号的次临界度及动态特性[J]. 原子能科学技术，2018，52(2)：302 - 306.

[7] Soule R, Assal W, Chaussonnet P, et al. Neutronic studies in support of accelerator-driven systems: the MUSE experiments in the MASURCA Facility[J]. Nuclear Science and Engineering, 2004, 148(1): 124 - 152.

[8] Lebrat J F, Aliberti G, Angelo A D, et al. Global results from deterministic and stochastic analysis of the MUSE - 4 experiments on the neutronics of accelerator-driven systems[J]. Nuclear Science and Engineering, 2008, 158(1): 49 - 67.
[9] 詹文龙,徐瑚珊. 未来先进核裂变能: ADS 嬗变系统[J]. 中国科学院院刊,2012, 27(3): 375 - 381.
[10] 彭天骥,顾龙,王大伟,等. 中国加速器驱动嬗变研究装置次临界反应堆概念设计[J]. 原子能科学技术,2017,51(12): 2235 - 2241.
[11] Hamid Aït Abderrahim, Didier De Bruyn, Gert Van den Eynde, et al. Accelerator Driven Subcritical Systems[J]. Encyclopedia of Nuclear Energy, 2021,4: 191 - 202.

第 6 章
嬗变临界反应堆

嬗变临界反应堆是区别于加速器驱动次临界系统的中子嬗变焚烧炉装置。本章将重点阐述嬗变临界快堆以及嬗变临界热中子堆的相关研究现状。嬗变临界反应堆的设计难点在于装载核废料的燃料组件对反应堆的中子物理方面的影响以及燃料的制作与加工。核嬗变对于核能的可持续发展至关重要,涉及铀矿资源保护、防止核扩散等问题。快堆和热中子堆的嬗变能力也不尽相同,不同核素(MA 以及 LLFP)有着不同的中子俘获和裂变截面。此外,如何保证嬗变燃料供应链的放射性安全也是关键问题之一。本章对不同嬗变装置从嬗变性能、相关设计参考以及风险进行了分析,对嬗变临界反应堆系统有一个较为全面的概括。本章还对聚变-裂变混合堆以及激光嬗变概念进行了介绍,以增进读者对嬗变相关前沿研究进展的了解。

6.1 嬗变临界反应堆基本介绍

在中子有效增殖因子为 1 的条件下运行的装载核废料组件(可能需要额外添加裂变燃料)的反应堆称为嬗变临界反应堆。嬗变的过程需要中子的参与,事实上,任何中子装置都具备一定的嬗变能力。在第 2 章我们就中子嬗变原理进行了介绍,反应截面和中子通量密度与中子能量有关,而反应截面和中子通量密度与系统的嬗变能力密不可分。LLFP 中 ^{99}Tc 和 ^{129}I 由于是裂变产物中半衰期长且最容易迁徙扩散的核素,具有远期风险。人工嬗变通过中子轰击 LLFP 使得其放射毒性降到裂变核能开发前的水平并进行废物储存库(high-level waste repository,HLWR)的建设是当前唯一的科学处置方法。核废料中的 MA 同样可以通过嬗变方式得到妥善处理。临界反应堆装置的嬗变特性分析是本章的重点,在此之前有必要简要回顾一下 LLFP 和 MA 的中子学特性。

LLFP 主要通过(n, γ)俘获反应嬗变成稳定或短寿命核素,其在热中子谱和超热中子谱有较大的俘获反应截面。当总中子通量密度约为 $10^{14}n/(cm^2 \cdot s)$ 量级时,其就可以完成嬗变。MA 具有小的热中子裂变俘获截面比。由于 MA 在俘获反应后会产生新的 MA 核素,并不能达到嬗变的最终目的。因此,MA 的嬗变只考虑裂变反应。在热中子谱的嬗变中,ATW 提出增大中子通量达到嬗变 MA 的效果。在快中子能谱,MA 则具有较大的裂变截面,进而利于嬗变。

核废料中,MA 与 LLFP 对不同能量中子能谱的作用过程使得不同种类的堆型具有不同的嬗变能力。各个类型的嬗变装置所具备的特性是由中子的“能谱”和平衡“中子经济学”来决定的。

热中子堆、快中子堆都可以用于核废料的嬗变。类似于用于发电的反应堆分类,嬗变反应堆可以大致分为嬗变临界快堆、嬗变临界热中子堆、嬗变临界聚变-裂变反应堆。不同的嬗变概念在技术、系统、经济性等方面都不同,没有一个普适性参数去评估嬗变方法。本章将从嬗变率、对关键裂变产物处理的灵活度及速率、反应堆和核燃料循环的安全问题等几个方面来比较不同类型的嬗变临界反应堆装置的特点。

一座反应堆的设计使用年限在 30 年左右,大部分原始装载的超铀核素已经嬗变,但同时又产生了新的超铀核素。再处理和燃烧核废料的时间要远远短于在嬗变过程中产生的超铀核素的净减少所需要的时间,然而再处理过后用于地质存储的废料中仍然含有可裂变材料,这会增加附近居民的安全风险。

可以通过有效半衰期、嬗变支持比、每年嬗变装料百分比等指标来衡量嬗变装置的嬗变能力的强弱,相关定义详见第 2 章。值得注意的是,嬗变支持比概念的引入不仅能衡量一个反应堆嬗变的可能性,同时也反映了嬗变过程中核素对嬗变装置的中子数的影响,方便进一步评估相关核素对临界反应堆堆芯性能的影响。

净超铀核素比率 δ 定义为在给定电功率水平下,超铀核素在轻水堆一次燃烧循环中与相关系统(反应堆、相关的燃料循环设施以及废料)总的超铀核素的比值。通过与未经嬗变反应堆系统的对比,净超铀核素比率可以很好地反映在单位时间内净超铀元素的减少量。净超铀核素的比率需要合适的时间尺度,然而评估超铀净存量的时间尺度至今没有统一的标准。在假设嬗变系统产生电力将纳入电网的情况下,我们讨论如下两种情况:一种是在持续发展稳定核能的前景下，可以通过调配增殖和非增殖嬗变反应器来对超铀元素进行处理。实现完全的净超铀核素比率 δ 为 100%需要上百年甚至上千年的时间。显然在保持核电稳定发展规划的前提下，超铀核素嬗变的时间成本是不可接受的。嬗变只能尽可能地保持合理的数值，使得其在有限时间尺度下实现对超铀核素的最优处理。若将 δ 控制在 10%以下，则可以在几十年到百年的时间尺度内完成这一目标。另一种可能前景为实现核能退役的发展策略，可以在较短的时间尺度，比如几十年内，实现净超铀核素比 δ 为 100%的目标。

6.2　嬗变临界快堆

液态金属反应堆技术已经发展了 60 多年，其可以从天然或贫化铀中增殖新的核燃料，作为一种先进的核动力反应堆型得到广泛关注。在相关研究预测中，未来核能系统可能面临低成本铀矿资源枯竭而带来的轻水堆燃料成本上升的问题。一些天然铀矿资源储备不足的国家，比如日本、法国、英国和中国，也有意进一步发展 ALMR，减少对天然铀的依赖。同时，ALMR 硬中子能谱对 MA 元素有着较好的嬗变能力，有很好的乏燃料嬗变潜力。

尽管早期快中子反应堆出现过一些严重的事故，比如日本的文殊钠冷快堆出现的换料事故等，但总体来说，快堆的设计和发展仍然被看好。法国的凤凰堆、美国的 EBR－II 以及中国的 CFR 的稳定运行都显示了中等规模的液态金属反应堆的可靠性。此外，由美国 DOE/NE 主导的 ALMR 项目用于小型模化快堆概念的研究，近年来也颇受关注。ALMR 相较于传统压水堆在安全性、燃耗深度等多方面具备优势。

6.2.1　临界嬗变快中子反应堆堆芯性能与 MA 核素

在快中子增殖反应堆的设计概念中，转换比与中子能谱有着密不可分的关系。转换比和中子的能量有关，中子能量越高，转换比越高，当 CR 降低至 1 以下时，意味着在保持较硬中子能谱的状态下增强了快中子堆的嬗变能力。通过调节 CR 值，我们可以对临界快堆的中子能谱进行调节，使其适当地软化，从而同时具备嬗变 LLFP 和 MA 的能力。通常可以在快堆反射层或增殖层形成一个热中子区或者超热中子区来完成对 LLFP 的嬗变。整体来看，快中子反应堆主要用于 MA 元素的嬗变。

在世界范围内已经有数十座快中子增殖反应堆，但针对 MA 嬗变需要进一步设计讨论。CR 的选取对快中子反应堆的嬗变能力至关重要，Chang[1] 和 Thompson[2] 等建议 CR 的取值范围为 0.22 到 1.25。美国阿贡国家实验室和通用电气公司针对装载超铀核素的燃料配置进行了研究。其中一种设计在 CR 为 0.22 极限条件下将钚和 MA 混合在一起，另一种则侧重装载 MA 燃料在 CR 为 0.85 的研究。结果表明，随着堆芯内裂变增殖和重金属元素的减少，反应堆在整个燃料循环过程中反应性波动明显增大。通用电气建议嬗变快中子反应堆的 CR 最小取值应该为 0.6，这可以保证反应堆的安全性，但这同时也削弱了快中子反应堆的嬗变能力。总体来说，用于超铀嬗变的快中子反应堆技术与较为熟悉的快中子增殖反应堆技术相似，但有着更高的要求。

MA 核素由于具有复杂的族系构成，使得带有 MA 核素的燃料对堆芯性能的影响是复杂多变的。MA 在发生裂变反应时释放的缓发中子对反应系数有着极大的影响。临界嬗变快堆为了同时对 LLFR 裂变产物进行处理，不得不牺牲反应性来进行中子反应，这进一步要求运行需要考虑临界嬗变快堆的后备反应性。整体上，MA 核素对嬗变临界反应堆的初始反应性，反应堆的燃耗反应性衰减(burnup reactivity decrement，BRD)，空泡效应(steam void effect，SVE)与多普勒效应，缓发中子有效份额和平均瞬发中子每代寿命都造成了影响。

1) 对反应堆初始反应性的影响

MA 中各个核素有着不同的俘获截面、裂变截面和平均裂变中子数。不同的中子能谱、辐照时间和 MA 废物的装载量使得不同的设计方案的中子学特性不一致，进而影响嬗变临界快堆的初始反应性。

由于 MA 核素无法通过俘获反应达到嬗变，裂变反应是嬗变 MA 的主要手段。随着能谱变硬，MA 可以作为燃料进行燃烧。当堆内中子谱平均能量在 600 keV 以下时，MA 核素对反应性有负作用[3]；当堆内中子谱平均能量高于 730 keV 时，MA 核素对反应性有正作用。因此，当使用 MOX 氧化物快堆装载 MA 废物时，其中子能谱平均值在 480 keV 左右会导致其初始反应性降低。如表 6-1 所示，根据欧洲快堆(European fast reactor，EFR)的 ^{237}Np、^{241}Am 的装入实验数据可知，初始反应性 $\Delta\rho(0)$ 与 MA 装载量呈现了负的线性关系[4]。

表 6-1　MA 装载量与初始反应性变化

MA 装载质量百分比	初始反应性变化量 $\Delta\rho(0)$/pcm
2% ^{237}Np	−2 300
5% ^{237}Np	−4 800
10% ^{237}Np	−10 000
2% ^{241}Am	−2 600
2.5% ^{241}Am	−5 800
5% ^{241}Am	−6 200
10% ^{241}Am	−11 200

2）对反应堆燃耗反应性减少的影响

对于中子能谱较软的反应堆，MA 可以被视为一种可燃毒物。相较于一般可燃毒物，MA 在吸收中子之后可能会逐渐转化为裂变燃料，这在一定程度上影响了堆芯后备反应性的预留量。这种不确定性会引起反应性的波动，对临界反应堆的安全问题提出了挑战。MA 的装载量会恢复后备反应性，甚至会增加反应性。这种滞后反应性的增加，减少了燃耗反应性的损失，加深了燃料的燃耗深度，进而延长了燃料组件的燃烧时间。

德国西门子的研究表明燃耗反应性的减少与 MA 的装载量呈现负相关性。西门子的实验覆盖了不同尺寸堆芯的氧化物快堆与不同 MA 装载量，结果符合 MA 的中子学特性，也进一步展示了 MA 嬗变的作用过程相较于增殖反应过程要复杂很多。小尺寸堆芯设计会增大中子泄漏系数，进而增加燃耗反应性损失。然而固定尺寸下一定比例的 MA 装载量会使得燃耗反应性增加。MA 对后备反应性的补偿使得可以通过合适的 MA 装载量达到延长堆芯寿命的效果，如日本“超长寿命堆芯”(super long life core，SLLC)的概念设计[5]。

3）SVE 与多普勒效应

SVE 会导致慢化剂中子吸收减少，增加中子泄漏，进而使得中子能谱硬化。多普勒效应则与中子能谱有关，会引起负的温度系数。对 MA 核素进行嬗变需要硬的中子能谱，这对嬗变临界快堆的设计提出了要求。对于大尺寸的反应堆，其中子泄漏效应较弱，应主要关注中子能谱硬化引发的正的反应性。对于钠冷快堆,冷却剂密度随温度的变化幅度可以超过 3.7%,正的空泡系数对临界快堆的安全有负面影响。随着温度升高,SVE 还会导致能量自屏蔽和空间自屏效应减弱。负的多普勒系数则保证了反应堆的安全性。对于小尺寸堆型设计,中子泄漏效应变得明显而空泡效应相对减弱。在小型反应堆设计中,大的中子泄漏系数导致了负的 SVE,保证了堆芯的安全。在嬗变临界快堆设计中,MA 装载量制衡着中子能谱的硬度。SVE 和多普勒效应的作用效果与中子能谱的硬度有关。增加 MA 的装载量会要求反应堆提供更硬的中子能谱,而 SVE 的存在会导致正的反应性。同时,高比例的 MA 装载量使得^{238}U 的装载量相对变少,减弱了多普勒效应,导致正的温度系数。由前文可知,对于固定尺寸的反应堆,其 MA 的装载量存在上限值,必须综合考虑 SVE 以及多普勒效应对反应性的影响。

金属燃料和氧化物燃料对 SVE 和多普勒效应的影响也不尽相同。除考虑 MA 装载量对反应性的影响外,燃料基质的选择也是需要考虑的。采用金属燃料的快中子堆具有大的 SVE、小的多普勒系数。相较于氧化物燃料,金属燃料方案更需要注意对反应堆安全性的影响。整体来看,无论装载金属燃料还是氧化物燃料的反应堆,SVE 都随 MA 的装载量增大而增大,多普勒效应都随 MA 的装载量增大而减少。MA 的装载整体会对反应堆系统引入正的反应性,这在临界工况下更容易引发安全问题。

4) 对缓发中子有效份额和平均瞬发中子每代寿命的影响

缓发中子有效份额 β_{eff} 和平均瞬发中子每代寿命 Λ 对反应堆瞬态分析至关重要。由于 MA 核素具有小的缓发中子份额 β,嬗变临界快堆的 β_{eff} 会低于常规氧化物燃料快堆(见表 6-2)。在超临界情况下,功率的变化将极其迅速。此外,嬗变临界快堆硬的中子能谱导致其 Λ 相较于热中子反应堆的较短。由于金属燃料的快堆相对于氧化物燃料的快堆有更硬的中子能谱,金属燃料的嬗变临界快堆的安全性问题需要特别关注。日本有着关于 MA 装载的嬗变临界快堆的缓发中子有效份额 β_{eff} 每代寿命 Λ 较为详尽的研究[6-8]。从表 6-3 可知,MA 具有大的热中子吸收截面和较小的 β_{eff} 值,使得中子能谱进一步变硬,Λ 值要明显低于常规氧化物和金属燃料的快堆。对于氧化物燃料快堆,5%的 MA 的装载量会使 Λ 减少 17%。对于金属燃料快堆,26%的超铀元素的装载量会使得 Λ 相较于氧化物燃料快堆减小一半。这一结果表明,嬗变临界快堆相较于增殖快堆,对反应堆的控制系统精确度、燃料材料的选择以及对瞬态事故的安全防范提出了更加严苛的要求。

表6-2　日本临界嬗变快堆的β_{eff}值

研究机构	反应堆型号	设计功率	不同堆芯燃料装载下的值β_{eff}值		
PNC	LMFBR	1 GW	UO_2-PuO_2	UO_2-PuO_2+5%MA(均匀)	UO_2-PuO_2+5%MA(非均匀)
			3.7×10^{-3}	3.5×10^{-3}	3.3×10^{-3}
CRIEPI	M-FBR	1 GW	U-Pu-10Zr+0.9%MA+1.35%RE	U-Pu-10Zr+2%MA+2%RE	U-Pu-10Zr+5%MA+5%RE
			3.35×10^{-3}	3.29×10^{-3}	3.10×10^{-3}
JAERI	M-ABR	6×170 MW	^{237}Np∶(Am+Cm)∶Pu=38∶30∶32		
			1.55×10^{-3}		
JAERI	P-ABR	1 200 MW	^{237}Np∶(Am+Cm)∶Pu=37∶29∶34		
			1.72×10^{-3}		

表6-3　快堆与MA临界嬗变快堆的Λ值

研究机构	反应堆型号	设计功率	不同堆芯燃料装载下的Λ值	
PNC	LMFBR	1 GW	MOX	MOX+5%MA
			4.06×10^{-7} s	3.38×10^{-7} s
ANL	LMR	600 MW	U-Pu-Zr	U-Pu-Zr+26%TRU
			—	2.17×10^{-7}
JAERI	M-ABR	6×170 MW	^{237}Np∶(Am+Cm)∶Pu=38∶30∶32	
			6.80×10^{-8}	
JAERI	P-ABR	1 200 MW	^{237}Np∶(Am+Cm)∶Pu=37∶29∶34	
			1.08×10^{-7}	

6.2.2 嬗变临界快堆的设计参考

上一节讨论了 MA 核素对快堆反应性的影响，不同的燃料方案在嬗变性能和安全性上的表现不同。本节将从装配氧化物燃料和金属燃料的嬗变临界快堆来梳理相关的研究。

1）金属燃料装配方案

金属燃料由于其自身的高导热系数，在反应性和冷却剂损失等瞬态事故工况下可以提供更小的温度波动。同时其中子能谱相较于氧化物燃料更硬，这使得装配 MA 核素的金属燃料方案会较少地影响初始反应性。但结合 MA 核素对反应性的影响可知，缓发中子有效份额 β_{eff} 和平均瞬发中子每代寿命 Λ 都比较小，会加大功率的扰动性。美国在金属燃料装配的快中子反应堆上做了较多研究，但是针对高燃耗的相关研究还很少。燃料的性能与堆内相关结构具有高度耦合的敏感性。对于装配高负载量的 MA 核素的核燃料要进行大量的辐照实验来获得相关参数。

美国通用电气公司联合阿贡国家实验室主导研制的 ALMR 三元金属快堆为嬗变临界反应堆提供了宝贵的经验。ALMR 是一个创新型小型模块化动力反应堆(power reactor innovative small module, PRISM)，一共包含了 9 个反应堆模块，每 3 个反应堆模块组成一个功率为 465 MW 的功率集合块，总共电功率为 1 395 MW，如图 6 - 1 所示。ALMR 的整体设计由通用电气公

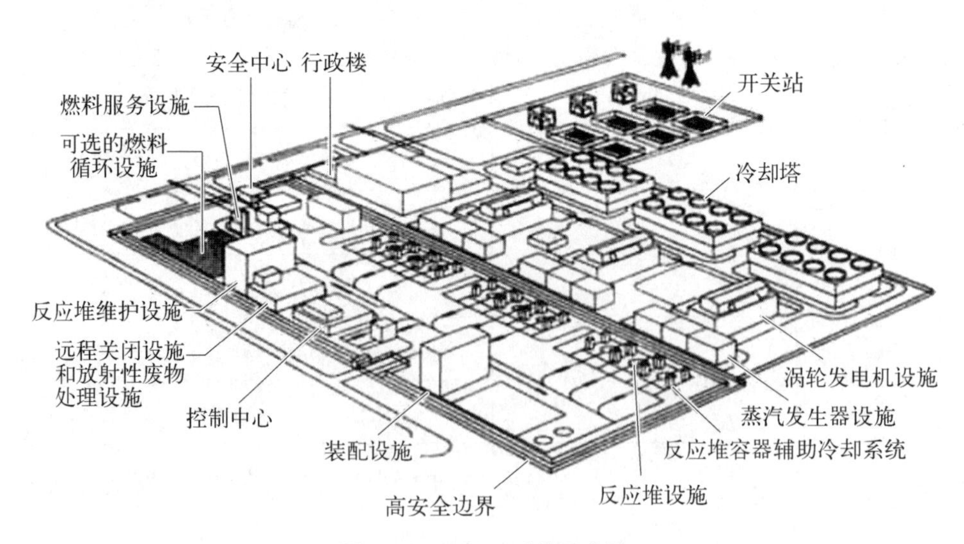

图 6 - 1　ALMR 系统示意图

司负责，金属燃料由阿贡国家实验室联合开发。每一个模块化池式反应堆都采用了非能动余热排出系统。

ALMR 的 CR 值是可以通过燃料的布置方案进行调节的。当 CR>1 时，ALMR 作为一个常规增殖反应堆，可以选用如下燃料：① 轻水堆乏燃料后处理后回收的超铀元素；② 25%～35%的浓缩铀；③ 为防止核扩散裁军计划退役的军用钚；④ 使用快堆增殖产生的钚。当 CR<1 时，将其设计为一个需要不断从乏燃料中补充超铀元素的高燃耗焚烧炉。图 6－2 给出了两种不同的燃料配置方案，可以看到专门用于 MA 核素的燃料设计方案不包括径向和内包壳层，这是为了防止多普勒效应减少 ^{238}U 通过中子俘获反应变为 ^{239}Pu。ALMR 的堆芯启动装载超铀元素设计量控制在 CR 为 0.65～1.11 的范围。

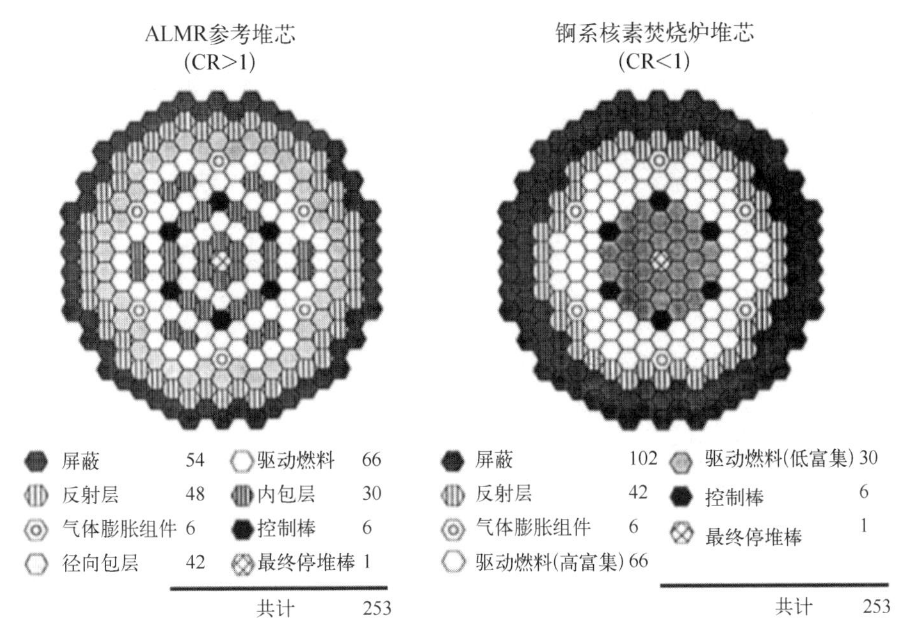

图 6－2　ALMR 堆芯燃料排布方案

在 ALMR 设计基础上，阿贡国家实验室还开展了一系列的扩展实验来研究 CR 与燃料燃耗的问题。Johson[9] 和 Thompson[2] 等对不同燃料装配进行了研究。其中一种完全使用超铀燃料；另一种使用钚和 MA 核素混合燃料，CR 控制在 0.22；最后一种使用 MA 核素装配方案，CR 为 0.85。在 ALMR 的设计中，为了增加中子泄漏概率，以减少裂变产物的增加而降低了堆芯的高度。此外，MA 核素导致的整个核燃料循环过程中反应性波动的增加要求加大了控制棒价值。ALMR 平衡了裂变产物和超铀元素的燃耗平衡问题，保证中子能谱较硬，但是由于小型模块化设计增大了中子泄漏，整体对超铀元素 MA 的嬗变效率不是很高。但如果从整体 MA 和 LLFR 的循环来看，这种设计有着很好的参考意义，避免了对 ALMR 本身残留的高放长寿命废物的处置。表 6－4 给出了不同尺寸堆芯设计对其嬗变性能的影响。

表 6－4　不同尺寸堆芯的 ALMR 性能与次锕系堆芯性能对比

参　数	参考堆芯 ALMR 堆芯	次锕系核素燃料燃烧堆芯 次锕系堆芯		
	135 cm	135 cm	102 cm	89 cm
增殖比	1.09	0.77	0.69	0.65
循环长度/月	24	18	15	13
燃耗反应性涨落/$	−2.3	−9.1	−11.5	−11.9
线性峰功率/(kW/m)	31.2	28.2	35.4	39.4
钠空泡价值/$	5.85	4.63	2.63	1.51
TRU 富集度/%	30	15/19	17/21	20/24
TRU 存量/(kg/471 MW)	2 196	1 867	1 550	1 424
TRU 消耗率/(kg/a)	−6.9	38.7	51.3	56.9
存量/a	−0.3	2.1	3.3	4.0

与美国 ALMR 方案不同的是，日本的金属燃料嬗变临界快堆没有从整体核燃料循环的角度去设计，而是聚焦于嬗变支持比来设计嬗变快堆焚烧炉。日本没有采用小型模块化的设计方案，而是在限制中子泄漏概率的情况下尽可能提高中子能谱硬度，从而达到高燃耗深度。日本 CRIEPI 设计了 1 GW 大型金属燃烧快堆焚烧炉，嬗变支持比设计值为 12。针对 MA 核素的嬗变效率在 14%左右。日本的 JAERI 提出了 M－ABR 极硬中子谱的金属嬗变快堆和 P－ABR 高通量硬谱颗粒燃料嬗变的概念。这两种嬗变临界反应堆对于 MA 的嬗变能力基本相当，嬗变支持比可以达到 32。值得关注的是，金属燃料元件的熔点和热导率会限制中子通量密度的设计上限。金属快堆的纳 SVE 相较于氧化物快堆要强

得多。P-ABR通过气冷设计消除了钠SVE,提高了安全性的同时软化了中子能谱。然而,提高嬗变支持比和保障堆芯安全问题无法同时兼顾。

2）氧化物燃料装配方案

MOX燃料作为一种金属燃料的替代方案在理论上有着明显的优势。装载MA的氧化物燃料对反应性的影响要比金属装料方案小得多。现阶段对于氧化物的运行研究进行了较多的辐照实验,但仍缺乏运行经验。相较于金属快堆,MOX快堆的中子能谱较软,对于MA的嬗变效率较弱。通过堆芯布置增殖层和慢化剂,可以建立超热中子区,这使得氧化物嬗变快堆对于LLFP的嬗变有比较大的优势。日本CRIEPI研究了1 GW大型氧化物快堆MA装载量为5%～15%时,嬗变率大约为11%。Baetslé[10]分析了用氧化物快堆嬗变Pu+MA的能力,一个1 GW的氧化物嬗变快堆对装载量为18%～25%的燃料进行嬗变并存量减少90%需要182年的时间。而残留的10%的超铀核废料仍然需要裂变处理或者地质储存。

6.2.3　嬗变能力表现

美国在20世纪90年代进行了相关标准的制定。1990年,美国能源部具体阐述了关于嬗变临界快堆的相关标准[11]。嬗变临界快堆的相关项目旨在发展一项全新的热化学工艺,将99.9%的MA核素从核废物中去除。这一目标要求的相关工艺的去污系数要为10^3～10^5量级[12]。这一目标的确立将使得储入地下的MA废料减少为从前的数千分之一,200年后储埋区的放射性计量不会超过天然本底的当量。

处置超铀元素最主要的好处是当^{90}Sr、^{137}Cs等裂变产物完成嬗变时,可以在200～300年内使得储埋核废料达到一个良性的状态,从而降低地质处置的风险。如果进一步严苛地考虑超铀元素对环境的整体风险,我们还需要考虑嬗变系统的燃料循环链条,即那些没有被处置的残留在反应堆、后处理过程以及燃料再循环设施中的超铀核素,这些核素将在一个较长的时间内完成嬗变,会带来潜在的风险。值得注意的是,我们评估核废料中放射性风险是通过"毒性"来评估的,不能将其与天然铀矿石直接比较。虽然美国、德国以及日本作为嬗变系统的先行研究者对嬗变的前景及目标提出了清晰的要求,但是相关研究者也表示,由于化学工艺的不完善,现阶段不能将处置后的核废料定义为C类标准的反射性废物(要求α放射性活度要低于100 Ci/g)。

美国能源部于1991年制订了一份长达50年的核废料处置前景规划。其原计划在2005年引入一座设计寿命为40年、年功率为1.4 GW的嬗变临界快堆。在2011年开放第一个轻水堆核燃料处置库为该反应堆提供燃料。计划到2045年完成对轻水堆乏燃料的处理。阿贡国家实验室主导这项项目的实施,并致力于发展具有1 000倍的核废料处置因子的嬗变临界快堆的落地。这项计划并没有考虑国防核废料处置以及嬗变系统过程中存留的高放废物仍然需要进行地下掩埋处置。这项计划并没有成功实施,但为后续的嬗变临界反应堆的设计发展提供了参考。美国的这项计划并没有建议发展净化因子足够高的分离工艺,也没有考虑超铀元素在嬗变系统中积累的问题,这些都是我们需要进一步评估和考虑的。

在恒定功率下,嬗变临界快堆在寿命结束后,堆芯中待处理乏燃料将会被装载到下一个快堆内进行发电和嬗变。在评估嬗变临界快堆对超铀元素的消耗性能时,重点应该考虑堆内以及后处理过程中未被嬗变的存量。同样重要的是对其嬗变支持比进行考察,即嬗变临界快堆每年能嬗变几个同等功率水平的可替代来源,比如轻水堆所产生的超铀元素量。经计算表明,相较于加速器驱动的次临界反应堆系统,通过部署嬗变临界快堆使超铀元素总库存量减少为原来的十分之一需要几百年的时间。如果不对核电系统发展进行有计划的限制,这意味着我们可能无法在可接受的时间尺度内应对超铀元素以及长寿命裂变产物对环境的影响。随着2010年日本福岛核事故的发生,世界各国对核能发展持谨慎态度,德国已经发布了核电退役计划。随着光伏氢能源的发展,越来越多的国家可能会限制核电的发展规模,使其产生的核废料总体数量可控,有望通过嬗变系统对其进行妥善处理,最大限度地减少对环境的影响。

6.3 嬗变临界热中子反应堆

轻水堆是目前最成熟的核电选用堆型,也是典型的热中子反应堆。在讨论热中子反应堆的嬗变能力时,我们选用轻水堆作为主要研究对象。MA核素由于其较大的俘获截面,在热中子能谱范围内可能会产生更大质量的放射性核素,嬗变热中子堆对于MA核素进行嬗变效果不是很理想。嬗变临界热堆主要用于LLFP,尤其是^{99}Tc和^{129}I的嬗变处理。

6.3.1 嬗变临界热中子反应堆设计参考

1956年,美国最先开始了钚循环计划,随后比利时、瑞士、法国、德国以及日本等国家相继开始了这项研究工作。这是由于在铀矿储量有限情况下，未来浓缩铀的成本将可预见性地上升。为了保持核燃料循环的经济性，回收轻水堆乏燃料中铀钚的相关研究开始进行。在 20 世纪 60 年代中期，装载 MOX 燃料的商业回收示范工程在美国圣奥诺弗雷核电站成功落地。一些轻水堆开始实施装载 MOX 燃料的实验。1963 年，比利时在其 BR3 压水反应堆使用 MOX 燃料，并于 1986 年达到了 70%的 MOX 燃料使用比例。1968—1977 年，德国进行了广泛的试验，于 1981 年开始进行商业化 MOX 燃料反应堆的建造。法国电力公司于 1985 年在 16 个商业反应堆中装载 MOX 燃料。日本也在 1986 年启动了混合氧化物示范工程。美国随后由于铀浓缩技术进步、低成本铀矿储量增加以及在燃料回收过程中可能导致钚扩散的问题放弃了该项目的继续推进。后续 MOX 的重要研究工作主要集中在法国、日本以及俄罗斯等国家，铀钚混合燃料同时推动了增殖反应堆项目的开展。

与嬗变临界快中子堆类似，装载了 MA 核素和长寿命的燃料同样会对嬗变临界热堆的反应性造成影响。由于核废料的处理工艺，即使我们不使用嬗变临界热堆进行 MA 的嬗变，但燃料块中的 MA 核素大的俘获截面仍然会消耗中子，带来反应性的缺失。LLFP 的嬗变过程本质是通过(n, γ)反应进行的，因此反应性的波动依然需要在嬗变临界热堆的设计中考虑。

在衡量嬗变核废物对嬗变临界热堆的反应性影响中，依然可以从初始反应性、燃耗反应性、SVE 与多普勒效应、缓发中子有效份额和平均瞬发中子每代寿命进行讨论。具体内容参考 6.2 节，这里主要梳理一些嬗变临界热堆和嬗变临界快堆在加入核废物后反应性的差异。

当中子能谱平均能量低于 600 keV 时，反应性变化是负的，这意味着装载嬗变废物的 MOX 燃料对于热中子堆的初始反应性的影响要更加严重，建议装入一定比例的中等浓缩铀对反应性进行补偿。在热中子能谱范围内，MA 的中子俘获截面会大于快堆能谱，MA 作为一种特殊的可燃毒物，对燃耗反应性的影响不可避免。MA 经过多次俘获反应后可能转变为强中子裂变产物，例如 ^{252}Cf，增加反应性。这种滞后反应性的增加，从中子学上来看将加深燃耗深度，但同时也为其安全设计带来了挑战。热中子能谱下，热堆的缓发中子有效份额和平均缓发中子每代寿命相比于快堆要大，在一定程度上嬗变临界热堆更容易应对瞬发功率事故。

20 世纪 60 年代中期，美国核工业开始尝试对压水堆和沸水堆进行调整，以实现铀-钚的自循环利用。该计划通过后处理回收铀、钚等易裂变材料后再放置到相同的反应堆中进行再燃烧。Hebel 等[13]和 Pigford[14]等相继提出了一套改造压水堆的方案。其自循环方案中分别采用了不同的燃料布置方案，一种采用普通燃料棒和 MOX 燃料棒混合布置于同一组件，另一种则分别使用普通燃料组件和 MOX 燃料组件来实现对堆芯的布置。

由于^{239}Pu 较大的中子吸收截面会对反应堆的反应性控制和功率分配带来新的问题，因此在使用 MOX 燃料时，中子通量分布以及钚浓度是确定燃料棒在组件中排布的关键设计。第一种混合方案将使靠近普通燃料棒的 MOX 燃料棒在相同中子通量下产生更多的热能，因此组件的位置也将决定组件内不同燃料棒的比例。这种布置方案简化了反应堆操作员的任务，但是却使得燃料组件的生产和测试复杂化。第二种燃料布置则相反。在 MOX 燃料构成的组件中，中子通量在径向有着较大的变化，反应堆设计者需要确保所有燃料棒在额定功率下安全稳定。相关研究表明，当堆芯使用不超过三分之一的 MOX 燃料时，可以保持现有轻水堆控制棒的设计方案。如果想要增大对乏燃料的嬗变，则需要对堆芯进行重新排布设计，以容纳更多的控制棒。

除了铀钚自循环方案以外，专用超铀轻水堆焚烧炉的概念因可以很好地避免堆芯功率分布不均的问题而被关注。通过合理的设计，嬗变轻水堆将不再装载低浓缩铀，而是通过专设足够多的控制吸收体以装载天然铀的 MOX 燃料。这很好地避免了不同中子特性的燃料棒带来的问题。为了展平堆芯功率分布，需要合理地布置燃料棒，必要时需要调整不同位置燃料棒中钚的占比。

6.3.2 嬗变能力表现

MA 核素在热中子区有很大的裂变和俘获截面，其中俘获截面要明显大于裂变截面，如表 6-5 所示。锕系元素在热中子反应堆中主要通过间接裂变方式进行裂变，锕系元素经过多次中子俘获反应后形成易裂变核素，如^{237}Np、^{241}Am 等，通过俘获中子生成^{239}Pu、^{243}Cm、^{245}Cm 等具有较大中子裂变截面和易俘获热中子发生裂变的核素。由于^{237}Np、^{241}Am 的中子俘获截面大，将其加入热中子堆后，堆芯的反应性下降很大，因此需要大幅度提高燃料中易裂变核素的富集度。但随着反应的进行，俘获截面大的锕系元素被消耗或转化成其他核素，所以 MA 可以起到可燃毒物的作用，从而减少堆芯可燃毒物的布置量，提高燃耗深度。锕系元素拥有较大的热中子吸收截面，所以锕系元素添加到堆芯中后热中子通量密度会显著下降，进而导致中子能谱硬化，同时中子总的通量密度也会有所下降。另外，热中子堆对嬗变 LLFP 有着很大优势，如^{129}I、

^{99}Tc 在热中子堆中可以分别转化为稳定核素^{130}Xe 和^{100}Ru，^{129}I 经过热中子辐照后的转化率为 5%左右，^{99}Tc 经过热中子辐照后的转化率为 6%～16%。

表 6-5　MA 核素的裂变和俘获截面

核　素	热中子堆			快中子堆		
	σ_f	σ_r	α	σ_f	σ_r	α
^{237}Np	0.52	33	63	0.32	1.7	5.3
^{241}Am	1.1	110	100	0.27	2.0	7.4
^{242}Am	159	301	1.9	3.2	0.6	0.19
^{242m}Am	595	137	0.23	3.3	0.6	0.18
^{243}Am	0.44	49	111	0.21	1.8	8.6
^{242}Cm	1.14	4.5	3.9	0.58	1.0	1.7
^{243}Cm	88	14	0.16	7.2	1.0	0.14
^{244}Cm	1.0	16	16	0.42	0.6	1.4
^{245}Cm	116	17	0.15	5.1	0.9	0.18

嬗变热中子堆的嬗变重点放在钚循环和 LLFP 的嬗变上。MA 大的中子俘获系数使得热中子能谱下高质量的 MA 核素会进一步积累。连续的中子俘获过程将获得锎的同位素，同时会进一步发生 α 衰变，产生热量，带来冷却问题。在多次中子反应后，MA 会积累^{252}Cf 这种可以自发裂变的强中子发射体。此外，未燃烧^{238}Pu 也是一种重要的中子源和热源。因此，超铀元素的积累将影响燃料循环中后处理、燃料再造以及燃烧性能。在经过嬗变后热中子堆嬗变的残余高放废物中，锎的同位素和^{238}Pu 将会积累到一个足够多的数量，使得地质存储的短期风险加大。相较于 CR 为 0.65 的嬗变快中子堆，嬗变热中子反应堆对钚的燃烧有着更高的渐近库存减少系数。由于 LLFP 优越的裂变比功率，使得在相同功率下，热中子堆对钚的嬗变效果会好于嬗变快中子堆。

由于 LLFP 本身为裂变产物，而热中子堆对 MA 的嬗变性能由于其中子通量较低而变得很差,关于热中子堆的嬗变研究是否有意义仍存在争议。到目前为止,无论是正在运行中的反应堆,还是在建的反应堆,热中子堆数量是最多的,也充分说明了热中子堆是技术最完善、运行经验最成熟的堆型。从嬗变概念上,加速器驱动的次临界堆具有极高的嬗变潜能,但仍处于概念研究阶段。由中科院近代物理研究所主导的CiADS项目也处于实验示范建设阶段,仍有很多关键技术亟待突破。在未来几十年内,加速器驱动的次临界堆都很难实现商业运行。现存的快堆以实验堆型为主,快堆的安全运行和高昂的燃料成本会进一步阻碍快堆的商业化。在快堆进一步普及前,热中子堆的嬗变特效研究是非常重要的。依照目前我国核电技术的发展和我国乏燃料处理的需求,只有热中子堆有机会进行大规模的核废料嬗变。

通过改变燃料的布置可以显著改善热中子反应堆对MA的嬗变性能。^{235}U与热中子反应释放的中子能量处于快中子能区,可以通过MA嬗变靶件在反应堆中非均匀布置,将其布置在中子通量较高、能谱较硬的区域,就可以提高嬗变效率。

6.4 其他嬗变技术

除了快热中子嬗变技术外,聚变-裂变混合裂变系统(fusion-fission hybrids system,FFHS)和光核嬗变概念有着很好的应用前景。嬗变是未来应对核电退役核废料处置的技术路径,我们对于不同概念的探索应抱有开放态度。对于FFHS的研究很好地弥补了纯聚变堆的技术推进难题,可以更好地将聚变概念与当前已有的技术结合。光核嬗变随着大型光学科学装置的落地也迎来了很好的研究前景。

1) 聚变-裂变混合嬗变反应堆

FFHS在20世纪50年代初提出,由于会产生Pu元素而成为一个极其敏感的课题。在20世纪80年代,为了防止核扩散,苏联提出停止对FFHS的研究。随着ITER项目的推进,大家意识到托克马克装置的商用化仍有很长的路要走。1998年,美国重启了对FFHS的研究,我国大致也在这个时间段完成了中国FFHS物理概念设计阶段的工作,并开展了工程设计。2000年以来,在中国科学院知识创新工程支持下,中国科学院等离子体物理研究所和核能安全研究所研究了具有创新性的聚变堆和聚变驱动次临界堆FDS系列设计。出于反应性的安全考虑,FFHS系统中使用了次临界反应堆设计。FDS-1

是中国最先提出的混合嬗变次临界堆的概念。当前主要的 FFHS 概念设计堆型主要参数如表 6-6 所示。针对乏燃料和放射性废除处置，FFHS 具有很强的优势。FFHS 对等离子参数没有较高的要求，系统所需要的中子都可以通过包含裂变材料的覆盖层产生。比如当 $k_{eff}=0.95$ 时，可以调节等离子源的增殖系数为 20。Chao[15] 等分析了 FFHS 对 MA 核素嬗变性能，并比较了其在 200 MW 的热核中子源的聚变堆对包含 MA、Pu 和 Zr 的金属燃料的嬗变情况。不同燃料的装配比例会影响相关元素的嬗变效率，比如燃料中较高的钚的装载量会降低 MA 的嬗变效率，但却会产生更多的热能。根据相关分析，在一段时间辐照循环下 (5 a)，FFHS 对 MA 的嬗变效率可以达到 19.4%；在 25 次循环后，对 MA 的处置率可以达到 86.5%。此外，FFHS 还可以采用熔岩包层的方法对 MA 进行嬗变，将锕系氟化物融入碱金属氟化物。这种熔融盐同时可以作为冷却剂使用。这种方法是非常具备竞争力的，可以对燃料线功率控制起到很好的效果。

表 6-6　FFHS 概念堆设计参数

参　数	EAST	ITER	FEB	FDS_ST	FDS-1	FDS_EM/-FB/-WT
聚变功率/MW	—	500	143	100	150	49
最大半径/m	1.95	6.2	4	6.2	4	4
最小半径/m	0.46	2	1	2	1	1
纵横比	4.2	3.1	4	3.1	4	4
等离子延伸率	1.8	1.85	1.73	1.85	1.78	1.7
三角形变	0.45	0.33	0.4	0.33	0.4	0.45
轴向环形磁场/T	3.4～4.0	5.3	5.2	5.3	6.1	5.1
安全因子/q^{-95}	—	3	3	3	3.5	2.03
等离子体电流/MA	1.5	15	5.7	15	6.3	6.1
平均中子壁面负荷/(MW/m^2)	—	0.57	0.43	0.57	0.49	0.17
平均平面热负荷/(MW/m^2)	0.1～0.2	0.27	0.1	0.27	0.1	0.1

（续表）

参　数	EAST	ITER	FEB	FDS_ST	FDS-1	FDS_EM/-FB/-WT
聚变增益	—	大于 10	3	大于 10	3	0.95
β_N/%	—	2.5	3.3	2.5	3	3

FFHS 是极具潜力的核废物处理器，但是由于其技术难点过多，仍处于起步阶段。值得注意的是，随着德国、瑞典等国家陆续开始淘汰核能的计划，对于核废料嬗变系统的研究放缓。这些欧美国家更倾向于直接掩埋高放废物，而不是对其进行循环嬗变。从整体来看，FFHS 概念会随着聚变能源的相关技术成熟后被逐渐关注。

在 FFHS 的概念设计中，聚变堆作为中子源，轰击包裹聚变装置的含有需嬗变元素的包层。在熔岩混合嬗变反应堆的设计中，燃料同时承担了冷却剂的作用，装置外围为中子反射层。聚变装置中目前最有应用前景的便是托克马克装置。中国科学院设计的球形托克马克装置在纵横比上更具有优势。小的纵横比利于紧凑型中子源的设计，同时其稳定性、经济型都有着明显优势。借助混合嬗变反应堆，还可以同时开展多个嬗变任务。

2）激光嬗变概念

除中子嬗变外，光核嬗变也是值得关注的概念，对于一些典型的高毒性的裂变产物，如 ^{90}Sr 和 ^{137}Cs，用中子轰击进行嬗变处理效果并不好。这些核素的中子俘获截面 σ_c 过低而具备大的光核反应截面 σ_1，如表 6－7 所示，更加适合通过光核反应进行嬗变。

表 6－7　^{90}Sr 和 ^{137}Cs 的中子俘获截面与光核反应截面

核　素	σ_c/mb	σ_1/mb
^{90}Sr	15.3	约 2 000
^{137}Cs	250	约 2 000

光核嬗变是指用中等能量的 γ 光子轰击原子核，通过原子核巨共振过程来实现共振光核反应，进而达到嬗变目的。目前国际上主要有两种基于光核

嬗变反应的物理思路：一种是基于强激光驱动的γ光源的核嬗变反应，利用超强超短激光与靶直接相互作用产生大量超热电子，随后超热电子与靶核库仑场相互作用产生韧致辐射γ光来诱发光核嬗变反应；另一种是基于储存环中的高能电子束与高功率激光光子相互作用产生激光康普顿散射γ光来与核废料发生光核嬗变。

强激光驱动的韧致辐射γ光诱发光核嬗变的过程中超热电子-韧致辐射γ光转换效率并不高，以及韧致辐射光与巨共振耦合效率较低，导致强激光驱动的光核嬗变反应率并不高。光通量随能量的增加急剧下降，使光源在巨共振峰值附近通量极低，影响嬗变效率。当前对康普顿散射γ的研究较多，表6-8列出了国际主要的康普顿光源设施，由它们产生的高通量的γ束能量可覆盖大多数裂变产物的巨共振能区，为高毒物核废料的嬗变研究提供了平台。

表6-8 国际兆电子伏特级康普顿γ光源设施

设备名称	电子能量/GeV	波长/μm	γ能量/MeV	γ通量/(phs/s)	运行时间/a
NewSUBARU	1.0	1.064	17.6	10^7	2004年至今
Upgrade HIγS	0.24～1.2	1.06～0.19	1～100	3×10^9	2009年至今
SLEGS	3.5	10.64	22	$10^8\sim10^{10}$	在建
CGS at CLS	2.9	10.64	15	$10^9\sim5\times10^9$	在建
ELI_NP	0.75	0.53	19.5	10^{13}	在建

6.5 用于嬗变临界反应堆的核燃料研究进展

嬗变燃料的设计以及要求将直接影响嬗变装置设计及性能，同时会影响到后处理的相关工艺。不同MA和LLFP的装配以及基质选择影响着中子学特性，常见的基质有金属和氧化物(陶瓷)，具体对中子学的影响参考6.2节。由于嬗变燃料的特殊性，对燃料的辐照稳定性、导热性、抗腐蚀性等有着严格的要求。本节将重点就用于临界快堆、临界热堆以及聚变裂变混合堆的嬗变核燃料相关研究进行一个较完整的回顾。

1）用于嬗变的MOX燃料

MOX燃料是UO_2和PuO_2混合物组成的燃料，其中PuO_2是驱动燃料，UO_2可以看作基体。装载MA核素的MOX燃料被广泛用于核废料嬗变装置中。

MA核素在热中子区具有大的裂变和俘获截面，使得热堆对MA核素的嬗变效率很低。MA中^{237}Np和^{241}Am会俘获大量的热中子，导致堆芯反应性下降，MA同时在反应后期可以承担可燃毒物的作用。用于压水堆的MA装载模式大致分为三种：① MA与燃料均匀混合；② 将MA制作成单独的嬗变棒，替换堆芯中的一部分燃料棒；③ 将MA添加到可燃毒物组件中的可燃毒物棒位置。其中装载模式②和③可以有效地提高热中子堆对MA嬗变效率，同时，MA核素与核燃料分开的设计有利于后续的燃料处理。然而，热中子堆对MA核素，如^{244}Cm、^{245}Cm，在燃烧时的进一步积累是不可忽略的事实，且会随着多级燃料循环持续增加。在MOX核燃料设计框架下，热中子反应堆的嬗变能力并不被看好。

与之相比，快堆可以通过添加热屏蔽层将中子能谱进一步软化，在对MA嬗变的同时兼具对LLFP的嬗变。不同基质的中子特性不同，其对嬗变反应堆芯的性能影响也是不一致的。MOX燃料当前应用到了快堆以及第三代轻水堆中，装载在嬗变装置中的MOX燃料的技术难点主要集中在乏燃料处理以及含有MA和LLFP核素的燃料辐照实验数据的完善。

2）惰性基质燃料

惰性金属和陶瓷是常见的惰性基质，其可以保证燃料的机械完整性和导热性。惰性基质核燃料(inert matrix fuels，IMF)有着好的辐照稳定性，可以将裂变反应产生的辐射损伤集中在燃料块以及其相邻的基体上，避免了其他燃料由于辐照引起的性能衰退。惰性基质良好的热导率特性会提高堆芯的整体的导热性能。同时，其良好的抗腐蚀性能和较深的燃耗得到广泛关注。

热中子反应堆对LLFP的嬗变有着很大的优势，如^{129}I、^{99}Tc在热中子堆中可以分别转化为稳定核素^{130}Xe和^{100}Ru。^{129}I经过热中子辐照后转化率为5%，^{99}Tc经过热中子辐照后的转化率为6%～16%，在经过多次燃料循环后可以对LLFP有一个理想的嬗变效果。因此，如果可以抑制MA核素在热中子核反应过程中的生成率，则嬗变临界热堆可以被视为一个良好的嬗变装置。IMF通过将MOX燃料中UO_2换成与中子反应截面较小的惰性基质(inert matrix，IM)，从源头降低了MA产量，提高了热中子反应堆的嬗变性能。IMF

概念将会推动热中子嬗变反应堆的发展。当前 IMF 仍然缺乏实验验证，核工业普遍对 IMF 有 4 点基本要求：① 燃料的产能必须要与 UOX 燃料相似；② 燃料必须以防核扩散的形式降低 MA 核素；③ 在实现①和②点要求的同时燃料不能过高地增加易裂变核素的富集度，并要在商用轻水堆的安全框架内；④ 燃料的组成必须方便后处理。

常见的 IMF 基质材料有固体氧化钙、氧化锆、氧化钍和类岩石氧化物等。目前的研究集中在模拟仿真堆型的研究，有 WWER、HBWR、CANDU 以及 CDFR 等。模拟结果表明，IMF 可以有效降低压水堆中 MA 的产量。当前的技术瓶颈在于缺少相关的中子学实验，辐照相关的数据也仍然缺少。IMF 技术从概念设计上具备降低自身产生的高毒性 TRU 的能力，又能嬗变 MA，这对乏燃料处理有着重要的意义。

3）聚变-裂变混合堆增殖燃料

聚变-裂变混合堆的特殊之处在于，其需要嬗变的放射性废物除了常见的 MA 核素、裂变产物以及活化产物外，还需要考虑氚。这使得聚变-裂变混合堆增殖燃料（fusion-fission hybrid reactor breeding fuels，HB－MOX）在中子学性质方面与全铀燃料差别很大，反而与 MOX 燃料性质相近。相对于 UOX 燃料，高含量的 Pu 使得 HB－MOX 的中子截面随能量的变化更为复杂，具有更复杂的物理特性。^{239}Pu 在热能区的平均吸收截面大约是^{235}U 的两倍，裂变截面也是^{235}U 的 1.67 倍，这意味着堆内中子能谱较硬，控制棒价值、可燃毒物价值较全铀堆芯的小。与 MOX 燃料类似，HB－MOX 有较大的温度负反馈，同时，^{239}Pu 在每次裂变时释放的中子数比^{235}U 的少，HB－MOX 反应性随燃耗的变化较 MOX 的更小。当前针对 HB_MOX 技术的研究限于聚变堆的发展进程并仍处于理论模型分析和数值模拟阶段。参考 MOX 的相关技术发展，未来需要就 HB_MOX 的辐照实验展开一系列研究以支撑 HB_MOX 的应用，相关堆芯组件的布置也要在相关中子反应数据中进一步完善优化。

4）氮化物核燃料

由于 MA 核素可以在氮化物燃料中共存，因此它非常适合用作嬗变的核燃料。为了抑制长寿命放射性核素^{14}C 的形成，高浓度的^{15}N 在氮化物核燃料中被大量使用。但是自然界中^{15}N 的含量极低，故在燃料再处理过程中，^{15}N 的回收工作是重点之一。MA 氮化物燃料具有以下优点：① 具有较高的能量密度；② 具有较好的导热性以保证较低的运行温度，提供更大的熔毁裕度。

目前，混合 U-Pu-N 燃料已被证明在保持完整性的状态下可以维持至少5.5%的燃耗。虽然氮化物燃料是适合在未来第四代核动力系统中使用的核燃料，但是其辐照数据仍有待进一步的完善。此外，如何经济性生产^{15}N关系到氮化物核燃料的推广使用。

整体上，燃料的类型大致分为氧化物核燃料、氮化物核燃料和金属核燃料这三类。陶瓷基体主要仍是氧化物。从燃料的熔点来看，氧化物燃料的熔点高于氮化物核燃料，氮化物核燃料的熔点又高于金属核燃料；从导热系数来看，金属核燃料的导热系数大于氮化物核燃料，氮化物核燃料的导热系数又大于氧化物核燃料。燃料的制备在不同反应堆类型中类似。只是在设计时，需要考虑不同冷却剂对包壳的影响，以尽可能长时间保证燃料的机械强度和密封性。从快堆的燃料发展来看，最初就对不同种类燃料进行了相关测试。出于性能要求和优先级的考量，各种燃料类型的普及程度发生了变化，从最初广泛使用的金属核燃料到氧化物核燃料，之后又推广了陶瓷核燃料，然而最后主流的燃料选择仍然回到了氧化物核燃料和金属核燃料。近年来关于氮化物燃料的研究有了一些最新进展，瑞典皇家理工学院和美国洛斯阿拉莫斯国家实验室等都有一些新的进展。2020 年，美国洛斯阿拉莫斯国家实验室发现了LnBTA(镧系双四唑胺)化合物可以通过燃烧合成的独特技术生成高纯度的镧系氮化物泡沫，可用于氮化物燃料的制备。目前来看，氮化物核燃料未来有着很强的潜力应用于第四代核能系统。

6.6 风险与安全问题

嬗变是减少核废料、降低环境风险的有效科学途径，但我们不能忽视在嬗变核燃料的制作以及核燃料循环过程中伴随的相关风险。嬗变也将对核工业前端企业格局进行重塑，对社会经济产生影响。此外，MA 的复杂的中子学特性使得嬗变装置的设计和建造变得复杂。在核能使用过程中，需要保证五个安全功能的实现。第一，由于核燃料的放射毒性，必须保持其处于受控的空间内，安全壳和相关防护屏障可以保证这一点；第二，人类必须屏蔽与核燃料的接触以避免辐射损伤；第三，必须有完整可靠的热工水力设计将能量从链式裂变反应介质传输到二次侧；第四，通过调节链式裂变反应介质中裂变能的释放速率，保证能量产生和输运的平衡；第五，必须提供一种对裂变产物衰变余热合适的处置方式，以防止其对安全壳和屏蔽的完整性产生影响。嬗变系统本质上仍然是核能系统，仍然需要符合核能系统的相关安全要求。本节重点讨论与嬗变问题相关的安全问题，对适用于一般核能安全性功能要求不做详细展开。

1）嬗变临界快堆的安全相关问题

金属燃料具有固有安全性且有丰富的运行经验，目前关于嬗变临界快堆的设计方案大多数都是基于金属燃料设计的。嬗变临界快堆设计中，正的纳SVE系数是一个需要特别关注的问题。为了控制SVE，要选用直径更大、高度更低的反应堆设计方案。嬗变焚烧炉的设计将会导致整个燃料循环中反应性波动的增加，意味着需要额外引入反应性补偿。同时，在瞬发超功率时间中可以对反应性进行有效的控制。SVE和多普勒效应与CR值有关。随着CR的减小，嬗变快堆的SVE会逐渐减小。同时，多普勒反应系数仍保持为负数，但是数量级有所降低。通用电气公司由此给出超铀燃烧器的CR合理取值应该为0.6。

与MA核素燃烧相关的风险和安全问题大致概括如下：

(1) 降低CR值以提高对乏燃料中超铀元素的燃耗效果会牺牲反应堆被动安全特性。

(2) MA核素对反应性瞬态波动以及反应堆安全的影响。

(3) 高质量MA核素以及多次燃料循环过程中产生的新的产物可能会衰变，释放高能量中子，对放射性泄漏以及燃料的再加工、制造过程形成风险。

(4) 使用钚或者其他超铀元素进行反应堆启动是否会对反应堆的瞬态安全造成影响需要进一步评估。

装载MA核素的燃料会产生大量的衰变余热，在加工和处理过程中可能会产生额外问题。虽然SVE和多普勒效应对MA的设计没有造成不可接受的反应性波动，但是当前没有足够的研究对此进行评估。因此，在不损害嬗变反应堆的设计安全特性的情况下，开发完全装载超铀元素燃料的反应堆需要大量的研究和设计工作。

同时，我们还要考虑运行嬗变临界快堆对铀矿开采和选矿相关职业的安全问题。由于嬗变临界快堆采用轻水堆乏燃料中的超铀元素作为燃料，将会减少铀矿石的使用量。这可能会影响相关行业格局的变革。轻水堆和非轻水堆的混合能源格局将会使能源开采量减少数倍。不同的启堆方案也会影响相关矿业开采问题。如果我们在设计时选取钚启动方案，第一代的嬗变临界快堆通过适当的增殖来获得支持下一代嬗变临界快堆的启动钚量，则我们就不会依赖^{235}U以及铀矿石，会节约可观的铀矿储存量。如果我们选择^{235}U的启动方案，那么嬗变临界快堆对铀矿石的需求与相同发电量的轻水堆大致相同。

燃烧超铀元素并使用从轻水堆乏燃料得到燃料补给的嬗变临界快堆是一种能源再利用过程。这种方案可以避免对铀矿石的开采和富集过程。但我们同样需要注意在超铀元素的燃料循环中可能伴随新的长寿命高放废物产生，这会对环境造成长期的影响。对轻水堆乏燃料的后处理流程表明，再回收的铀元素可能会在地表进行积累。乏燃料中还有大约1/6被用于制作轻水堆核燃料的铀储量，这会使得其在回收过程中产生一种潜在的表面污染物。这种污染物对人类的潜在风险将会比直接掩埋高放废物更大。

2）嬗变临界热堆的相关安全问题

在嬗变过程中，燃料后处理和制造过程中产生的任何高放废物以及最后残留的高放废物都需要进行废物包装和处置。它可以与寿命较短的裂变产物（主要是^{90}Sr和^{137}Cs）一起包装，并在地质处置库中处置。低放废物和其他废物处置还不够完善，目前不足以明确相关成分的包装和处置要求。轻水堆废物转运对储存风险的主要应对措施是减少长期裂变产物（^{99}Tc和放射性碘）的数量，这些物质往往会导致放射性物质的浸出和迁徙，一旦关键裂变产物被移除，^{237}Np将成为主要的长期放射性核素。嬗变还可以减少影响储存库破坏的超铀元素，例如钚和镅放射性核素。此外，与其他分离和嬗变方案一样，嬗变热中子反应堆系统可以通过对嬗变后的剩余高放废物（必须与^{90}Sr和^{137}Cs裂变产物一起进入地质处置库）使用更优化的废物形式来降低估计的处置库风险。这些好处的代价是在长时间的嬗变过程中，轻水堆废物嬗变器及其相关燃料循环设施的运行可能会产生一定程度的风险。另外，使用MOX燃料的大量经验指出燃烧锕系元素会给燃料性能和可靠性带来挑战，从而影响反应堆安全。最后，我们必须认识到在不同地点之间运输放射性物质所固有的安全问题。

参考文献

[1] Chang Y I. Actinide recycle potential in the IFR[D]. Berkeley: University of California, 1991.

[2] Thompson M L. Actinide recycle in the advanced liquid metal reactor[R]. Berkeley: University of California, Industrial Liaison Program, 1991.

[3] Murphy D J, Farr W M, Ganapol B B. Power production and actinide wlimination by fast reactor recycle[J]. Nucear Technology. 1979,45(3): 299.

[4] Sztark H, Vambenepe G, Vergnes J, et al. Minor Actinides recycling in an EFR type fast neutron reactor[C]. IAEA, America: IAEA - TECDOC - 693, 1992: 24 - 30.

[5] Baumgarten S, Brecht B, Bruhns U, et al. Reactor coolant pump type RUV for westinghouse electric company LLC reactor AP1000 TM[R]. America: Westinghouse, 2010.

[6] Wakabayashi T, Yamaoka M. Characteristics of TRU transmutation in an LMFBR [J]. Transactions of the Japan Society of Mechanical Engineers, 1993, 59(565): 2636 - 2639.

[7] Khalil H, Hill R, Fujita E, et al. Physics considerations in the design of liquid metal reactor for transuranium element cosumption [C]. IAEA, America: IAEA - TECDOC - 693,2012: 70 - 73.

[8] Kaneko Y, Mukaiyama T, Nishida T. Present status of studies on incineration of TRU at JAERI[C]//Proceed of the 2nd Int, Conf, on Advanced Nuclear Energy Research, Jan. 24 - 26,1990, Mito, Japan: INSPIRE,1990: 369 - 374.

[9] Johnson M E,Grygiel M L, Baynes P A, et al. Tank waste decision analysis report [R]. Washinhton: Westinghouse Hanford Company, 1993.

[10] Baetslé L H, Raedt C D. Limitations of actinide recycle and fuel cycle consequences: a global analysis Part 1: Global fuel cycle analysis[J]. Nuclear Engineering and Design, 1997, 168(1 - 3): 191 - 201.

[11] Griffith J D. U S. Actinide recycle[R]. National Research Council Committee on Future Nuclear Power Development: Department of Energy/Office of Nuclear Energy, January 29, 1990.

[12] Bala A, Namadi S. A review of the advantages and disadvantages of partitioning and transmutation[J]. International Journal of Science and Advanced Technology, 2015, 5(6): 11 - 14.

[13] Hebel L C, Christensen E L, Donath F A, et al. Report to the American physical society by the Study[J]. Reviews of Modern Physics,1978, 50: 1 - 185.

[14] Pigford T H. Analysis of cost of reprocessing PWR uranium fuel data in review of nuclear fuel cycle costs for the PWR and fast reactor[D]. Berkeley: University of California, 1990.

[15] Chao Y, Cao L, Wu H, et al. Neutronics analysis of minor actinides transmutation in a fusion-driven subcritical system[J]. Fusion Engineering & Design, 2013, 88(11): 2777 - 2784.

索　引

G

H

J

S

T

W

X

Y